图 CI.1 地球和木星的大气层显著不同，但是它们都遵循同样的基本物理定律。利用数学方法，可以将我们观测到的截然不同的大气形态进行归纳。利用行星的旋转速度、大气层的厚度以及涡旋等要素，地球和木星之间很多显著的区别可以被量化。图片来自NASA。

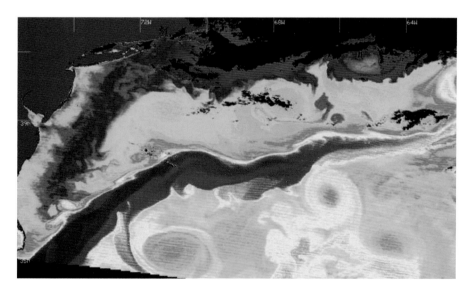

图 CI.2 墨西哥湾流中的涡旋正在旋转并远离美国东海岸。红色代表加勒比海地区温暖的海水，这些温暖的海水是由墨西哥湾流在穿越北大西洋时输运过来的。海水的密度不仅依赖于温度还依赖于其盐度，图中蓝色的区域代表温度较低的和较淡的海水。海水中的涡旋类似于图 1.3 中大气的低压系统。海平面温度的图片是由美国迈阿密大学的 Bob Evans，Peter Minnett 以及合作者利用 11 微米和 12 微米波段所绘制的。图片来自 NASA。

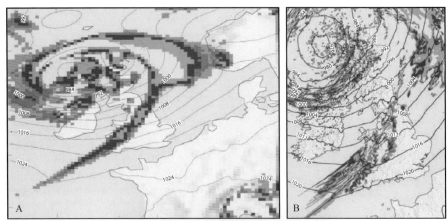

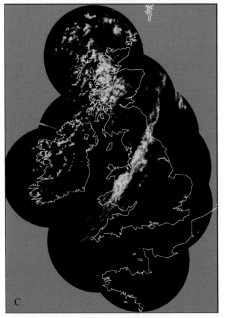

图 CI.3　a，b 和 c。这三幅图展示的是对东英格兰两个不同地区降水的预报图（图 a 和 b）及雷达图（图 c），显示了 2011 年 5 月 23 号观测到的降水情况。黄色/红色为降水强度比较大的区域。图 a 和 b 中的等值线代表平均海平面等压线。图中的锯齿状的图案是由模型本身的分辨率限制所造成的，模型所能模拟的最小区域就是这样一个天气像素方块的大小。图 a 是水平分辨率为 25km 的全球模式的计算结果，图 b 是由一个具有 1.5km 水平分辨率的区域模型计算的。通过观察两个模型模拟的结果与实际天气情况（图 c）作对比，发现由于模型分辨率的提高，图 b 的结果明显要好一些。© 皇家版权，气象局。许可使用。

图 CI.4　理查森将他的"预报工厂"想象成伦敦皇家阿尔伯特音乐厅。六万四千个预报员被安排到 5 层环状看台上，分为许多小工作组。每一小组人员负责他们所在地区的天气的计算预报工作，计算完成后将此部分的天气信息传递给临近的工作组。中心管理者精心策划庞大的计算任务，每个工作组都需要步调一致地进行计算以保证没有掉队的。在现代并行计算程序的发展中，电脑替代了这些工作组的工作。版权所有：Le guide des Cités de François Schuiten et Benoît Peeters © Casterman. Avec l'aimable autorisation des auteurs et des Editions Casterman.

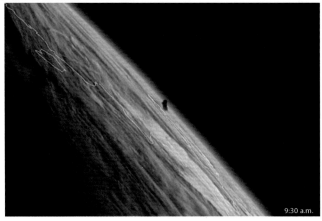

图 CI.5　这张地球大气层的图片是由日本气象卫星拍摄，图中黑色烟雾是拍摄到的 2009 年 3 月 26 号阿拉斯加里道特堡垒火山喷发的情况。火山灰上升至大约 65,000 英尺（19.8km）高度，这个高度是从卫星上可以观测到的大气层的最重要部分的厚度。对流层是大气层最底层的部分，大部分天气过程是在对流层发生的，大约有 9km 厚。地球平均半径为 6,341km，大气厚度相对于地球半径来说小很多，所以地球表面被一层非常薄的流体"壳"所覆盖。快速旋转的行星，被薄薄的大气所围绕着，这也就解释了为什么流体静力学和地转平衡在大气基本方程中如此重要。图片来自 NASA。

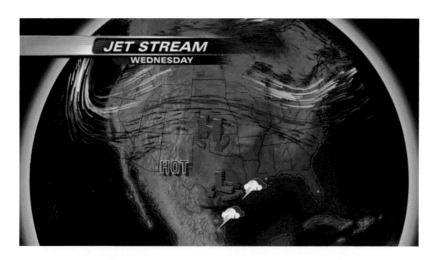

图 CI.6 一个理想化的天气示意图，图中显示了位于得克萨斯州南部的高低压系统。图中亮蓝色的急流轴表现出显著的罗斯贝波的特征。

图 CI.7 卫星拍摄的大不列颠群岛上空的大尺度涡旋状云结构，卫星目前已经成为预报天气的最重要的工具。在大尺度结构中也可以观察到很多很小的结构；尽管这些微小的系统可以影响局地的天气条件，但是它们对于预报员预报第二天或者后两天的天气而言，是次要的因素。连续的云带通常伴随着暖锋结构，同时西北方向一般会出现降温和阵雨天气过程。© NEODAAS 邓迪大学。

图 CI.8　当从太空俯瞰时，在苏格兰山脉上空 2km 处的涟漪状云（图片中央）展现出重力波的特征。重力波不会水平地输送空气，也不会显著地混合不同的空气团。重力波的作用是帮助大气调整适应行星的运动，但这又是另外一个话题了。© NEODAAS 邓迪大学。

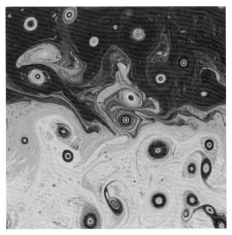

图 CI.9　图中展示的是一个简单的从左至右的（剪切）流动（蓝色在上/黄色在下）。现代的计算机模拟方法需要抓住、维持并且还原出所有微小的、重叠的涡旋运动，这样才能展现出流体中产生的湍流现象。图中复杂的细节是利用等面积法计算出的。© David G. Dritschel。

图 CI. 10　图中展示的是英格兰东部萨福克郡的拉文纳姆教堂的中殿，该教堂是英国教堂建筑风格中的典型的垂直风格。简单的几何学原理铸就了这种风格，突出了窗户中竖直的窗棂和水平的横梁。这种几何学结构可以提供静态的支撑力，帮助建筑物克服重力的作用。一旦几何原理运用到了建筑的基本设计中，建筑结构稳如泰山，石匠们便可以充分释放他们的创作灵感，创作出更多杰出的艺术细节，而不必受其他的束缚。© Claire F. Roulstone。

图 CI. 11　圣弗朗西斯科（旧金山）金门大桥。建造金门大桥所利用的基本原理就是简单的几何力学原理，而图中的云层的形成也是遵循了静力（浮力）原理。云的很多细节状态每天都在发生变化，金门大桥所遵循的几何原理与云所遵守的水汽的物理变化原理形成了鲜明的对比。照片由 Basil D Soufi 拍摄。

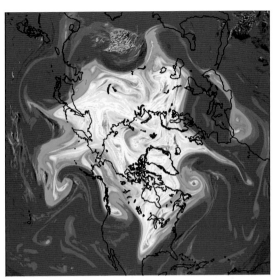

图 CI. 12　利用 2011 年 2 月 6 日数值预报的风场和温度场资料计算得到位势涡度（*PV*,
315K 等位温层面）。图像视角是从北极上空投影俯瞰。将基本的气象要素比如风场和
温度场转换为位势涡度（*PV*）可以让预报员更直观地了解一个数值模型是如何抓住气
旋发展的主要特征的，图中可以看到在黄绿色的边缘部分，有很多正在发展的涡旋系
统，特征明显。© ECMWF. 使用许可。

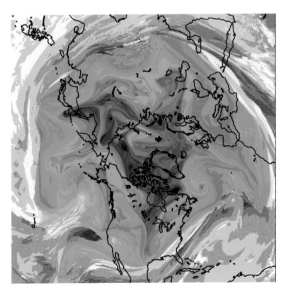

图 CI. 13　等位涡面上（*PV* = 2，即对流层顶）的位温分布图（彩色）。位温图可以为预报
员预报局地以及急流的变化提供很大的帮助，尤其是黄/绿以及深蓝区域的边缘地带。位温
图可以展示动力学和热力学变量是如何结合在一起，并且通过位温图可以了解大气从上至下
的整体结构和特征，勾勒出主要天气系统的发展机制。© ECMWF. 使用许可。

图 CI.14　2010 年 10 月 28 日，从希俄斯岛海港远眺土耳其海岸，远处的云层下可以观察到有强降水过程发展，并向东爱琴海地区移动。海员以及登山爱好者特别容易遭受天气突变所带来的危险和伤害；现代计算机模型所面临的挑战就是预测这些天气突变何时何地发生。图中的暴雨的雨带表现出明显的分割线的特征（一边有雨，另一边无雨），对于天气预报模式来说，跟踪预报这个分界线是很有挑战性的。© Rupert Holmes 版权所有。

图 CI.15　从太阳系到地球系统——我们的故事讲述了数学家如何想方设法去尽可能真实地描述我们所处的生活环境，包括其中的细微的相互作用以及反馈过程，正是这些过程时刻影响和改变我们的周边环境。根据希腊宇宙起源论，盖亚（大地女神）是诞生于混沌（一个巨大无序空间）之中的。现代科学解释了热量和水分是如何变成云、如何去驱动风；云中的涡旋是由风吹动所引起的，这些过程可以使行星表面的热量和水分发生再分配。那么这些相互作用过程到底有几分不可预测性？数学可以帮助我们去认识和了解我们星球的未来。图中水的图片来自于门罗县旅游局，田纳西州；生物图片来自 © Michael G. Devereux；地球图片来自 NASA；陆地图片来自美国国家公园管理局；空气图片© Rupert Holmes 版权所有。

身边的数学译丛

天气数学简史

深藏功与名——数学在人类认知天气现象和
天气预报中的隐秘角色

［英］ 伊恩·罗尔斯登（Ian Roulstone）
约翰·诺伯里（John Norbury） 著

钟霖浩 姚 遥 肖怡青 周雅娟 译

机械工业出版社

将数学用于天气预报是近现代科学的巨大成就，本书是首部介绍其中的历史、人物和背后思想的著作。尽管几千年来人类一直在尝试预测天气，但直到19世纪末20世纪初，数学才在气象学上有所应用。从首次将数学应用于天气预报，直到超级计算机处理大规模卫星和气象站数据，本书用通俗的语言讲述了这一石破天惊的科学壮举和坎坷历程。

Invisible in the Storm：The Role of Mathematics in Understanding Weather
/by Ian Roulstone and John Norbury/9780691152721

Copyright © 2013 Princeton University Press.

本书简体中文版由普林斯顿大学出版社授权机械工业出版社在中华人民共和国境内地区（不包括香港、澳门特别行政区及台湾地区）出版与发行。未经许可之出口，视为违反著作权法，将受法律之制裁。

北京市版权局著作权合同登记　图字：01-2013-5545号。

图书在版编目（CIP）数据

天气数学简史：深藏功与名：数学在人类认知天气现象和天气预报中的隐秘角色/（英）伊恩·罗尔斯登（Ian Roulstone），（英）约翰·诺伯里（John Norbury）著；钟霖浩等译. —北京：机械工业出版社，2020.9
（身边的数学译丛）
书名原文：Invisible in the Storm：The Role of Mathematics in Understanding Weather
ISBN 978-7-111-66162-7

Ⅰ.①天…　Ⅱ.①伊…②约…③钟…　Ⅲ.①数学－应用－天气预报　Ⅳ.①P45

中国版本图书馆CIP数据核字（2020）第132407号

机械工业出版社（北京市百万庄大街22号　邮政编码100037）
策划编辑：韩效杰　责任编辑：韩效杰　刘琴琴
责任校对：赵　燕　封面设计：陈　沛
责任印制：孙　炜
北京联兴盛业印刷股份有限公司印刷
2021年2月第1版第1次印刷
169mm×239mm·14.5印张·4插页·278千字
标准书号：ISBN 978-7-111-66162-7
定价：69.00元

电话服务　　　　　　　　　　网络服务
客服电话：010-88361066　　机　工　官　网：www.cmpbook.com
　　　　　010-88379833　　机　工　官　博：weibo.com/cmp1952
　　　　　010-68326294　　金　书　网：www.golden-book.com
封底无防伪标均为盗版　　　　机工教育服务网：www.cmpedu.com

序

　　为什么非要用微积分来描述雪花的形成细节呢？对我们大多数人来说，气象学和数学处于两个彼此独立的世界。但在过去的两个世纪，数学对于气象学和天气预报的发展起到了日益重要而且极为关键的作用。

　　今天，日新月异的现代计算机每分钟都能执行巨量的算术运算，预报员每天都在利用这种计算能力预测第二天的天气。但是在享受现代天气预报所获得的成功时，我们还应弄清天气预报偶尔出错的原因，因此我们需要利用数学去定量化地理解大气和海洋的行为。

　　计算机操作服从于数学指令，它通过遵循抽象的逻辑规则来组织运算，因此要在计算机上进行天气预报，必须通过恰当的数学语言来描述地球大气当前的状态和未来的变化。然而，两个重要原因导致数值天气预报演变成了一个旷日持久难以完全解决的问题。第一个原因是，我们一直无法获得完美的关于云、雨以及旋转风之间相互作用的规律；第二个原因则是，计算机在每次预报时只能执行有限次的运算。

　　这就给预报员提出了一个非常有趣的挑战：如何抓住大气运动行为的本质，而不因我们对大气的一知半解误入歧途。在现代计算机出现前，这一挑战同样令天气预报的先驱们着迷。直到19世纪末，当大气运动的控制方程被恰当提出后，注意力才逐步转向了寻找天气预报方程的解。

　　理解和预报天气及气候是一个持续不断的努力过程，本书从发展的视角描述了数学在这一过程中所扮演的角色。在20世纪早期，少数具有不同背景的数学家和物理学家把气象学作为一门精确、定量的科学来加以总结。他们的故事极富传奇色彩，令人叹为观止，而他们所留下的遗产也不仅仅是现代天气预报的基础，更是向我们展示了数学和气象学的融合将如何支撑天气和气候预测科学的持续发展。

　　但是，数学家们在探索太阳系稳定性的奥秘时发现了混沌现象，这也同样是我们在实现天气预报的征途上遇到的科学难题。问题的关键是，行星将永远保持它们绕太阳的运动，还是会由于一个偶然碰撞，例如与流星相撞，而最终导致它们未来的运动轨迹发生彻底的改变。

今天的天气预报员不断努力拓展物理定律限制下的可预报性极限。预报流程的持续改进提高了预报的可靠性，与此同时，新的流程也要求有更大规模的计算机、更加优化的软件以及更加准确的观测。在现代超级计算机上，计算量的规模之大几乎已经超出了人类的理解范畴，但是数学却能够帮助我们从海量细节中洞悉其中的秩序所在。

在本书的前半部分，我们描述了天气预报历史发展的四个关键要素：第一，我们是怎样学会测量和描述大气的；第二，我们怎样通过物理定律来解释这些认识；第三，我们是如何学会利用数学来表达物理定律进而实现预测的；第四，我们是怎样认识到细节中的魔鬼，也就是我们称之为混沌的现象。

在本书的后半部分，作者着重描述了 20 世纪 30 年代后融合数学和机器的现代方法是怎样大幅提高了我们预测未来天气和气候的能力。第二次世界大战及随后民用和军事航空业的发展推动了气象和相关技术领域的大跨越，不仅仅是计算机，雷达、卫星等技术也取得了巨大进步。在这些技术的推动力下，人类终于在 1949 年实现了突破——第一次利用计算机成功进行了天气预报。对于利用计算机进行科学计算这一技术，我们中很多人对于该方面的先驱工作如数家珍，但是数学在技术发展史上所扮演的角色却很少为人们所知晓。事实上，作为技术进步的潜在推动力，数学对于科学计算的发展起到了极为关键的作用。因此，我们在书的结尾描述了数学到底是一个怎样的存在，以及还将怎样持续存在下去。围绕这些问题，预报员正探索将天气分为可预报部分和不可预报部分。这使得本书的最后部分更多地与理解和预测未来气候相关联。

出于完整性的考虑，在本书中利用了"知识库"模块给出了有关技术细节的详细描述。本书涉及的所有概念对于那些倾向于忽略"知识库"模块的读者同样是通俗易懂的。在"尾声"部分后我们给出了专业术语表，该表言简意赅地对一些基本概念进行了解释，这些概念均被用于天气预报计算机程序的设计之中。

致　谢

　　很多年来，我们一直致力于研究和撰写本书，来自许多朋友、家人和同事的讨论和批评反馈使我们受益匪浅。就这一点，非常感谢希德·克拉夫、麦克·卡伦、乔纳森·迪恩、迪尔·福尔科斯、塞斯·兰福德、彼得·林奇、凯特·诺伯里、安德斯·佩尔松、塞巴斯蒂安·莱希、希拉里·斯莫尔、珍·威尔苏斯和艾玛·瓦内福特。在此，尤其感谢安迪·怀特对于本书倒数第二稿的细致阅读和补充。

　　同样感谢休·巴拉德、罗丝·班尼斯特、斯蒂芬·伯特、麦克·德弗罗、大卫·德雷斯切尔、恩斯特·海瑞尔、罗伯·海恩、鲁伯特·福尔摩斯、斯蒂夫·杰布森、尼尔·朗尼、多米尼克·马布缇、约翰·梅思文、阿兰·奥尼尔、诺曼·菲利普斯、大卫·理查德森、克莱尔·罗尔斯通和麦克·怀特，感谢他们对本书的插图和图解提供的帮助。

　　还要感谢一些组织为我们提供相关图片，尤其要感谢美国气象学会、邓迪大学、欧洲中期天气预报中心（ECMWF）、英国气象局以及英国皇家学会，感谢上述组织的工作人员为我们提供了极有价值的帮助。作者伊恩·罗尔斯登在此要特别感谢利华休姆信托在2008—2009年对于我们的经费支持。

　　感谢普林斯顿大学出版社的薇琪·凯恩对我们持续的耐心和鼓励，还要感谢她过去和现在的同事们，包括凯瑟琳·乔菲、奎恩·法斯汀、迪米特里·卡瑞特尼科夫、罗琳·多内克、安娜·皮埃尔安贝尔、史蒂芬尼·韦克斯勒以及帕蒂·鲍尔，在此一并感谢他们为本书提供的大力支持。

　　最后，毋庸讳言，来自作者家人的爱和支持为本书的完成提供了不可估量的帮助，在此，我们把本书献给他们。

目　录

前奏：新的开端

19 世纪末，人类利用牛顿力学和万有引力定律准确计算出了日出日落、月盈月亏和潮起潮落。这些精确的定量数据被记录在年鉴和日志中，从渔民到农夫的大批劳动者都从这一科学的实际应用中收益颇丰。1904年，一位挪威科学家发表了一篇论文，文中描绘了如何将天气预报问题以公式化的形式表达为数学和物理问题。他的灵感和想象成了现代天气预测的基石，并且激励了此后三十年间大批青年才俊投身于这一事业，也正是这些优秀人才的研究为当代气象学奠定了基础。

最初，人们无法想象计算天气是怎样的一个艰巨任务。通过计算整个地球的气压、温度和湿度的变化，进而预测风和雨以及温和期和干旱期，这一切似乎是天方夜谭，被认为是一个无法解决的难题。

这里讲述的故事将带您经历一段智慧之旅，在这段旅程中，您将领略如何运用物理学、计算机和数学来理解和预测不断变化着的天气。在这个过程中，数学的极端重要性并不仅仅是因为它是定义研究问题的特殊语言，还因为它能够通过现代超级计算设备给出问题的解。而且，我们利用数学能够从计算机的输出结果中获得更多的信息，这些关键信息能帮助我们实现预报。而这些预报影响着我们每天的生活，小到出门是否带伞，大到怎样设计防洪堤来确保未来几十年的社区安全。

从太空俯瞰地球的景象改变了很多人心中对"家"的印象。我们发现地球上的水普遍以各种不同的状态存在着，从海洋和冰盖，到云和雨，再到那些循环在我们整个生命周期的水，它们形态各异、变化多端。风在使冰盖滞留在海湾的同时，也能使能量离开热带，这点能从云的分布上看出。如果天气系统能够改变，并且确实发生改变后，又会对水和不同形式生命的分布产生什么样的影响？这是一个令人着迷的问题。在本书中，我们将聚焦于地球大气，来解释数学是如何赋予我们描述和预测永无止境的天气和气候循环的能力的。

1

图 Pr. 1　蓝色星球，图片取自 NASA 网站。图中显示
了云和漩涡覆盖了整个地球。是否可能运用数学来计
算未来五天云的分布变化以及未来五年北极冰盖的变
化？NASA 授权使用。

第一章

编织幻象

我们的故事始于 19 世纪末，彼时描述时空和物质的"以太"理论才刚刚崭露头角，发出朦胧微光，然而它的光芒却很快被爱因斯坦的相对论和量子力学理论所掩盖。就在这个新旧交替的年代，一位从事以太理论研究的挪威科学家有了一个非凡的发现，正是这一发现开启了气象学研究的新篇章。

浴火重生

1898 年 11 月一个寒气逼人的午后，斯德哥尔摩正准备着迎接冬天的到来。36 岁的威廉·皮耶克尼斯透过窗户的一角深沉地凝视着窗外。整个城市笼罩在黑压压的天空下，雪花从清晨开始纷纷扬扬飘落，一阵紧似一阵的北风裹挟着巨浪消失在远方的地平线。皮耶克尼斯转身回到炉边取暖，他放松地坐在椅子上，让思绪继续徜徉。炉火咆哮着，窗外的暴风雪也愈加猛烈，此时的他感觉身心愉悦，仿佛与整个世界融为一体。在这样一个

寒风肆虐的冬日能够有一个温暖的栖身之所让皮耶克尼斯倍感惬意，但这并不仅仅来自简单的身体感受，其实还有更深奥的原因。

图 1.1　威廉·皮耶克尼斯（1862—1951年），尝试用数学和物理方法解决天气预报问题。

皮耶克尼斯注视着窗外的烟囱，闪烁的火星在烟囱上盘旋上升，窗外微小的灰烬被加速旋转的风雪卷得无

影无踪。他继续望着那些舞动的烟雾和火焰，聆听着风暴的咆哮。自从文明起源，人类对这些现象已经熟视无睹，可皮耶克尼斯却以一种从未有过的方式进行着观察和思考，这些现象所蕴含的一个新的物理定律逐渐清晰起来。这个定律意味着一个新的里程碑的建立。尽管在科学的时间轴上它并不像牛顿运动定律和万有引力定律那样熠熠生辉，但与牛顿的基本定律相似，它可以解释天气变化的基本法则。然而，这一突破性的思想还隐藏在数学这扇沉重的大门背后，因而也不为多数气象学家所知。皮耶克尼斯所提出的新定律不仅仅承载着这位科学家的名字，更将推动气象学的发展，使之在21世纪成为尖端前沿科学，为现代天气预报铺平了道路。这个定律除了有上述重要意义外，它还将首先改变皮耶克尼斯的职业。

然而极具讽刺意味的是，皮耶克尼斯并未预料到他能以这种方式改变自己的命运，甚至塑造历史。他推开了一扇新的自然界法则之窗，事实上，他在为自己的成果感到兴奋之余，也开始质疑自己的职业前景，理想与现实之间的抉择让他深感苦恼。他的新观点诞生于一个理论物理迅速衰落并且渐渐过时的时代。长达半个多世纪以来，一大批物理和数学领域的先锋试图探究诸如光和磁场的特性，想弄清它们究竟是通过真空还是某种不可见的介质来进行传播或者施加力的影响的。

直至19世纪70年代，有一种理论逐渐得到一致认可，那就是真空中一定充满了一种不可见的流体，这种流体叫作以太。这种理论的基本想法非常简单：正如声波通过空气传播，亦如两条擦身而过的小船通过水的涟漪感受到彼此的存在一样，光波和磁力也应该是通过某种宇宙介质来传播的。科学家们尝试去了解并量化"以太"这一物质的各种属性，他们认为这种物质一定与水、空气以及其他流体有某种相似之处，它们都会与穿梭于其中的物体产生相互作用。以太理论的支持者通过实验证明，浸入水中的物体能产生类似于磁铁在电装置中的相互作用效应，并以此来证明"以太"是存在的这一构想。

1881年，极负盛名的巴黎国际电力展吸引了众多著名科学家，其中包括亚历山大·格拉汉姆·贝尔、托马斯·阿尔瓦·爱迪生以及挪威一位名叫卡尔·安顿·皮耶克尼斯的学者。皮耶克尼斯在克里斯蒂安娜（现称奥斯陆）的皇家弗雷德里克大学担任数学教授，他18岁的儿子威廉在这次展览上展示了他们旨在证明以太存在的实验。这一实验的参观者包括赫尔曼·冯·亥姆霍兹和威廉·汤姆森（之后成为开尔文男爵）等当时最杰出的科学家，他们对实验印象深刻。皮耶克尼斯父子凭借这个实验获得了最高荣誉，这一成就也毫无疑问地让他们成为国际物理学界的焦点。

日渐上升的声誉和地位理所当然

地推动年轻又极具天赋的威廉追寻父亲的足迹，他不仅是数学家和物理学家，也同样是以太理论的支持者。19世纪80年代晚期，以太学说再一次焕发了活力，海因里希·赫兹利用一系列非同寻常的实验证明了电磁波在空间中的传播，这一实验证实了苏格兰理论物理学家詹姆斯·克拉克·麦克斯韦的预言。1894年出版了赫兹生前所著的一本书，在这本书中赫兹提出，以太应该在力学中具有举足轻重的作用。

提出这样的观点可不是一件轻松的事。当时人们一直被灌输，伽利略引进惯性概念是力学诞生的起点，牛顿提出的运动定律进一步量化表示了力和加速度的关系，如此等等。小到乒乓球大到天体，我们在描述每一个物体的运动时都会不厌其烦地提到力学的成就。然而，赫兹坚信人们一定忽略了某些东西，那就是牛顿力学铸就的坚固堡垒似乎依赖于一些无形的概念。一直以来，包含"力"和"能量"这些抽象概念的物理现象似乎以无形的方式影响着我们的世界。与牛顿力学不同，赫兹以公理式的陈述方式，通过描述以太中的行为来对这些物理现象加以解释。赫兹在书中提出的一些普遍原理似乎是对威廉父亲所倡导的研究工作进行了系统化的阐述。赫兹的论文证明了卡尔工作的正确性，彻底弥补了他的工作缺乏基础原理支撑的缺憾。对于卡尔的儿子威廉·皮耶克尼斯来说，这是一个巨大的动力，

他深受赫兹想法的感染，决心全身心投入这一领域。

威廉意识到以太研究工作的成功将会使他置身于物理学的前沿，如此光明的前景对于一位意志坚定、胸怀大志的年轻科学家而言是颇具吸引力的。19世纪见证了很多次猜想与理论完美结合的非凡事例。1864年麦克斯韦在其论文中将电和磁这两种当时看似没有关联的现象合二为一，与之类似，热量、能量和光从概念上也都基于一个共同的基础。威廉设想，这种看似完全不同的物理学部分走向统一的过程会一直持续下去，直至整个学科都以"以太力学"为基础。1892年，30岁的威廉在他的论文中间接地提到这一观点，两年后，赫兹证明了威廉想法的正确性，他开始走上实现自己梦想的道路。

皮耶克尼斯的工作使他站在了与同时代科学巨人比肩的高度，他们都认同以太的存在，并认为自然通过以太达到统一。这其中就有之后成为开尔文男爵的威廉·汤姆森，汤姆森1824年出生在贝尔法斯特，之后于1832年移居格拉斯哥。汤姆森青少年时期的经历就让人刮目相看，他14岁就读于格拉斯哥大学，17岁进入剑桥大学深造。他在巴黎度过了大学毕业后的第一年，在那里他与当时的一些杰出的数学家和物理学家共同从事研究工作。22岁时汤姆森回到格拉斯哥，开始了自己的职业生涯，他被任命为自然哲学专业的正教授。他不仅

是一位高水平的理论家，而且具有相当强的实践能力，这样的才能为汤姆森创造了可观的财富。他一方面研究理论物理，另一方面运用自己在电报领域的专业知识来赚钱：他的发明专利被英国电报局采纳为标准接收器。汤姆森发明的越洋通信电缆改变了欧洲与美国的沟通方式，这一发明也很快在世界各国普及。基于这一系列贡献，汤姆森在 1866 年被封为爵士。当然，越洋电缆的发明也使气象观测者之间的交流更加容易。汤姆森还被美国柯达公司任命为副总裁，1892 年回国后，他更是凭借自己的成就再次晋升为贵族，被授予开尔文勋爵的头衔。

开尔文（汤姆森广为人知的名字）极其富有而且身居要职，鉴于学术和应用领域的巨大成就，他被认为是最早的将学术研究与产业发展成功结合的学者之一。毫无疑问，开尔文对于为他带来巨大财富的科学研究也是极其着迷的。他主导了"热量是能量的一种形式"的解释，并认为牛顿力学的核心是能量而不是力，这一观点在当时是比较激进和抽象的，但能量的概念最终的确可以成为整个科学的核心。开尔文同样是以太学说的忠实支持者，事实上，他对以太本质的理解要远超他的同行们。

开尔文在研究流体力学的基本方程（牛顿定律在液体和气体的应用）时，对于赫尔曼·冯·亥姆霍兹 1858 年出版的专著中的一个结论尤其感兴

图 1.2 威廉·汤姆森爵士，授勋后成为开尔文勋爵（1824—1907 年），22 岁时就成为著名教授，他一生都在科学界占据着举足轻重的地位。他发表过六百多篇论文，而且是三届爱丁堡皇家学会主席。开尔文在铺设大西洋海底电缆工程时收获了一笔十分可观的财富：他买了一艘 126 吨的游艇——拉拉洛克号，以及一栋位于苏格兰沿岸拉格斯镇的豪宅。他的遗体被安葬在威斯敏斯特教堂艾萨克·牛顿爵士的旁边。

趣。亥姆霍兹在分析流体运动时引入了"理想流体"这一概念，这种液体或气体具有一些非常独特的性质。其中"理想"这一概念暗指这种流体在运动过程中不受任何阻力或摩擦力，因而没有任何能量转化为热量或其他类似的形式。尽管"理想流体"这一概念是一个人为假设，就像出自古老象牙塔的一件完美艺术品，但亥姆霍

兹对这种流体运动的分析却揭示了一些非同寻常的原理。他并没有根据流体运动的速度和方向来分析运动，而是运用"涡度"或者"漩涡"的改变来研究流体的运动方程。而这种涡度是由"理想涡旋"引起的，就像杯子里被搅动的咖啡朝一个方向旋转一样。令他惊奇的是，涡度方程表明，如果流体在初始时刻获得涡度，那么它将会一直保持这一涡旋状态永不改变。相反，如果理想流体的涡度为零，那么它绝不会自发地产生涡旋运动。

开尔文一直在探究如何转换上述思路，并在以太的框架下对其加以解释。于是他将以太想象成一种理想流体，并且是一种由"涡旋原子"组成的物质，也就是说，他设想以太中极小的涡旋就是组成物质的基础。为此，1867 年开尔文在《爱丁堡皇家科学学院院刊》上发表了一篇 11 页的名为"涡旋原子"的文章（署名威廉·汤姆森）。人们自然会提出这样一个问题：涡旋或者开尔文所创造的"理想涡旋原子"最初是如何产生又是如何获得理想流体的永久特性的？为了理解开尔文对于这些问题的答案，我们首先应该记住 19 世纪中期是一个科学和社会都很混乱的时期。那时达尔文的进化论引发了哲学和宗教界的高度警觉，这也导致科学界与教会之间产生了隔阂。作为一位虔诚的长老会教徒，开尔文找到了一个弥合伤口的办法，那就是将以太中涡旋的产生归因于上帝之手。这样一来，以太学说一方面符

合确切的数学原理，另一方面又体现了上帝的清晰形象，因而开尔文也坚定支持"以太是所有物质乃至整个物理学的核心"这一观点。

与当初发明"越洋电话"时的想法一样，开尔文并没有将他的兴趣局限在思考以太理论的小范围内。他采纳了亥姆霍兹的涡旋运动理论并将其重新表述成一个定理，定理给出了一个用以衡量涡旋运动强度的量——环流，并进一步指出流体在流动过程中环流保持守恒。由于环流的相关内容对于理解天气具有重要意义，因此我们将在第三章进行详细讨论。在此，我们暂且理解为理想涡旋环流的大小等于涡旋速度乘以流体流经的圆环周长。

尽管以太理论最终走向了衰弱，但是开尔文凭着自己敏锐的直觉研究了流体的环流特性，这些研究成果在流体力学中具有极端的重要性。直至今日，开尔文环流定理依旧是大学理想流体课程的主要讲授内容之一。与此同时，皮耶克尼斯尝试着运用上述思想来解释他的一些实验结果，他将两个球体浸入液体中并使其快速旋转，通过这一实验来研究球体之间的相互作用。由于两个球体引起的流体相对运动会使它们相互吸引或相互排斥，皮耶克尼斯结合实验仔细分析了开尔文的环流理论并尝试以此解释各种力——例如磁力。然而，没过多久他就陷入了困境：他的实验和计算表明，当相邻的球体旋转时，其所在

的理想流体中可能产生涡旋运动,这刚好与亥姆霍兹和开尔文的结论相悖。

这一难题在一段时间内让皮耶克尼斯非常困扰:开尔文的结论在数学上是合理的,但是他自己的实验结果为什么证明环流定理是错的?那段时间,皮耶克尼斯正受聘于斯德哥尔摩的新瑞典大学,纯理论研究在这所私立大学占据着至高无上的地位,因而威廉的新职位给了他充足的机会来追求自己的兴趣。1897年的一天,皮耶克尼斯从学校步行回家,他忽然意识到,尽管开尔文的理论是正确的,但却不适用于自己的实验。关键的事实在于开尔文环流定理并没有考虑到流体中的压力和密度会彼此独立变化,就像空气中的情形一样,这种独立变化的存在使得开尔文定理在皮耶克尼斯的实验中不再适用。皮耶克尼斯立即着手修改开尔文的理论,通过引入压力和密度的独立变化,他成功描述了环流是如何产生、加强和消亡的,这对理想流体同样适用,这一成果被称为皮耶克尼斯环流定理。

这是一个重大的突破。19世纪末,数学家和物理学家早已知道如何运用牛顿运动定律来定量研究流体动力学,这在当时已经有了150年的历史。然而问题卡在了如何解流体力学方程组上,即使求解理想流体的方程组也是一个相当可怕的难题,到19世纪80年代晚期,科学家也只找到了一些非常特殊和理想条件下的解。亥姆霍兹和

开尔文将重点放在涡度和环流而不是流体运动的速度和方向上,这一思路就好比从信封背后打开了窥见信封内奥秘的简单窗口。涡旋是流体中普遍存在的现象,通过计算它如何移动和随时间变化,可以避免去按照运动学定律计算流体中所有质点的运动速度和方向,从而规避巨大而且异常复杂的计算,使问题简化为相对简单的几个步骤。

皮耶克尼斯拓展了这些概念,与亥姆霍兹和开尔文的研究相比,他的理论能够帮我们研究更为真实的流体。这个新理论尤为可贵的是,对于大气和海洋这些接近理想流体的研究对象,其压力、温度和密度是相互联系的,我们可以利用皮耶克尼斯的理论给出大气和海洋中的涡旋是如何运动的。因此,我们可以不用再去求解整个流体的基本运动方程来获得流体运动的细节,事实上这也是不可能完成的任务,转而通过上述理论获知流体中的涡旋随时间发生形变和演化的整体图像。反过来,这一理论能帮助我们解释天气系统的基本涡旋结构,这种结构在卫星图片上是非常显著的(见图1.3,以及彩图CI.2中湾流区的漩涡)。皮耶克尼斯在开尔文理论的基础上进一步考虑温度和密度的变化,大气中由空气和云形成的持续性大涡旋正是这一理论机制发生作用的例证。在湾流区,海水的盐度会改变密度,也因此以类似的方式改变了海洋涡旋的行为。

皮耶克尼斯对研究工作取得的进展感到欣喜若狂，他开始与同事们探讨自己的成果。1897 年末，在斯德哥尔摩物理学会上，他对亥姆霍兹和开尔文的理论进行了综述。他的新观点一经提出便立刻引起了强烈的反响，对他的新理论感兴趣的并不是日渐减少的以太理论支持者，而是来自截然不同物理学新兴领域的学者。其中有一位名为斯凡特·阿伦尼斯的物理学会会员，他希望运用皮耶克尼斯的思想来解决大气和海洋科学中一些已被明确提出的问题。斯凡特其实是一位著名的化学家，他是最早探讨二氧化碳温室效应的科学家之一。

自从科学诞生以来，大气和海洋所有可预测和不可预测的特性一直都在激励人们不断思考，然而事实证明，对大气科学严肃细致的思考是十分困难的。直至 19 世纪末也只有少数的学者以各自为战的方式在这个领域进行研究。18 和 19 世纪，天文学的研究已经收获了丰硕成果，与之相比，大气科学则要逊色很多，其主要原因是，大气科学所涉及的流体运动方程求解起来非常棘手。因而，直到 19 世纪末，几乎没有科学家考虑从数学物理角度讨论大气运动，因为这实在是太难了！

斯德哥尔摩一位名叫尼尔斯·埃科赫姆的气象学家对气旋的形成（1820 年起气象学界讨论的重点问题之一）非常感兴趣，他后来成为皮耶克尼斯研究工作的亲密伙伴。埃科赫姆用图表方式来显示空气的压力和密度是如何随位置发生变化的，并以此来研究气旋的发展过程，如图 1.3 中所示的大气漩涡。然而，在把动力学理论与观测相结合合方面，埃科赫姆却显得无计可施，这种状况一直持续到他听到皮耶克尼斯谈起自己的研究才发生了转变。埃科赫姆的另一个兴趣是乘坐热气球，为了确保热气球可以在高处飞行，必须估测某一确定高度处的天气状况。那时人们对不同高度的大气结构（例如温度是如何随高度变化的）知之甚少，因而也迫切想要获得这方面的知识。

热气球是勇敢者的游戏，在许多无畏的探险活动中都有热气球的身影。在极地探险方面，挪威人和瑞典人有着令人羡慕的历史。著名的斯堪的纳维亚探险家弗里乔夫·南森，早在 19 世纪 90 年代就完成了乘船环绕极地海洋至俄罗斯北部和西伯利亚地区的壮举，这让整个世界为之震撼。因而，在 1894 年，探险家们希望进一步乘坐热气球抵达北极。经过三年的计划和筹款（瑞典国王和阿尔弗雷德·诺贝尔给予了经济资助），探险队于 1897 年 7 月出发前往北极。埃科赫姆负责为这次旅程做天气预报，但他没有作为探险队员一同出发。这对于埃科赫姆来说是幸运的，因为探险队的热气球连同三名探险队员一同消失了（见图 1.5）。这一不幸的惨重损失让斯堪的纳维亚人颜面扫地。探险队想要组织救援，但没有人知道应该到哪儿去搜寻。由于对高空风几乎没有任何了解，救援队只能毫无根据地臆测热气球的去向。

图 1.3　气旋，或低压系统，是一种直径约为 1,000km 的大型旋转气团，它在大气中移动，产生各类天气变化。这类天气系统常带来暴风骤雨。气旋这个名字源于希腊语盘绕着的巨蛇。NEODAAS/邓迪大学版权所有。

1897 年皮耶克尼斯发表了一个演讲，埃科赫姆一听到演讲的内容就兴奋地高呼："有了！"。这次演讲让他依稀看到援救热气球驾驶者的可能性，皮耶克尼斯的理论告诉他，可以利用地面气压和风速通过环流定理来求解高层大气的温度和风速。而且埃科赫姆还了解到，皮耶克尼斯的理论可以解释诸如气旋和反气旋之类的旋转气团的环流原理。由于环流理论方程表示了环流强度随气压和密度的变化，因此可以利用这一方程估计气旋的结构。也就是说，我们可以通过观测某一小范围内的气团（例如地面附近的空气）来推断空气在那些无法直接观测的区域中的运动（前提是假设环流

图1.4 英国气象学家詹姆斯·格雷舍尔通过放飞气球研究上层大气。1862年，他与飞行员亨利·考克斯维尔到达万米高空——途中险些丧命。低温难耐、气球与篮筐之间的绳索相互缠绕，这让操控气球阀门变得异常艰难。气球急速上升，稀薄的空气使格雷舍尔失去意识。考克斯维尔也被冻伤，他无法用手拉开阀门，经过不断努力，最后他终于在寒风中抓住篮筐，用牙咬着绳子打开了阀门。气球开始下降，格雷舍尔也逐渐恢复了意识。安全着陆后，格雷舍尔徒步十多千米寻求帮助，希望有人能帮助他们修复气球和装备。

理论适用于大气）。埃科赫姆马上与皮耶克尼斯就环流定理的可能应用展开

图1.5 1897年由尼尔斯·斯特林堡拍摄的所罗门·安德烈和克努特·弗伦克尔与浮冰上失事的气球。该照片于1930年重新影印，那时探险队员们早已去世多年。

了讨论，他们的讨论也促使皮耶克尼斯停止研究当时已经日薄西山的以太理论，转而投身于气象科学领域。这一选择不仅改变了皮耶克尼斯的人生，也推动了现代气象学的发展。20世纪初，基于皮耶克尼斯学术思想的方法引导人们逐渐了解了低层、中层和高层大气的特点，空中旅行的方式也由热气球和飞艇迅速发展为固定翼的双翼飞机。

1898年2月，皮耶克尼斯在斯德哥尔摩物理学会又发表了一次演讲，他概述了利用环流定理验证埃科赫姆关于气旋中气流形成原理的想法。皮耶克尼斯强调，可以利用气球和风筝上搭载的仪器来测量高空风速和温度，将获取的数据与他的理论相结合就可以解决长久以来关于气旋内部结构的争议。他还进一步陈述，七个月前如果在他的理论指导下展开搜救，那么很可能会找到探险队失踪热气球的去向。这次演讲点燃了与会者的热情，

11

物理学会决定提供资金来制造皮耶克尼斯所说的观测所需的气球和风筝。事实上，他们还成立了专门的委员会来监制"风筝和电力马达驱动的飞行器"，并且负责收集所需的数据。同时，皮耶克尼斯的长期工作伙伴阿伦尼斯也希望将环流理论的有关解释写入自己的新书《浩瀚物理学》之中。

对于皮耶克尼斯来说，有这样的结果已经再好不过了，其实事情的发展比他预想的还要好。斯德哥尔摩一位名叫奥特·皮特森的化学教授也是皮耶克尼斯理论的早期支持者，同时也是这一理论的受益者。皮特森对海洋学非常感兴趣，尤其是对海洋盐度和温度的分布特别关注。他意识到一个新的机遇正在到来，皮耶克尼斯的理论在主流物理学和气象学之间进行了一次"技术转移"，而接下来的角色转换动力则来自于渔业资源的枯竭。19世纪70年代，消失将近七十年之久的鲱鱼群出人意料地重现瑞典西海岸的浅滩，皮特森因此被授权研究和勘测该水域的离岸流。鱼群的突然消失曾让当地财政顿时陷入瘫痪，然而没有人知道鱼群消失的原因和去向。后来调查发现，鲱鱼群会顺着相对高温高盐的海流进入瑞典西海岸，而当低温低盐的海流流经该区域时，鱼群则会消失。至此，人们自然会想到一个问题——能否预测这种暖海流的出现？皮耶克尼斯的环流定理正好可以为此提供答案。

受到这一新应用的鼓舞，皮耶克尼斯于1898年10月在斯德哥尔摩物理学会发表了第三次演讲。他指出环流定理具有极广的应用范围：从烟囱中上升的暖空气，到气旋的加强减弱，再到洋流的预测都可以运用该理论加以解释。然而，尽管取得了新的成功，皮耶克尼斯也不得不承认，当初的抱负此时看来似乎难以为继，把父亲的研究工作发展为现代理论物理的核心内容显得希望渺茫。当时，现代气象学和海洋学领域的先驱们认为皮耶克尼斯的演讲字字珠玑，但主流的理论物理学家们却缓慢而坚定地转过身继续他们的以太理论研究。科学领域在世纪之交也迎来了一个新时代：相对论和量子物理让我们对时空和物质的理解有了革命性的进展，至此以太学说已经变得无关大局了。

现在我们再次回到本书开篇的场景，就是1898年11月那个寒冷的夜晚，威廉·皮耶克尼斯站在了人生的十字路口。路口的一边是他可以全情投入的事业，他的环流定理如凤凰涅槃般从即将被摒弃的思想灰烬中浴火重生；路口的另一边则面临着残酷冰冷的现实，他父亲倾注毕生精力的以太学说注定要被时代所抛弃。皮耶克尼斯望着壁炉中的火焰，倾听着窗外的风暴，他逐渐意识到了一种可能性，那就是做一名物理学新应用的拥趸：他的使命不再是试图解释以太自然观中虚无缥缈的基础力学，而是去解释那些看得见的、实实在在的力的运作方式，这其中之一便是天气。

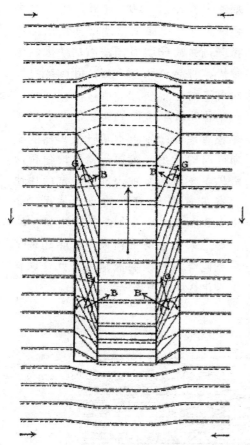

图 1.6 皮耶克尼斯 1898 年论文中图 7 的复制图，该图体现了烟囱中上升的暖空气气流。知识库 1.1 解释了本图的思想，这涉及热量、密度和压力。皮耶克尼斯从烟囱中上升的空气联想到冬季的风暴。美国气象学会公报，84（2003）：471-80。美国气象学会版权所有，许可使用。

知识库 1.1：环流和海风

皮耶克尼斯认为，可以通过测量气压和密度（或温度）来预测平均风速，其结论并不受阵风和涡旋等造成的局地复杂条件的影响。下面以暖海岸附近海风的形成为例来演示环流理论的数学推导。

这里将环流定义为速度沿某一路径或等值线的积分，其表达式为 $C = \int v \cdot dl$。此处的 v 代表风矢量，dl 是积分路径上的位移微元。通常这一路径起始于海面上空，延伸约 30 公里左右到达海岸或陆地，再由此返回上层大气（如图 1.7 箭头所示）。这一积分的实质是将风矢量沿所选路径或等值线相加，其中 dl 表示的是一小段路径，$v \cdot dl$ 表示风在路径方向的分量与路径长度的乘积。

根据简化的开尔文环流定理，随气流一起运动的观察者测得的环流变化率是 0。其表达式为 $dC/dt = 0$，式中的导数 d/dt 表示随微团移动的物理量的时间变化率。皮耶克尼斯则证明 $dC/dt \neq 0$，也就是说当空气密度或温度的变化导致等压面和等密度面不重合时，环流将会产生或者衰减。

大气中的压力面是接近水平的，具有不同温度和密度的大气由于受地球重力的作用被压在各水平层次中。这种情况下重力效应是决定压力大小的主要分量。皮耶克尼斯在 1898 年的文章中试图寻找一个例证来说明热力作用对大气中空气密度的改变要比压力作用显著得多。在此我们引用皮耶克尼斯 1898 年文章中的一幅图（见图 1.7），图中的实线代表等密度面，太阳对沿岸平原陆地的加热作用要远强于毗邻的海洋，陆地附近的空气受热后膨胀，密度变小，等密度面在陆地上空向地面倾斜。此时沿岸区域的等压面（图中虚线所示）不再平行于等密度面。

皮耶克尼斯充分利用矢量进行分析，他分别用 G 和 B 表示垂直于等压面和等密度面的矢量（皮耶克尼斯1898 年的论文中同样用此表示方式，见图 1.6）。皮耶克尼斯提出 $dC/dt = \iint (G \times B) \cdot n dA$，其中 n 为面积为 dA 区域所在平面的法向单位矢量，A 为积分路径所包围的区域面积。这一新的积分表示的是积分路径内等压面和等密度面不重合部分所产生的 $G \times B$ 净总和。当 G 和 B 平行时，$G \times B = 0$，也就意味着 $dC/dt = 0$，此时满足开尔文环流定理。皮耶克尼斯进一步把定理推广到考虑 G 和 B 不平行的情况，这种情况将导致环流产生，因而有海风吹向陆地。

尽管沿岸风内部包含很多小的阵风和涡旋，但总体环流的建立意味着向岸风的产生，这是一种普遍存在的海风。皮耶克尼斯认为只要系统性地存在矢量 G 和 B 不重合的情况，如图 1.7 所示，就总会沿着环流积分路径产生系统性的平均风。尽管这条定理不能详尽地预测局地风，但可以预测沿岸区域的整体平均风。

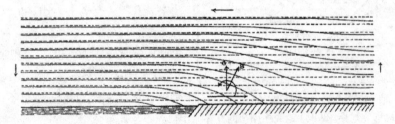

图 1.7　此图为皮耶克尼斯 1898 年论文中的图 9，表示"理想"的白天的海风，左侧为大海，右侧为暖海岸。*Bulletin of the American Meteorological Society* 84（2003）：471-80. © American Meteorological Society. 授权使用。

风暴水域

1902 年末至 1903 年初，瑞典沿岸水域多次发生罕见的强烈风暴，对该地区造成了严重破坏，然而这在历史上已经不是第一次发生了，因此人们迫切希望能够设计出某种风暴预警系统。埃科赫姆牢牢抓住了这次机会，他想把利用气球和风筝来测量高层大气的构想变成现实，他计划利用观测仪器收集到的信息来改进风暴预警的经验法则。可以想象，听到这一消息的皮耶克尼斯一定会拍着额头感叹，他会为埃科赫姆的想法中缺少物理理论基础而深感遗憾。

因此，皮耶克尼斯开始思考如何基于物理定律设计"理性天气预报方法"。1904 年，皮耶克尼斯发表了一篇题为《从力学和物理学角度看天气预报问题》的论文。这篇论文是他倾尽全力的巅峰之作，它将天气预报方法理论化，从以经验性的预报法则为基础上升到以服从物理定律的预报法则为基础。尽管此时的皮耶克尼斯还没有完全放弃探索以太理论，但在运用流体物理学的理念来解决大气和海洋运动问题方面，他已被视为权威。

皮耶克尼斯在斯德哥尔摩物理学会再次发表了演讲，他解释了天气预报问题背后的物理学，其观点很快被各种报纸刊登。皮耶克尼斯将这次演讲内容扩展为一系列论文。但我们也应明白，皮耶克尼斯预报天气的愿望并非源于纯粹的利他主义精神，他对于服从物理定律特别是力学定律的科学问题都极其痴迷，这种痴迷很可能是他开展研究的真实动机。而且，他也深受赫兹观点的影响，他认为科学研究的最高境界是能预测未来，而其中一个显而易见的奋斗目标就是预言未来的天气，总之，他相信人们可以利用科学来解释整个世界。

1904 年的这篇文章成了经典，它具有两个卓越特征：首先，它之所以堪称经典是因为，即便在一百多年后的今天，气象学家在读这篇文章时也会马上意识到一个事实，就是当时 42 岁的皮耶克尼斯所提出的学术思想正是现代天气预报的雏形。如今的气象学家和气候学家可以利用超级计算机、卫星以及高科技制图法来处理和分析数据，这在皮耶克尼斯的时代是完全无法想象的事情，但是，1904 年的那篇文章却为这些创新深埋了思想的种子。其次，这篇文章之所以称之为经典的另一个显著原因是，其研究的问题属于最古老的研究领域之一，而在皮耶克尼斯涉足之前几乎没有任何引导性或是实质性的参考资料。亚里士多德写过一本关于气象的书籍，而整本书需要经历长达一千五百多年的检验才能算作完成；法国哲学家勒内·笛卡尔也将气象视为对自己了解、观察和解释世界理论的最严苛的检验方式。

相比亚里士多德，皮耶克尼斯的思想更为经久不衰，这其中的奥妙正是本书故事所追寻的主题之一。20 世纪初，天气预报仍然是一项晦涩难懂的业务，因此，皮耶克尼斯在论述天气预报的发展史时并不需要展开冗长的论述。那时只能通过口口相传的方式来传授绘制观测图的方法，这种工作态度是狭隘且孤立的。预报员们在面对基本物理定律时都是绕道而行，皮耶克尼斯敏锐地意识到了这一点，他决心改变这一现状。他的研究在那个时代就已经奠定了当今全球天气预报的物理基础，这种高瞻远瞩的学术思想直到半个世纪后计算机诞生之日才被人们意识到。

尽管足够的证据表明，气象学在促进对于科学发展方面已有上千年的历史，然而在 20 世纪前，科学却几乎没有给天气预报员任何回馈。在科学史的长河中，散落着为数不多的对大气科学有价值的重要贡献，而其中极少可以真正提高我们预测明天天气的能力。事实上，就在皮耶克尼斯那篇里程碑式的论文发表前的五十年，人类第一次齐心协力想要预报天气，但其目的却与发展气象学本身无关。对于天气预报员来说，1854 年具有特殊的意义，之所以这么说至少有两个理由。首先，那一年克里米亚战争的烽烟促使首个欧洲国家气象局成立。尽管坦尼森将这次战争描述为"不堪一击的军队的瞬间崩溃"，但气象局的形成却源于战争中的一场大灾难。这一年的 11 月 13 日，英法联军舰队在黑海遭遇了一场风暴，损失惨重。

当时，俄国人在克里米亚的塞瓦斯托波尔修筑了防御工事，英法舰队对这一海上要塞实施了包围。就在战争的关键阶段，风暴如幽灵般隐约出现在远方的地平线，随后飓风暴雨很快横扫了克里米亚半岛。联军部队损失惨重，其中包括一艘载有七千吨辅助设备的药品供给船，连同法军的骄傲——装备有 100 门大炮的亨利四世战列舰（见图 1.8）一同沉入海底。关于这场灾难的报道始终占据着新闻头条，躁动不安的公众迫切需要一个解释。

路易·拿破仑向世界杰出的科学家们寻求帮助。然而，在 1854 年想预测风暴似乎是不可能的，但与之形成

图 1.8　19 世纪频繁的风暴导致许多船只和生命不幸罹难。本图是勒布雷顿的绘画作品"法国海军的骄傲"，图上的战船是亨利四世号，该船于 1854 年 11 月在克里米亚半岛的海岸搁浅。公众日益呼吁政府采取措施预测天气，以确保海上航行更加安全。美国气象学会公报 61（1980）：1570-83。美国气象学会版权所有，授权使用。

鲜明对比的是天文学，那时天文学家已经可以相当精确地预测遥远未来的月食（日食）以及潮汐涨落出现的日期和时间。不仅如此，天文学家的声誉在 1846 年得到了进一步提升，两位分别来自英国和法国的数学家约翰·库奇·亚当斯和于尔班·尚·约瑟夫·勒威耶通过观察其他已知行星，各自独立地预测了一个新行星的存在；而他们却从未亲自在寒冷的夜晚通过天文望远镜来观察行星。

19 世纪 40 年代初，当时天王星刚被发现不久，剑桥大学的天文学教授乔治·艾瑞投入了大量精力研究这颗行星的运行轨道。他仔细观测了这颗行星的实际轨道，并将其与牛顿万有引力定律求得的理论轨道进行对比，

结果发现二者并不符合。这一矛盾引发了激烈论战，争论持续多年。因为这个令人费解的问题，艾瑞甚至一度质疑牛顿万有引力定律的正确性。就在此时，出现了一个看似更有道理的解释：存在另一颗行星的引力场影响着天王星的运行轨道，但是人类还尚未观测到这颗行星。

法国人勒威耶是一位学识渊博且受人敬仰的天文学家，他也决定接受挑战，寻找导致天王星轨道差异的原因。1845 年 11 月，勒威耶向巴黎科学院证明，的确有另一个尚未发现的行星影响了天王星的轨道，牛顿万有引力定律和观测本身并没有任何错误。1846 年的夏天，他计算出了这颗未知行星的位置，但是在法国没有人愿意帮助勒威耶搜寻这颗行星的踪影。

法国同行们的冷淡反应让勒威耶非常沮丧，因此他给柏林天文台的天文学家约翰·伽勒写了一封信。他在信中这样写道："我在寻找一位执着的观察者，希望他能匀出一点点时间来检查天空中的一个区域，那里可能有一颗尚未被发现的行星。我是根据天王星的轨道从理论上得出这一结论的……除非考虑一颗未知行星的存在，否则无法对观测到的天王星运动轨迹给出一个合理的解释……如果您将望远镜对准水瓶座的黄道面，经度 326 度处，您将会发现在其一度范围内有一颗新的行星。"伽勒看到信后立刻向当时柏林天文台的主管申请借用望远镜进行这项观测。通常主管会一直占

图 1.9　于尔班·尚·约瑟夫·勒威耶（1811—1877 年）通过求解数学方程组预测出了海王星的存在。那么用数学方法是否也能预测出风暴呢？勒威耶检验了黑海的天气数据，断定可以利用新型电报传输观测信息，进而预报风暴。奥古斯特·布里印刷。来源：史密森尼数字博物馆网站收藏。

用望远镜而拒绝这样的请求，但幸运的是，当天恰巧是主管的生日，因此伽勒当晚就拿到了望远镜。他将仪器对准天空，开始全身心地投入这项繁琐的工作。伽勒把望远镜中看到的每一个目标物与星图上已知的星体进行对照，逐一排查。不到一个小时，他无意间发现了一个星图上没有标注的星体。第二天晚上他继续观察这个星体，发现它会移动，这确定无疑就是一颗新行星——海王星，它所在的位

置与勒威耶预测的地点仅仅少了一度。如此准确地预测一颗距离太阳45亿公里的行星所在的位置，并且在此之前并没有观测到这颗行星，这样的成就无疑是牛顿物理学和数学的巨大胜利，勒威耶也因为这一惊人之举而声名大噪。

路易·拿破仑确信，如果天文学家可以通过观测计算出行星的存在，气象学家也应该可以计算出风暴的来临。因此，路易·拿破仑向这位天文学界的超级巨星寻求帮助，希望了解是否可以预测黑海的风暴。此时的勒威耶与很多天文台的科学家们私交甚笃，他从欧洲各地要来了1854年11月10日至16日的天气报告。他与同事们一起分析了这些数据，得出的结论是：如果当初将观测结果及时传达给预报员，那么那场风暴的路径是可以提前预料的。

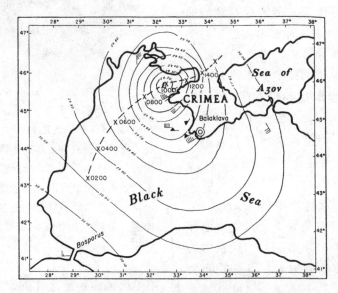

图1.10 勒威耶用来分析黑海风暴的天气图。等压线（海平面上相同气压的点连成的曲线）用来表示风暴路径，克里米亚附近密集的等压线表示风暴风，近似圆形处表示中纬度地区的理想气旋或低压系统。勒威耶认为，我们可以利用这些气压图预报这类风暴的运动。美国气象学会公报61（1980）：1570-83. 美国气象学会版权所有，授权使用。

这一发现引发了强烈反响，有识之士呼吁应立即合作建立气象台站网络，并通过电报这种新技术将台站与预报员相联络。在不同地点定时用气压计测量气压，用风速仪和风向标测量风速风向，然后将所得数据用电报传至预报中心，预报员可以因此获取一张广阔区域内最新的天气状况图。每天，对盛行风的观测都可以让预报员预测天气系统会如何移动，而风速和气压又决定了天气系统的强度。这一方法和原理迅速传遍欧洲和北美，开启了一项可能是科学界最伟大的国际合作：各地区为了预报天气无偿地交换大气观测数据。

在天气预报发展史中，1854 年是一个特殊年份而值得铭记，之所以这么说不仅是因为在这一年提出了气象观测网络的想法，还因为这一年英国成立了气象贸易委员会。这个新部门的领导者是海军中将罗伯特·菲茨罗伊，他后来赢得了国家天气预报第一人的称号。贸易委员会的建立旨在实施一项新的决议，这项决议于前一年在布鲁塞尔召开的海洋气象国际会议上签订，协议规定军舰和商船上的所有气象观测都应统一标准。遵照伦敦皇家学会的建议，政府部门聘请菲茨罗伊为首席统计学家。

多年的海军服役经历让菲茨罗伊对气象学有所领悟。他将服役与科学研究很好地结合起来，1831 年他担任贝格尔号军舰舰长时，挑选了一位名叫查尔斯·达尔文的年轻科学家随军舰赴南美考察。事实上，达尔文花了一段时间才适应了这位舰长，因为菲茨罗伊以其性情急躁而闻名（他的绰号叫"热咖啡"）。1841 年菲茨罗伊开始了他充满前景的政治生涯，他当选为达勒姆议会的议员。1843 年，他前往新西兰的殖民地政府履职，但不久他就因为自己急躁的性格陷入困境。刚上任几个月，菲茨罗伊在处理一起土地权纠纷时，与纠纷双方的毛利人和白人定居者之间同时交恶。为此他被召回伦敦，又重回海军服役，直至 1850 年退役。

图 1.11 罗伯特·菲茨罗伊（1805—1865年） 1859 年新的装甲客船皇家宪章号失事，多名乘客遇难，菲茨罗伊认为可以预测出该风暴的路径，于是他在英格兰各主要港口建立了风暴预警系统，挽救了很多水手和船只。上图是奥克兰的约翰·施密特于 1910 年所作的肖像画。来源：新西兰惠灵顿，亚历山大 特恩布尔图书馆。

隐退后的菲茨罗伊听说了马修·莫里的研究工作，他对此印象深刻而且深受鼓舞。1853 年，美国海军中尉莫里出版了一本名叫《海洋自然地理学》的著作，这本书描述性地记载了大洋中的各种洋流（特别是湾流）、海洋盐度变化以及海洋深度状况。书中甚至提到了大气臭氧，这种系统性的观测在当时才刚刚开始，同时还包括臭氧观测和风向之间的关系。

多年来莫里这本书都是用于核对大气和海洋观测的巅峰之作，不仅如此，莫里还很好地运用了这些信息：他给船员们的建议大幅缩短了航海时间。那时，巴拿马运河还没有修建，想要从纽约到旧金山需要乘船绕行合恩角。运用莫里的数据后，这段航行的时间从 180 天缩短至大约 135 天，足足减少了 25%，这毫无疑问是科学创造价值的典范！

在贸易委员会开始新工作的菲茨罗伊投入了极大的热情。此时，英国国会下院希望这个部门可以通过分析从海上收集到的数据提前 24 小时预报伦敦的天气。1844 年，塞缪尔·莫尔斯通过电报实现了长途通信；1850 年，英国的詹姆斯·格莱舍和美国的约瑟夫·亨利利用新电报交换数据，并且在美国东北部和英格兰绘制了当日天气图。政治家和民众都对新的天气预警服务寄予了很高的期望。

1859 年，一艘名为"皇家宪章号"的快速装甲船在安格尔西岛附近遭遇飓风失事，船上载有 500 名乘客和船员以及一批价值 30 万英镑（以 1859 年的标准）的黄金，共有 459 人在这场十年来最强的飓风中丧生。此次风暴共导致英国附近 133 艘船遇险，至少 800 人遇难。1861 年，菲茨罗伊利用英国沿岸 22 个观测站收集到的数据发布风暴预警。1863 年，他开始通过报纸向公众发布预报，这一工作在短时间内大获成功。但是由于观测站

稀少，预报还需要凭经验和直觉。

预报工作逐渐形成了常规业务程序，每天不同地方的数据都会通过电报发给预报员，他们根据数据制作出不同类型的天气图。他们最关注的是体现地面附近大气压力的天气图，预报员用等压线将气压相同的地方连起来，这些信息可以用于分析一天内不同时段的气压变化情况。另外，这种图上还画有温度、降水、湿度和风等变量。如图 1.10 所示，圆形等值线（等压线）构成了一个理想风暴气旋，气压向中心递减，这一地面气压分布表明风速随气压的降低而增强。预报员们详细解释了这些简单的规则，以便船长和农民都能理解其含义，例如大气压力下降越快其后果越严重等等。总之，预报的主要任务就是做出次日的气压分布图。

预报员通常假设，低压区会按照被观察时刻所具有的速度和方向移动。然而除了经验法则外，预报过程中并不涉及任何方程（这点完全有别于天文学）和计算。人们利用气旋的移速来估计降水量，一般假设气旋移动越慢，则降水量越大。19 世纪 60 年代，荷兰气象学家克里斯托夫·拜斯-巴洛特观察发现，风一般沿着等压线的方向吹，而风速大小则与等压线法向的气压变化率近似成比例。

预报员可以根据拜斯-巴洛特的经验法则，利用气压分布图来预报风向和风速。这些信息使得预报不再只是"有雨有风"或是"晴朗寒冷"之类

不精确的表述，根据风速和风向就可以知道天气系统在几小时后会被吹到哪个临近的"预定"区域。这些经验法则也可以让观察力敏锐的船长避开风暴最为猛烈的区域。

随着观测站网络的不断壮大，天气图所覆盖的区域也越来越大。当前大范围的天气信息能够用以产生未来附近地点的天气预测，这是预报的前提条件。例如，预报员可以通过简单的外推来预测某一地点的降水状况。只需要沿着某一地点盛行风方向向上游回溯，当上游地区存在阵雨时，那么预报员可以通过外推法来预测处于下游区域的预报地点是否会有降水。

天气图不仅可以用来预报，而且它还体现了一些人们之前并不知道或没有观测到的天气规律。从天气图上可以看到，北半球低压中心附近区域的空气呈逆时针方向流动（与拜斯-巴洛特法则一致，见图1.12），低压区域南部的风通常更强，而这些系统西部和北部的温度往往较低（在南半球上述关系相反，例如，逆时针方向应变为顺时针方向）。人们很快发现，冬季高压（又被称为反气旋）控制的区域常为较冷天气。预报员在天气图上记录了气旋的移动路径，从这些天气图可以得知，中纬度天气系统具有自西向东的移动倾向。掌握这些规律和分布特征使得预报能够提前两天发布。

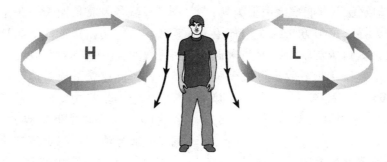

图1.12 拜斯-巴洛特定律：在北半球背风而立，低压在左。L位于理想气旋（横跨几百公里，深约五公里的大型涡旋）的中心，代表低压，位于右手边的H代表反气旋高压的中心。中间的箭头表示气流与环形等压线平行。风的强度与H和L之间的压力梯度（H和L之间的压力差除以它们之间的距离）成比例。

尽管预报的准确性有限，但天气预报还是越来越受到公众的欢迎，报纸底部每天都会刊登预报结果。然而，责难和争议也随之出现：科学界对于天气预报的态度逐渐产生了分歧，一部分人认为预报是有用的，而另一部分则质疑天气预报的科学依据。一些愤世嫉俗的人很轻视预报员，认为他们这种利用数据和图表就能得出结论的工作最多只是一种艺术形式，根本称不上是科学领域的创新成就。这种怀疑论产生的原因在于，预报过程几乎没有运用任何包含物理定律的科学准则，这使得预报几乎全部是定性分析，具有主观性。

越来越多的人开始批评菲茨罗伊的工作。而在法国，勒威耶的境遇也没好到哪儿去，这位杰出的科学家当时被认为是在用古怪的想法追求无望的目标。建立天气预报服务的努力也被认定为只是造就了一群墨守成规的笨拙预报员。1854 年以前，天气预报这个领域还主要被占卜家和民间智者占据着，他们利用自然符号如鸟类行为来预报天气。如果预报错了，那仅仅是另一个与生命有关的神秘事物而已。勒威耶和菲茨罗伊在实践中更加关心船员和渔民的安全，他们付出巨大努力后却发现不可能准确预报天气，而那些努力寻求预报方法的人们却沦为大家茶余饭后的笑柄。批评和嘲讽愈演愈烈，终于，菲茨罗伊再也无法容忍，1865 年 4 月 30 日早上 7 点 45 分，他在浴室用剃刀切开了自己的咽喉。

借着菲茨罗伊自杀这一事件，贸易委员会和皇家学会写了一篇关于他工作的报告。这篇调查报告于 1866 年发表，报告对菲茨罗伊预报天气的方法进行了尖锐的批驳（从现代分析方法来看，这多少有些不公平），天气预报的发布工作也于当年的 12 月 6 日戛然而止。然而，天气对航运的袭击还在继续，触目惊心的生命、财产和船舶损失使公众对天气预报产生了极其强烈的需求，1867 年菲茨罗伊创立的

风暴预警服务又得到了恢复。重新更名的气象办公室花了十年时间才重新发布预报，但在那段时间里，科学仍然与实际预测脱节。可想而知，1904 年当皮耶克尼斯开始写那篇文章时，他实际上是冒险进入了一个真空地带，即便是当时最足智多谋的公职人员或者 19 世纪最杰出的数学家都未能涉足，更不要说去攻克其中的难题了。

解决不可能的问题

在气象学的杰出先驱中有一个例外，他对数学和物理学在天气预报中的重要作用了然于心。1901 年 12 月，在《每月天气回顾》29 卷 551 页上刊登了一篇名为《长期天气预报的物理基础》的论文，其作者是克利夫兰·阿贝教授。在 1870 年至 1890 年这二十年间，阿贝建立了预报美国中东部天气的国家预报机构，他引进了一些业务使得这一机构处于世界领先水平。阿贝强调要将理论与观测和预报业务相结合，这一主张引来了一些批评，在天气服务从美国通信集团转移至农业部后，阿贝被免职了。从 1893 年起，天气局重新开始用经验法则预报天气。

爱德蒙·威利斯和威廉·胡克在 2006 年的文章中这样评价阿贝："阿贝并没有将皮耶克尼斯视为竞争对手，但是作为一位年轻的学者，他希望引起气象学界的关注。皮耶克尼斯的环流理论在很多情况下简化了数学计算，

这让阿贝非常赞赏。"1905 年阿贝邀请皮耶克尼斯到美国，并将他引荐给身为天文学家、数学家和卡耐基研究院院长的罗伯特·伍德沃德，这将产生深远的影响，我们将在第三章详述。

图 1.13 克利夫兰·阿贝（1838—1916 年），美国首位政府首席气象学家。最初密歇根大学把他作为天文学家培养，阿贝还是纽约自由学院（如今的城市学院）化学和数学专业的优等生。1879 年，阿贝在报告中将我们现在的标准时间引入美国。鸣谢国家海洋和大气局/商务部准许使用。

阿贝在 1901 年发表的文章比三年后皮耶克尼斯的文章包含更多的数学细节，但是皮耶克尼斯的贡献却被广泛认可，他的理论被视为现代天气预报之路的开端。或许皮耶克尼斯 1904 年那篇文章最重要的一点在于他升华了一种科学理念，指明了如何解决棘手科学问题的方向。皮耶克尼斯继续推动自己的环流定理，将其应用于解决海洋和大气中的一些简单问题，他清楚地知道前进的方向在哪里。

在 1904 年论文的开篇，皮耶克尼斯清晰而又坚定地陈述了自己的计划：

若真如所有科学家所信奉的那样，大气的状态是由其前一时刻的状况按照物理定律发展变化而来的，那么很显然，预报问题的理性解决必须满足如下充分必要条件：

1. 初始时刻大气状态的足够准确的信息；

2. 大气状态发展演变所遵循规律的足够准确的信息。

皮耶克尼斯引入了医学术语"诊断"和"预测"来描述这两个步骤。诊断这步需要足够的观测数据来定义大气在某一特定时间的（三维）结构或状态（这类似于描述"病人的状态"）。第二步，也就是预测这步需要建立一个描述大气各个变量的方程组，可以通过求解方程组来预测大气未来的状态（这类似于预测"病人未来的健康状况"）。这完全不同于早期天气预报来自想象或者民间占卜，皮耶克尼斯将观测与物理定律结合起来预测天气的变化，其中的物理定律我们将在第二章进行详细描述。

但是，皮耶克尼斯同时也意识到，问题远非如此简单。他在文章的第三部分指出，科学家无法通过精确求解方程来描述三个行星通过牛顿万有引力相互影响但又可能保持在各自轨道上运行的现象。而大气中风所遵循的物理定律远远比万有引力定律复杂得多，皮耶克尼斯明白精确求解整个大气的运动方程是不可能的。皮耶克尼斯面临的这个数学难题至今仍然存在，在理论上方程仍然是不可解的。

皮耶克尼斯的关键思想是将过于复杂难解的问题拆分，拆分后的每个问题的解仍然服从整体问题。因此，皮耶克尼斯认为在预测天气时，只需要处理从一个区域到另一个区域，从一个经度到另一个经度，以及一个小时到另一个小时（而不是以几秒钟为间隔）的天气变化情况。这恰恰就是如今用现代计算机模拟来预测未来天气气候变化时所用的方法。

正如图 1.14 所示，我们将大气柱分成许多个"盒子"，其中每一个大气柱在垂直方向是分层的。每层大气在水平方向又被分成众多小盒子，图中大气柱顶层的斑点就是这些小盒子。计算机模拟的天气状况在每个小盒子里是均匀一致的，就像数字图像中每个像素只有一种颜色一样。按照这一类比，我们可以将每一个天气盒子想象成一个三维像素，只是这里的"图像"并不是直接可见的，它是用数学描述的大气状态。计算机绘图时，盒子上的像素值对应了标准调色板上的不同颜色，而大气盒子的数值则代表了天气变量的值。

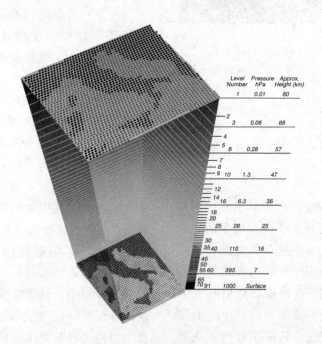

图 1.14　本图用意大利和地中海上空的大气柱表示现代数值天气预报模式中的天气盒或像素。这个结构就是皮耶克尼斯计算天气的原始思想，他将大气用经线和纬线分成很多部分来计算。计算能力越强，我们就可以划分成越多的天气盒，进而进行越详细的天气预报。ECMWF 版权所有，授权使用。

我们在每一个天气像素中储存七个数：其中三个用于描述风速和风向（两个水平方向速度、一个垂直方向速度），另外四个分别是气压、温度、空气密度和湿度。这整套数据决定了每一个天气像素中的大气所处的均匀状态，所有代表大气状态的像素又聚集成一个巨大的三维数字表述，或者称之为"快照"，它能体现任一时刻的大气状况。天气预报问题也就是去预测这些天气像素从一个时刻到下一时刻的变化，以此来构建未来天气的图像。

为了从另一个角度理解这种思想，让我们来想象这样一个画面：夏日的一天，宁静的乡村沐浴在温暖的阳光下；在变幻的天空下，大树饱满的叶子在枝头摇曳生姿，广阔的草坪上长着各色野花，远处的一群割草人正在加紧忙碌着，头顶的乌云暗示着一场大雨将至；画面前景中的农舍俯瞰着一条静静流淌的小溪，两匹套着马具的马匹正站在干草车前。其实，这一画面早已深深刻入了人们的脑海，它出自约翰·康斯坦布尔的代表作《干草车》，这是绘画史上最为著名的风景画之一。

我们中绝大多数人在注视着这幅杰作并为之赞叹之余，可能从未想过我们自己也可以用数据作画。普通人很难理解画家是如何在静态场景的单一图画中传达出动态或者运动效果，就像画中风起云涌的天空，这正是康斯坦布尔作品的标签。用粗糙的数字绘画技术临摹康斯坦布尔的作品看似

图 1.15 约翰·康斯坦布尔 1821 年的画作《干草车》，图片承蒙伦敦国家画廊和艺术资源支持。为了在本书中插入这幅画，我们将康斯坦布尔的画输入电脑，然后用大量有组织的像素排列对画作加以呈现，就像在我们的电脑和电视屏幕上显示的一样。

荒谬但确实存在而且可行，我们在网上看到的数字版《干草车》就是用数据绘制的。像素的不同色彩和明暗被赋予了不同数值，如果用大量数据来代表一小部分画面时，整幅画作就能够达到足够高的分辨率，其呈现的画面效果就能够令人满意。

数字可以在数码图片中表示颜色，同样，我们也可以用数组的值来代表大气状态的变量值，这就像给天气拍张快照。为了计算每一个天气像素的变化，需要强大的超级计算机和大量内存，但有限的计算能力和内存迫使我们只能在模拟区域的地理覆盖范围、分辨率以及需要获得的具体细节之间有所取舍。比如要想提前一周预报全球天气，通常天气像素的尺寸在水平方向设定为几十公里左右，垂直方向上大约设定为几百米深；在做季节预

报和进行几十年的气候变化模拟时，选用的水平尺寸则大约为几百公里。对于局部区域的模拟，天气像素的水平尺寸通常会减小到几公里，这样可以在两到三天内提供更多的预报细节（见彩图 CI.3，像素分辨率越高则可以越好地描述降水）。此外，另一个重要的"尺寸"就是时间，不同天气图像的间隔时间一般为一到三十分钟不等，这主要依赖于模拟的空间分辨率。因此，即使是最先进的超级计算机，其模拟的天气图像实际上是模糊和断断续续的。

图 1.16　使用较大像素（每个阴影是一个像素）得到的一张"失焦"的"干草车"，我们可以区分出田野、树木和天空，而且能勉强从蓝天中分辨出乌云。正如图中的像素会影响我们的分辨图画细节一样，模式中天气盒或像素的大小也会限制天气预报的细节——不管是今天还是未来几十年后的模式，它们做出的天气预报精细化程度都更类似于第二幅图而不是第一幅。皮耶克尼斯用经度和纬度交叉点预报天气的想法非常像是"失焦"的天气。

研究出了如何用一张快照来表示

任意时刻的天气，我们的天气预报流程就可以这样执行：在每一个天气像素上，利用当前时刻天气状态的观测来计算稍后的天气状态，计算法则遵守物理定律。皮耶克尼斯给出了天气预报所必需的物理定律，但他并没有进行我们上面所描述的计算流程。即便如此，他还是敏锐地意识到将控制风和气压的运动定律与热量和湿度定律相结合将是一件很微妙的事。他指出，这两种现象通过一条至关重要的纽带联系到一起，而联系二者的纽带很容易断裂，或者说二者的联系很脆弱。

如彩图 CI.3 所示，局地暴风雨内部存在着热过程和水汽过程之间极其强烈的相互作用，而暴风雨随风移动的同时又反过来对风产生影响，风又是与等压线耦合在一起的。将这些过程编织在一起，从而构建出逼真的天气像素行为，是用计算机成功预报天气的核心。

上述整个过程听上去有点代数算法的意味，或者说整个过程是以有条理的简单规则为基础的，事实也的确如此；如今在使用超级计算机进行任何一次预报时，其涉及的计算都要达到数万亿次。我们要想赶上天气变化的步伐，并且在其成为历史之前把预报结果发送到用户手里，就必须在几分钟内完成这一计算量大得难以想象的计算过程。

从更深一层次上讲，预报过程有点像一个计算量超大的会计学练习题。

所有万亿次的计算都要进行"合计"，而物理定律会告诉我们如何"平衡账面"。然而，计算到最后时刻会出现问题。我们的"天气会计师"发现每一次新的预报都会受到计算过程的影响，这使整个问题存在复杂化倾向，有时甚至有失控的潜在可能。我们知道，在音乐厅里控制音频或者调节电子反馈对良好的扩音效果至关重要。同样，对于20世纪50年代那些开始用计算机实现皮耶克尼斯预报设想的开拓者而言，如何控制大气运动中的反馈作用是一个重大的挑战。

皮耶克尼斯早就意识到了预报过程中包含的诸多难题，但他依然勇于面对所有困难和层出不穷的复杂性。他确信环流定理可以帮助预报员们通过耗时的计算取得耀目成就，并能从物理上织就一根联系热量和水汽与风和气压之间的微妙纽带。

机器中的幽灵

确切地说，皮耶克尼斯提出的通过数学运算预报天气的理性方法，在我们今天看来可以称之为"幻象"。作为一个科学宣言，皮耶克尼斯的方案非常有吸引力，这帮助他赢得了卡耐基研究院的支持，从1906年起，这家位于华盛顿特区的机构为他提供了长达三十五年的资助（这是一个极有远见而且慷慨的资助项目，这个项目奠定了现代海洋学和气象学的基石）。五十五年之后，计算机终于可以实时完成天气预报所必需的庞大计算任务，而皮耶克尼斯刚好亲历了这个新时代的到来。但是现代计算方法也同时带来了一个问题，这个问题对于皮耶克尼斯描绘的美好幻象构成了毁灭性的威胁，它是由一位与皮耶克尼斯同时代的科学家首先提出的。

就在皮耶克尼斯提出打消人们疑虑的天气预报幻象的前一年，巴黎著名数学家也是皮耶克尼斯的前辅导员兼导师——亨利·庞加莱发表了一篇题为"科学与方法"的短文。在这一简洁而又无伤大雅的标题下，庞加莱用清晰的笔触表达了自己的观点，一年后的皮耶克尼斯也用类似的方式对自己的思想进行了表述，所不同的是皮耶克尼斯知道其他科学家会信服自己的观点，而庞加莱对自己的观点却没有这样的自信，他在文中这样写道：

如果我们明确知道自然定律以及宇宙万物的初始时刻状态，那么我们就可以精确预报同一个宇宙在随后每个时刻的状态。但即使自然定律对于我们毫无隐瞒，我们也只能近似地掌握初始状态。如果我们被允许以同样的近似程度对随后的状态进行预测（这也正是我们所需要的），那么我们会说现象已经被预测了，其预报过程完全受物理定律支配。但事实并非总是如此，初始条件的微小差异很可能导致最后所预报现象的巨大差异。前一时刻的小误差很可能在后一时刻酿成大错偶然现象的存在决定了我们不可能进行预测。（这里加了重点强调）

这一消息极大震撼了那些牛顿物理学基本法则的坚定支持者。庞加莱的论述预示着一个新科学时代的到来。从伽利略和牛顿开始，上一个科学时代已经持续了将近三百年。在那个时期，人们坚信自然定律拥有控制未来的钥匙，也就是著名的决定论：对所有未来事件的准确且可靠的预测来源于对当前状态信息的把握和描述状态变化定律的使用。1903 年，庞加莱发现了现实世界的不可预测性，我们如今把这种现象称为"混沌"。

普通理性主义者认为，牛顿定律暗示着宇宙像钟表一样运行着，只要人们掌握足够的信息并付出足够的努力，最终一定能够对其进行预测，但庞加莱的发现破坏了他们的美好幻象。他的发现源起于"三个行星在重力影响下的运动"问题，这正好是一年后皮耶克尼斯在他的文章中用于抛砖引玉的问题举例。

伴随着 19 世纪落下帷幕，庞加莱意识到两个世纪来数学家们付出巨大努力去求解物理方程这条看似完美的道路已经走进了死胡同。那段时间，巴黎的精英学术沙龙正在优雅地定期讨论一个备受关注的数学问题，庞加莱在全身心研究这个问题时有了颠覆性的发现。当时他们所探讨的问题旨在确定太阳系是否会永远保持稳定不变。提到"稳定"，我们会问一个或多个行星是否会最终撞向太阳，或是撞向其他行星，抑或是飞入外层空间？1887 年，瑞典和挪威联合王国的君主奥斯卡二世设置了一场数学竞赛，并为冠军提供丰厚奖品。任何人只要能够解决稳定性这个难题就有资格获奖。1889 年 1 月 21 日，国王生日当天将会颁发奖品，其中包括 2,500 克朗和一枚金牌。

图 1.17　亨利·庞加莱（1854—1912 年），19 世纪末杰出的数学家。他对太阳系稳定性的研究使我们在预测未来事件的背景下理解牛顿运动定律。

德国著名的数学家卡尔·魏尔斯特拉斯被邀请为这次数学竞赛出四道题，在当时的数学界，魏尔斯特拉斯是学界的执牛耳者，以系统性和注重细节而著称。魏尔斯特拉斯主要研究纯数学，他很喜欢用严格而简洁的公式表达自己严谨抽象的思想。因此，这场比赛的获胜者不仅可以赢得可观的物质酬劳（大约为一名教授六个月的薪水），还会因为能够解决这位重量级数学家所设置的问题而声名鹊起。这些都为这场奥林匹克数学竞赛做好了铺垫。

魏尔斯特拉斯曾经涉足太阳系稳定性的问题，但未获成功，因此，他决定在竞赛中出这样一道题作为挑战。19世纪早期的很多数学家都曾尝试探索这个问题，但没有一个人能给出一些确切的结论。庞加莱在三十岁出头的时候就已经取得了重要成就，那时的他就颇有名气了。尽管非常忙碌，但他并不愿错过这个获奖机会，于是欣然参赛。同样作为数学家，庞加莱与魏尔斯特拉斯相比有很大区别：庞加莱在研究中能果断地披荆斩棘，不过多考虑细节和准确度，而是敏锐地直击关键难题。然而，即使是庞加莱也无法直接解决魏尔斯特拉斯的难题。在取一级近似时，我们的太阳系是一个九星体问题，九颗星体包括太阳和已知的八大行星。但实际情况是，这更像是一个五十星体问题，因为较大行星周围存在小行星和月球，这种小行星的影响虽然比较小，但不应该被忽略。

更重要的是，任何一个不稳定系统里的微小变化都会引发巨大改变（就像一个人踏上一艘小船或是冰面时失足体会到的状况）。如果太阳系是不稳定的，那么这些行星之间的微弱作用力（包括小行星），或是小行星冲撞地球后产生的脉冲都可能导致整个太阳系发生剧变。那么，究竟行星会不会在某一天飞入外层空间，或者相互碰撞，抑或是与太阳碰撞呢？

庞加莱马上意识到他需要取一些近似来简化问题。他只研究三星体问题，但很快发现要想求通解是非常困难的，牛顿在两百年前同样意识到了这个问题。为了取得进展，庞加莱放弃求解用于描述太阳系运动的牛顿定律（皮耶克尼斯也认为这种方法让人望而生畏），转而设计出一种全新的途径。现有方法的设计初衷是提供精确定量的信息，例如精确定量地解出几千年后行星的位置。庞加莱意识到他所需要的是更加定性的信息，这种定性信息可以使他检验未来的许多可能性。

庞加莱需要一个"自上而下的方法"，在不直接求解系统方程详细解的情况下来估计系统的行为，因而他创立了一种新方法用于探究动力系统的"全局图像"。这种方法可以长时间（成千上万年甚至百万年）监测行星轨道的行为（以及许多其他相互作用的动力系统），而不用求解每一个轨道的所有细节。庞加莱通过这种方法检查方程的流型，而流型给出了方程所有解族的特征。

鉴于我们当中有许多《小熊维尼》迷，为了解释微分方程的流型理论，我们用小熊维尼的噗噗枝来做这样一个游戏。假设我们正站在一座桥上，我们手中有一些树枝，上面贴有不同的标志，将这些树枝在桥上游的不同地点扔进河中，然后观察它们如何漂向下游。如果河水轻缓，那么树枝之间的相对位置会近似保持不变地向下游漂去；相反，如果河水湍急混乱，那么这种相对位置会发生剧烈改变。流型理论的关键点在于，我们并不需要根据每一滴水的运动去推断水流是否湍急，只需要追踪定位良好的树枝就能推断整个流体的部分运动特性。庞加莱用同样的思路发展了一套工具来分析方程的解。他没有通过积分去详细求解方程的所有可能解，而是设计了一些方法来追踪一部分解，这其中的每个解就像之前例子中标识不同颜色的树枝（见图1.18）。通过研究这些解之间的关系，庞加莱就能能够推断整个系统的行为。

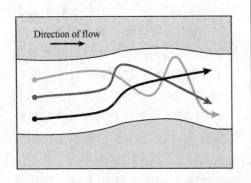

Direction of flow

图1.18 假设我们站在桥的一边，桥下有小溪流动。我们并不知道桥下的溪流是如何流动的：它可能平滑，也可能湍急。我们从桥的一边在不同位置放下三个标有记号的木棒，用来模仿物理系统中的不同初始条件。这些木棒开始时可能沿相互平行的路径漂浮，但当水流变湍急后，它们的轨迹可能变得非常复杂，甚至出现交叉。

尽管有了新的数学工具来处理魏尔斯特拉斯设置的问题，但是其难度之大依然令人望而却步。庞加莱决定进一步对问题进行关键性的近似以使之变得更容易对付。他假设系统中第三个星体的运动几乎不影响另外两个，这有点像地-月系统中的轨道卫星：卫星对地球和月球运动的影响是微不足道的甚至可以忽略。这样一来，庞加莱就找到了这个三星体问题的周期解。

周期性表示系统会回到其原有的状态（一个完美时钟的钟摆就是一个周期系统：每一次摆动都使整个系按照完全相同的顺序经历不同状态，每一时刻的位置和摆动速度则共同定义了其状态）。庞加莱通过修正已知的周期解，找到了与已知周期轨道接近的解。最初他假设这些解在较长时间尺度上也是周期性的，但他后来没有对此做进一步分析。到竞赛的最后几天，庞加莱还是没能解决太阳系稳定性这一终极问题。尽管如此，庞加莱还是将三星体问题的研究往前推了一大步，这让他进入了获奖候选名单，他的获奖词是：他创立了一个名为"动力系统的全局方法"的数学分支。庞加莱提交了一篇长达二百多页的报告，最终筋疲力尽的评审团一致裁定将冠军授予他。然而遗憾的是，庞加莱的计算中隐藏有一个错误，直到颁奖后他才发现。

当庞加莱仔细检验那些准周期解时，他注意到有些解完全不具有周期性。而且，初始条件下极小的差异可能会在最后导致完全不同的轨道，在这种情况下，根本不可能精确算出那些轨道。放到我们之前提到的噗噗枝实验中，这种情况相当于将两根树枝从桥上并排扔入河水中，树枝顺流而下，但最后会流向完全不同的位置，那么这种情况存在是不是告诉我们就应该摒弃科学，或者不再进行理性预测呢？

很早以前，人们理所当然地认为只要完全掌握了事物的状态，拥有完美的计算方法，那么就可以完整地预测未来，这种想法被比喻成"钟表型宇宙"。但庞加莱发现，在计算的初始时刻，任意一个的小变化会使之后的结果产生根本性的差异。他意识到自己的发现彻底颠覆了牛顿设想的那个如钟表般规律运行且可预测的宇宙。

庞加莱打开了一扇全新的科学之窗让我们更好地认识宇宙，这甚至改变了我们的哲学观。之前所有关于牛顿动力系统的工作都是依靠微积分去寻找控制方程的特解，微积分撬开了系统、定量地观察和研究自然世界的窗户。尽管这种方法讲求精确性，但它们的适用性无论在过去还是现在都非常有限。虽然我们可以运用微积分去精确求解一些简单的理想问题，但是在现实世界中——从物理学到金融学，几乎都不存在这样的简单问题。庞加莱的非凡独创性为科学带来了一笔财富，他所创立的方法完全可以处理这类实际问题。真实世界的问题总是具有高度复杂性的，而且我们还必须承认，我们所获知的真实世界的定量信息也是一种对真实的近似。今天，我们在对一个系统进行模拟时，总是

对了解和预测系统的典型行为更感兴趣，这些行为正是利用方程的一组解的特性来加以描述的。

皮耶克尼斯心中仍然展望着运用理性方法计算天气形势变化的宏大幻象，他坚信天气变化一定受到确定性物理定律的支配，那么庞加莱的发现是否会颠覆皮耶克尼斯的宏伟设想呢？答案是肯定的。1963年，爱德华·洛伦茨在用简单的天气计算模型研究周期行为时，再次发现了"混沌"现象，一个天气预报的反理论诞生了，这就是"蝴蝶效应"。

1972年，洛伦茨把这一突出的议题总结成一条简短的评论，他在评论中提到：一只在巴西的蝴蝶扇动翅膀，可能会导致德克萨斯的一场龙卷风。预报员不得不面对一个事实，即便当前的天气数据存在极小的不确定性，也能够导致几天后的预报结果出现巨大错误。进一步而言，不仅数据可能存在不准确性，而且我们的计算机预报模式也受到天气像素尺寸的限制，模式得出的也总是近似值。同时，我们对相关物理过程的掌握也非常有限：例如，我们对云中的雨和冰雹的形成过程确实有一定了解，但并非对所有过程都非常确定。由于我们缺乏精确度和相关知识，而且在这些方面也将永远无法达到完美，因此，预报存在问题的状况将一直持续下去。

但是，如果肤浅地接受"混沌"现象并就此断言天气预报等同于浪费时间，那么这不仅仅是失败主义者的

论调，而且更是对庞加莱思想精髓的忽视。数学家们意识到在研究混沌系统时必须使用新技术，而庞加莱研究解族的思想正是打开研究之门的钥匙。自从牛顿和莱布尼茨创立微积分以来，20 世纪见证了或许是动力系统最伟大的革命——这就是全局方法的诞生。这些方法可以揭示方程解的广义定性行为，而不用费力无望地去求解方程的所有可能解（方程的解可能数量巨大而且是混沌的），这些方法恰恰就是预报员们在处理天气中的混沌现象时所要用到的。如果预报员拥有一组预报，这些预报的初始条件只存在微小差异，但所有预报的最终结果也都非常相似，这就好比我们从桥的另一侧观察漂浮在水上的树枝，它们的相对位置与初始时刻入水时大体一致，那么预报员可以非常自信地认为每一个预报都是可信的；相反，如果这一组预报的结果差别很大，即使我们自认为预报起点的初始条件极好地代表了当时的大气状态，那么这组预报依然是完全不可信的（见图1.19）。

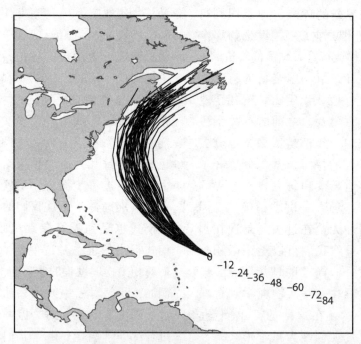

图 1.19　2009 年 8 月，飓风比尔可能的预报路径。预报员需要知道他们的预测有多可靠，例如飓风何时登陆。他们做出很多预报，相互之间的初始状态（或运用皮耶克尼斯的专业术语"诊断"表示）略有差别，经过一段时间后，寻找预报结果在多大程度上存在偏差，这样预报员就能知道每个预报有多可靠。本图显示了飓风比尔的多个预报路径，其中数字表示它在 12 小时、24 小时等时刻的实际位置。是否应该向美国东北部和加拿大东部发布风暴预警？我们曾在图 1.18 中描述过噗噗枝游戏，而这正是这个游戏的"真实版"。在我们看来，在这个时段对飓风比尔的运动路径的预测是相当可靠的。ECMWF 版权所有，授权使用。

20世纪是气象学和天气预报发展的形成时期，也是一个充满了偶然发现的时期。皮耶克尼斯关于天气演变的想法源于其父投入毕生精力研究的以太理论。同样，庞加莱所研究的三星体系统也是确定性牛顿力学的经典问题，而正是对这一问题的研究催生了对于牛顿物理学的全新观点。类似偶然情况也发生在洛伦兹身上，他在寻找天气中的周期行为时，为了一个偶然现象用计算机进行模拟，结果将庞加莱的思想变成了生动的事实。

皮耶克尼斯的环流定理编织了一条微妙的纽带，它联系了风、风暴、热量和水汽之间的多种反馈作用。洛伦兹对混沌现象的描绘时刻提醒着我们，在进行天气和气候预报的机器中始终存在着一个幽灵。地球系统——包括大气和海洋，冰盖和冰川，土壤和植被，动物和昆虫——是一个复杂且相互作用的系统，它们之间存在着强烈而又微妙的反馈，而这一切控制着我们这个行星的气候和生存环境。本书将会介绍数学如何帮助我们定量解决天气和气候中复杂而又微妙的反馈作用，即便在混沌如影随形的状况下，数学也会为我们提供预报和预测的理性基石。

第二章

从谚语到定律

在第一章，我们介绍了天气像素，这是构建大气图像的基础单元。接下来我们需要一些规则来提升天气像素，以便预测未来的天气图像。18 世纪，牛顿的数学理论在预测行星如何围绕太阳系运动时取得了惊人的成就。然而，把数学理论扩展到描述大气运动却经历了两个世纪之久。本章介绍了一些基本规则，它们决定了天气像素变量之间是如何相互作用，从而演变成未来天气。像环流定理这样更加精确的原理将在我们故事的稍后部分出现。

文艺复兴

1913 年 1 月 8 日，威廉·皮耶克尼斯教授在莱比锡大学的礼堂发表了他的就职演说，他所担任的地球物理教授是一个全新的终身职位。在演说的开篇，皮耶克尼斯直截了当地表明，尽管致谢是这种场合的惯例，但由于自己担任的是一个全新的职位，他无法对前任的工作表达谢意。尽管如此，

他仍然利用这次演讲机会感谢了两千年来前辈所付出的科学努力，这是他建立天气预报方法的基础。皮耶克尼斯 1904 年的论文欠缺了一个研究背景介绍，如今他有机会弥补这一缺失。这次演讲的文稿发表于 1914 年的《每月天气评论》，成为气象学科的又一篇经典文献。

演讲一开始，皮耶克尼斯略带挑衅而又准确无误地评价了气象学在 20 世纪早期自然科学领域的地位。他在第三段说道："尽管物理学跻身于所谓的精确科学之列，但大家可能很想说气象学是一门完全不精确的科学。"他直截了当地表明，检验一门科学最严苛的方法就是用它做预测，他还将气象学和天文学的方法做了一个鲜明对比。皮耶克尼斯指出，一直以来主导气象学的是一种哲学形式而非"硬科学"。长期以来，预报天气一直都是圣人和占卜者的职责。尽管像"朝霞不出门，晚霞行千里"这样的谚语缺乏科学解释，但是在世界的某些区域却是很有用的。虽然人们很可能会嘲笑

这种实践经验，但天气谚语对于我们的祖先而言是一门重要的学问，因为他们必须借助这些经验生产出足够的食物。1557年，英国农夫托马斯·托瑟出版了一本《耕种百科》，该书将一年分成很多个月，记录了人们在农场上、花园里以及室内的所有活动，同时将天气作为人们行为的参考，诸如"四月风暴，农具欢畅；五月花开，争奇斗艳；六月花落，遍地金麦"之类。

但是，皮耶克尼斯计划彻底改变这种方式，他渴望把气象学转变为一门描述大气的精确物理学，然而，气象所涉及问题的复杂程度却让人望而却步。与用物理定律预测彗星的回归相比，想要用物理定律预报天气似乎显得更具野心、也要求更高。因为一次合理预报所花费的时间远比天气变化过程长得多，皮耶克尼斯意识到这种尝试是没有实际价值的。

尽管当时完全缺乏天气预报所需的技术，但皮耶克尼斯认为如果预报计算与事实相符，那么预报即便没有时效性，也仍旧可以证明科学方法是正确的并且最终将会赢得胜利。气象学也将成为一门准确的科学，一门名副其实的大气物理学。他得出这样的结论："几个世纪前，在天文学领域已经准确解决的超前计算问题，如今的气象学研究也同样必须直面应对。"

皮耶克尼斯渴望沿着天文学家的脚步继续前进，这一点或许并不让人惊讶。半个多世纪之后，科学界仍然在为亚当斯和勒威耶各自独立计算并

预测海王星的存在这一壮举而喝彩。仅仅依据牛顿定律仔细计算的结果就能进行预测，这很好地证明了科学的力量。这一理论也应用于日常生活中：航海天文年历公布了日出日落的时间、月球的位相、高低潮的时间，这些事件都是用物理定律计算出来的。我们将这些事放在一起就很容易理解，为什么科学家们希望通过观察风的一次变化，就能利用手中的纸和笔来预测风暴的来临。事实上，一些人相信不久之后将会出现一种"天气年历"。到1912年，飞艇（见图2.1）和双翼飞机得到更加广泛的使用，这些运输方式与航船一样容易受到天气的影响，因此对天气预测的需求更加迫切。众所周知，风暴会造成生命损失。即便在今天，变幻莫测的高层天气仍然威胁着飞行安全。

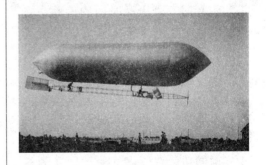

图2.1　1908年位于迈尔斯堡的美国信号公司的第一架飞艇，在战争前和战争期间主要用于侦查军队活动和炮兵位置等。浮力作用使飞艇向上漂浮，有时进入云中飞行。再次鸣谢美国空军国家博物馆。

上千年来，物理学一直在气象学的外围徘徊，几乎没有深入到这一领

域内部。我们遥远的祖先们偶尔会将观察到的不同天气现象分门别类进行记录。其中，古希腊人奠定了现代物理学的重要基础，而气象学与他们所创立的科学核心密切相关。公元前340年，希腊哲学家亚里士多德完成了专著《天象论》，天象学当时被解释为"研究那些从天而降的事物"。这其实是第一本详细描述气象学的专著，它定义了这门学科，成为引领气象学思想发展的灵感源泉。这部专著包含了大部分常见天气现象的理论：风、雨、云、冰雹、雷、闪电和飓风。他的解释以土、火、水、空气等元素为基础，这些讲解更多地建立在人生哲学之上，并且将其与理性讨论相结合。整部著作并不是建立在一切源于测量的物理学的坚固基础之上，因此，书中有很多解释是错误的；但这并不妨碍这部包含四卷的专著历经时间的考验，它依旧被认为是两千年来这门学科最为权威的著作。这部书包含了诸多令人惊讶的准确描述，例如风以及它所引起的天气类型；这也是我们今天在进行严肃的预报实践时要做的事情。对于像皮耶克尼斯这样的人来说，亚里士多德的功劳在于将气象学创立为科学的一个分支，尽管是不精确的分支。

锡拉库扎的阿基米德是古希腊一位伟大的学者，他发现了物理学的基本定律和一些开创性的数学理论。与亚里士多德相比，他的贡献应被划分到"准确科学"之列。阿基米德的想法很有远见，他认为在构建以方程为

基础的物理定律时，数学扮演着重要的角色，而每一条物理定律都应通过实验进行测试。这里所说的"定律"表示定量化的数学规则，"实验测试"则表示对受规律支配的变量进行定量评估的测量方法。在这样的思想下，经过数字检验得出的法则将会代替描述性的文字解释，这种新型的科学描述方式可以轻而易举地被翻译给今天的计算机。

当然，阿基米德最为人们所熟知的是他的传奇呼喊，他在洗澡时因为发现了浮力定律，兴奋得来不及穿衣便奔走呼喊："我找到了!"。他意识到如果物体比其排开的水重，那么它将下沉，相反则会在水中漂浮。简言之，阿基米德发现了流体静力学——即静止流体的基本原理。浮力原理描述了密度较小流体是如何升至密度较大流体之上的（例如油漂浮在水上）。将近两千年后，对于空气环绕地球的运动方式这种基本问题，这一原理仍然为问题的解答提供了基本线索。事实上，云雾图案在我们这个行星的很多地方都很常见，而浮力是解释这种日常现象的关键之一。

在近两千年里，西方关于天气现象的理论知识主要受到古希腊文学的深刻影响，直到16世纪西方学术伟大复兴时，事情才发生了决定性的变化。在此之前的几个世纪，算数和代数在中东和印度次大陆的发展为上述改变奠定了基础。文艺复兴开启了对神秘世界的终结之旅，在此之前，人们认

图 2.2 锡拉库扎的阿基米德（公元前287—公元前212年）说，给他一个支点和一根合适的杠杆，他可以撬动整个世界。超过两千多年来，阿基米德螺旋升水泵依然是最有效的抽水工具，特别是在水利灌溉方面。但我们在这里主要探讨他所发现的浮力定律，这是我们头顶上空的云朵漂浮时所遵循的原则。

为控制宇宙的不是依据仔细实验得出的理性定律，而是魔法。人们利用新发明的仪器更加精确地测量长度、时间、重量、速度等，进而对地球、水、空气、火以及它们之间相互混合后产生的物理现象进行重新思考。

文艺复兴时期的发现和发明标志着一次革命的开始，它将引领现代科学、工程和技术的发展。里奥纳多·达·芬奇或许是这个时期最杰出的画家和工程师，他深知什么才是有价值的科学实践。他曾写道："对我来说，

任何不植根于实验和远离事实的科学，都是空洞且充满错误的。"大约一百年以后，作为倡导用新科学途径了解物理世界的先锋，弗朗西斯·培根也公开宣称，有太多所谓的知识分子创造的理论是忽略自然且回避实验的，他们在权威和宗教教义面前卑躬屈膝。这一激烈的言论引起了极大反响。

作为最早的现代哲学家之一，勒内·笛卡尔既具有哲学思辨时代末期的特征，又兼具现代气象学诞生初期的科学思想。1637年，笛卡尔发表了他的著作《方法论》，书中详细阐述关于真实科学方法的哲学思想，他所述方法有四层含义：

1. 但凡对事物只知其然而不知其所以然，则绝不能将其当成真理；

2. 将每一个难题拆分成小的部分，通过逐个击破每个部分来解决整个难题；

3. 由简到难逐层深入，寻找每个部分之间的联系；

4. 在科学调查中做到全面彻底，判断时绝无偏见。

笛卡尔教义的第二条和第三条原则包含简化论的本质：将难题拆分成若干组成部分，这步的目的是使每一部分相对易于理解，然后将各部分结合起来创造多种更加复杂的现象，而这些复杂现象则是我们最终想要研究、理解和预测的。

皮耶克尼斯在1904年的文章中显然使用了笛卡尔的简化论原则，这不仅贯穿在他所倡导的天气预测基本法

则中，而且应用于预报方法——通过对每一个经纬度交叉点进行简单计算来实现整体预报。我们可以将简化论理解成一种"自下而上"的物理方法，也就是对类似大气这样的系统，我们可以对其中的每个过程或相互作用的部分进行计算。相反，皮耶克尼斯环流定理则运用了一种更具整体性的方法——整体论，这与简化论刚好相反，它描述了将不同过程约束到一起产生相互作用的特定方式。环流定理并没有计算出每个单独过程是如何与其他过程进行相互作用的，而是将温度、压力、密度和风各自的法则相结合，例如温度和压力的改变就一定会使风产生确定性的变化。这么做的结果就是用一种"自上而下"的观点来分析诸如气旋、飓风和洋流这些复杂的物理现象，我们在故事的稍后部分会继续探讨这些微妙而重要的问题。

回到我们的历史观问题上，或许区别古代文化中的气象学和文艺复兴时期气象学的关键点在于，古人并没有尝试用物理学来解释引起不同天气类型的原因。在文艺复兴时期奠定的可靠基础物理法则必然超越亚里士多德的天气哲学，17 世纪的很多法则是在"技术推动"下推演出来的。伽利略·伽利雷就是一位领军人物，他与自己的学生埃万杰利斯塔·托里拆利在意大利一起生活和工作，17 世纪早期第一批气象仪器包括温度计和气压计的发明正是归功于伽利略和他的学生。按照笛卡尔的第一和第四原则，

凭借这些仪器我们可以更加可靠地观测大气的实际活动，然后根据观测建立基本经验事实或真理。基于此，整个现代气象学的科学基础得以奠定。

图 2.3 伽利略·伽利雷（1564—1642 年），物理学家、天文学家、文艺复兴的领导者之一，与他的学生埃万杰利斯塔·托里拆利发明了气压计、温度计与其他测量和观察天气状况的仪器。伽利略认为如果空气是某种物质，那么它具有重量，他希望知道空气有多重。本幅肖像画由贾斯特斯·萨斯特曼斯在 1636 年绘制。

人们通常将气压计的发明归功于托里拆利。这个仪器由一根约一米长的玻璃管组成，一头密封、另一头打开，里面充满了水银。将管子反转后把开口端浸入一个小的水银容器中，如图 2.4 所示，管中的水银下降一段后最终稳定下来，在顶端产生一段真空，直到水银容器表面的大气压与水

银柱完全平衡。因此，在一个制作精良的气压计中（佛罗伦萨著名的吹玻璃匠人非常善于做出规格一致的玻璃管），水银柱的高度直接与大气压力成比例。

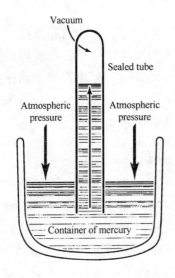

图2.4　空气会对它周围的一切产生压力。托里拆利拿了一根狭窄的直管，一头开着另一头闭合，里面充满水银，将开口端浸入水银碗使其竖立。一段大约80厘米高的水银柱在管中保持直立，管中上端一部分是（几乎）没有重量的真空。这个实验表明大气在水银碗表面产生的压力与水银柱所受重力相平衡。

伽利略设计的这个仪器通过实验证明我们头顶的空气是有重量的。此前，亚里士多德的学说认为空气是"绝对轻"的。对亚里士多德物理学中的错误内容进行的纠正，使人们更加准确地理解自然界的物质，并且开始发展以质量和力为基础定义的物理学。

仪器的大量生产使不同国家的科学家们每天都能观察气压、温度和降雨量的变化，并将日常变量制成列表。测量的数据比以前更加准确可靠，敏锐的观察者运用这些信息可以识别出它们之间的联系，其中很多联系在以前完全没有被注意到，例如下雨前的气压会降低。随着观测和分析的深入和拓展，气压计进一步被校准，气压计在气压降低一侧标有可能出现阵雨、雨和风暴的范围，在气压升高一侧则标有晴朗、短时有阳光和好天气的范围（见图2.5）。

图2.5　现代无液气压计可表示常见天气状况。无液气压计是如今室内最常见的气压计，与托里拆利的水银气压计工作原理不同（无液表示"不用液体"），无液气压计的主要部分为一个密封的容器，里面一部分为真空，边缘灵活。气压的任何改变都会使容器厚度发生变化，随后与该容器相连的杠杆将这种变化明显表示出来，并移动指针。

观测数据的校准需要一个专门组织负责，为此，身为英格兰仪器制造商、数学家和伦敦城市测量员的罗伯特·胡克，利用自己的影响力于1667年提议协同对气象数据进行记录汇总。

他坚信，如果能获得足够多的观测，那么将会发现更多的规律和天气类型，因此，校准信息是必须的。随着人们对科学兴趣的增加，17 世纪见证了很多学会的诞生，这些学会旨在促进科学方法的发展，并且让很多兴趣和想法相投的人聚在一起分享理论和实践知识。成立于 1660 年的伦敦皇家学会协调促进了气象观测记录，佛罗伦萨的西曼托科学院和巴黎科学院也同样如此。

长期在海上航行的船员们通过观察世界各地不同类型的风和雨同样提升了我们的天气知识。克里斯托弗·哥伦布获得了信风的详细知识，1492 年他运用这些知识第一次航行到美洲。他认识到，要在信风中长期安全航行，就必须应对大西洋上的强风，这就需要设计更好的桅杆和帆船。

大约在同一时期，瓦斯科·达·伽马经历了印度季风的洗礼。16 世纪，西班牙和葡萄牙船员完成了他们第一次环球航行，并遭遇了湾流。今天，我们深知海上风暴对于航船的威胁，但在依靠帆动力航行的年代，赤道无风带这样的平静区域也同样危机四伏，帆船在这种区域失去了动力，只能无助地在海上漂浮，船员们常常接连数周没有食物和淡水补给。

因此，在这两个世纪，西方思维逐渐发生了改变。空气是有重量的，因此它一定是"某种物质"，又是什么产生了重量呢？最重要的是，气压的概念出现了，而且对湿度和温度的测量也成为可能。人们一直在争论着科学方法的基础，同时也建立了基本原则。

从彗星到微积分和信风理论

17 世纪末，人们已经掌握了大量关于风和洋流的知识，水手们的观察也使人们掌握了全球大部分地区的典型或平均天气类型。然而，首次利用这些信息制作全球天气图的人不是气象学家，而是一位著名的天文学家。如果我们浏览一下科学发展史，就会发现 1686 年是个值得铭记的年份，这一年牛顿完成了《自然哲学的数学原理》一书，他在书中详细阐述了运动定律和万有引力定律。我们可能还会注意到，同样在这一年，德国物理学家、仪器制造商丹尼尔·加布里埃尔·华伦海特出生，他的名字在温度测量领域将被人永远铭记。在这意义非凡的一年，忘却下面提到的这篇论文似乎是情有可原的。同样是在 1686 年，哈雷在《伦敦皇家学会哲学学报》第 16 卷 153 页发表了一篇论文，文章的题目是"热带海洋信风和季风的历史解释和物理成因"。这篇论文被后世认为是气象史上的里程碑，它预示着一个新时代的到来，自此人们不仅仅系统地对天气进行观测和记录，还开始思考用物理定律解释其成因。

爱德蒙·哈雷凭借一颗由自己的名字命名的彗星而被人铭记，但他还有很多科学兴趣和追求。这的确是他那个时代的很多杰出人物所具有的特质，类似的还包括艾萨克·牛顿爵士、克里斯托弗·列恩爵士、罗伯特·胡克等，他们从炼金术到建筑学均有涉猎。哈雷1686年的论文之所以值得铭记，主要基于以下两点原因：首先，他编制了一张气象图，这是世界上第一张描述海上盛行风的图表（见图2.6），尤其是他详细绘制了南北大西洋和印度洋等区域的典型日平均风；第二点也是最关键的一点，哈雷并不只是简单地绘图，他还尝试着解释自己观察到的风的分布特征，他这么做的动机之一是观察到信风分别出现在三个大洋上，他想要知道是否存在一个引起这种现象的普遍原因。

图2.6　此图取自哈雷1686年文章，图中将季风、信风和无风区域加以区别。受大尺度分布型的启发，哈雷成功发现了一种科学的但又高度简化的解释。伦敦皇家学会许可使用。

事实上，长久以来自然哲学家们都在思考是什么引起了风。大约两千年前，亚里士多德给出的最初解释是地球上的水蒸气升入空中，被太阳的热量拉动形成了风。通过一些跟力学有关的论证，这种说法最终被证实。

哈雷运用阿基米德的浮力原理和空气受热膨胀的事实来解释信风。在1686年的文章中，他得出这样的结论：由于地球表面是弯曲的，因此赤道区域每平方公里接收到的太阳能量比极地多，所以太阳是驱动力。哈雷意识到空气被太阳加热后膨胀，使固定体积中的空气减少，因而空气变得稀薄，密度减小。由地球引起的重力差异产生的浮力会拉升空气，且浮力的大小随着暖空气稀薄程度的增加而增加。

我们如今所说的对流过程将热量从暖空气传到距离地面约1公里以上的高空空气中，这个过程通常会产生积云和上升的暖气流，这也是热运动最普遍的特征。在较大尺度上，来自赤道外区域的空气，它们具有较低的温度和较大的密度，这种较重的空气在低层向赤道运动时迫使低层较轻的暖空气在赤道上升并至高层然后向较高纬度地区运动。哈雷（在其文章的第167页）这样写道："但是，当冷且重的空气压在稀薄的暖空气之上时，后者会尽快形成持续性快速上升气流，在上升过程中，暖空气为保持平衡而发生扩散；与低层则相反，上层的空气会产生反向流动而从热量最大的地方流出：因而导致了这样的环流，即在下层东北信风之上有西南信风，而东南信风之上又会有西北信风（后者出现在南半球）。哈雷将海洋上大范围区域的常见风描述为受太阳加热作用驱动的气流，这开启了气象科学的大门。然而，哈雷错误地认为太阳在天空中的日常向西路径"拖动"了它后方空气产生了热带风，进而导致观测得到的风存在向西的分量。

平均气流作为大气环流的一部分，它总是将热量从温暖的赤道区域传输到较冷的极地区域。图 2.7 显示了地面附近的空气运动，这是由于太阳日复一日的稳定加热造成的，环流在赤道附近强而在极地附近弱。炎热的赤道和寒冷的极地会导致环流的热量不平衡，而环流则修正这种不平衡。因此，我们的大气就像一个巨大的热力发动机，将赤道区域的热量传输到极地冰盖附近。相反，我们在地面附近总是看到有气流从极地返回赤道，这补偿了高空由赤道向高纬流动的较轻气流。

哈雷敏锐地抓住了导致环流产生的关键，那就是赤道和极地从太阳接受的热量差异，他也正确认识了印度季风，但他一直很困惑，为何北半球的风总是向其运动方向的右侧偏转（见图 2.7）？尽管如此，对于哈雷所重点关注的赤道地区，用浮力加热来解释那里的环流生成原因，从本质上来说是正确的。

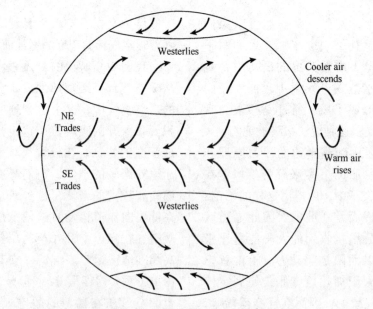

图 2.7　根据哈得来的理论得出的信风类型和中纬度西风带图。箭头表示地球周围较低层或地面的平均风，哈得来环流在高层的平均风向相反（向极地）。

　　然而，这种太阳热力差异驱动的大陆尺度环流并没有用哈雷的名字来命名，而是用18世纪的律师和哲学家乔治·哈得来的名字命名，被称为"哈得来环流"。这是因为哈得来于1735年发表了一篇题为《信风的成因》的简短文章（也发表在《皇家学会哲学汇刊（transactions）》上），他在这篇文章中给出了一个更接近环流真相的解释。他准确推断出地面附近的空气从南北两侧流向赤道，并开始注意到地球旋转对这些气流的影响。

　　哈得来是第一个意识到地球旋转是如何对全球天气产生显著影响的人。由于纬圈长度从极地的零增加至赤道的四万公里，因此当地球用24小时完成一圈的旋转时，赤道上的一个点也以地球半径围绕地轴运动了一圈，而极地上的点则在原地自转。哈得来认为气流从副热带运动到热带将会获得140km/h的向西速度，但是观察表明赤道区域平均风速却小得多。哈得来推断陆地和海洋表面的影响会减弱风速，因此，地球旋转和表层影响的共同作用可以解释为何在热带能观察到偏东信风。

　　按照哈得来的论点可以直接得出这样的结论：如果整个大气能够在地球表面形成一个向西的净阻力，那么这种阻力最后将会减弱地球的旋转速度，直到我们的行星最终停止绕轴旋转。因此，哈得来推断信风区域的表面阻力一定会由其他地方补偿，他认为这种反向阻力将会发生在中纬度盛行西风带。为了解释西风带，他坚信向极地运动的高层大气将会获得相对于地球向东的运动（因为高层空气远离赤道运动，并且围绕地球运动的速度比下表面快）。随后空气在极地下沉，它首先以西北风返回，然后在赤道附近转变为盛行东北风。

　　文艺复兴更为普遍的影响是思维方式的转变，人们开始定量地理解自然界。牛顿的运动定律和万有引力理论仍然是这些进步之中最著名的。这样的定量理论需要新的数学工具的发展，特别是微积分。

　　微积分是微分方程的理论基础，对比哈雷和哈得来纯粹的描述性方法，微分方程可以用定量的数学方法来描述天气运动的规则。正如"微分"的名字所暗示的，方程涉及不同量之间的差分计算，这些差分是在一段时间和空间间隔内计算出来的。微分方程运用微商概念来表达变量的变化率。例如，可以用温度的微分表示某时间间隔内的温度变化，然后我们计算温度变化与时间间隔的比率：当时间间隔接近于零时，变化率趋向于导数，也就是该处温度随时间的变化率。当把温度表示为时间的函数时，温度曲线图的斜率就是其变化率。时间导数可以告诉我们何处正在变暖。

　　微分（上述导数的建立过程）的反面是积分。也就是说，我们将微小的差分加起来，算出固定时间间隔内某事物的变化情况。在前面的例子中我们提到了温度的变化率，24小时内温度的变化的积分即为温度在一天内的变化总量。在做预报时，按照模型所遵守的微分方程，将变量从当前时刻出发，积分到我们想要预报的时间点就可以得到所要的预报结果了。如果我们有兴趣预报下一次日（月）食，我们必须从现在起将地球和月亮相对于太阳位置的微小变化全部相加至下一次日（月）食的时刻。如果想要预报天气，我们则需要将压力、温度、湿度、空气密度和风速的微小变化全部相加（正如皮耶克尼斯所倡导的），直至我们想要预报的时刻。

微积分技术绝对是现代数学和物理学的核心。皮耶克尼斯在自己的就职典礼上赞扬了那些为文艺复兴做出贡献的人，然而他提出，他们的大气运动和天气理论在本质上仍然是定性的。也就是说，这些理论缺少精确性——微积分这一数学工具并未得到应用，而皮耶克尼斯则预见到了微积分将会成为定量分析气象科学的基本方法。文艺复兴时期，人们已经可以用望远镜提升观测和获取数据的能力，万有引力定律将这些数据相互关联；天文学家们在自己的领域运用数学方法实现了跨越式的发展，他们能够预测日（月）食和行星轨道。伽利略和他的同事们发明了温度计和气压计，随后世界各地的人们很快开始系统性地观测记录温度和气压。当在牛顿运动定律中引入浮力和重力效应时，我们就具备了建立大气运动定量理论的基本要素。但问题是，即便时间来到

了 17 世纪末，所有人甚至连牛顿都不知道如何将力学和运动学定律用于解释大气或海洋的运动。

把流体包起来

直到 18 世纪中叶，牛顿力学还仅仅是被应用于固体物质，例如果园里那个著名的砸中牛顿的苹果以及我们太阳系中的行星。更大的挑战是将牛顿定律扩展到流体中，问题在于流体是无穷多微粒的集合，原理上计算单个微粒的运动与计算行星这样的单一个体是相同的，所不同的是流体计算面临数量极为庞大的方程组。这里所说的庞大确确实实是相当庞大，打个比方，（在常温常压下）1 升空气中就包含大约 6×10^{23} 个空气分子。因此，在计算一升空气中所有分子的运动时，将会涉及 $3 \times 6 \times 10^{23}$ 个方程（"3"源于微粒的三维运动），这是一个绝对不可能完成的任务，即使利用现在或未来的超级计算机也不可能。尽管原则上我们能够采用"自下而上途径"对每一个分子应用牛顿定律，利用微积分算出它的运动，但实际上这种方法相当困难。那么，对于那些包含数以亿计相互作用的分子的非固体物质，我们该如何运用牛顿定律呢？

瑞士数学家莱昂哈德·欧拉第一个运用"流体微团"的想法克服了这个看似不可能解决的难题。流体微团是一种理想化的极小的点状流体，它具备两个基本特点：首先，我们认为

流体微团足够大，里面包含数十亿分子，因此它具有质量、密度和温度这样的关键物理属性；其次，流体微团又足够小，一个流体微团里的平均物理属性并不发生改变。事实上，流体并不是由物理微团组成的，而是一种可以自由流动并随容器改变其形状的物质。所以，即使我们一定要追踪"流体微团"（通常意义下）的运动，一段时间后它也会变形，很可能会严重破裂并且与周围物质相混合。因此，这里的流体微团是一种理想化的概念，我们可以给它精确的数学解释。

在阿基米德奠定了流体静力学基础将近两千年后，从 1727 年开始，欧拉和他的瑞士同胞丹尼尔·伯努利（1733 年离开）在圣彼得堡共同创立了流体动力学基础——流体动力学运用牛顿物理学研究流体运动。阿基米德已经得知压力是启动和维持流体稳定流动的原因，欧拉——这位新的微积分大师——则用精确方程告诉我们压力如何改变流体微团的运动。欧拉推断，如果流体微团两侧受到的压力不同，那么它将会加速运动。

图 2.8　莱昂哈德·欧拉（1707—1783 年）是一位杰出、高产的数学家。他有 13 个孩子，他的数学著作涉猎甚广，在去世后的几十年他的书仍然在出版。欧拉在 14 岁时获得学位，并于 19 岁时在巴塞尔大学完成论文。欧拉在 20 岁时依然没有获得教授职位，沮丧的他去了圣彼得堡。作为史上最杰出的数学家之一，欧拉花费近 20 年致力于研究错综复杂的流体运动，最终于 1757 年发表了他的突破性成果。

图 2.9　丹尼尔·伯努利（1700—1782 年）出生于一个数学世家。这个瑞士家庭内部存在着激烈的矛盾，丹尼尔在 30 岁时与父亲越来越疏远。丹尼尔的著作《流体动力学》于 1738 年出版，几乎同时他父亲约翰也出版了《水力学》，但为了窃取儿子的荣誉，他坚称自己的书于 1732 年出版。

欧拉在弄清了压力是如何对流体微团产生作用力之后，进一步将牛顿运动定律加以应用。他在三维空间内得到了控制流体微团运动的三个方程：一个方程表示垂直方向的运动，另外两个方程分别表示北向和东向的水平方向上的运动。第四个方程描述了这样一个基本原理，即流体在流经一个区域（例如一段管子）后并不会奇迹般地消失。换句话说，流体物质在运动中既不会产生也不会消失，我们称之为质量守恒原理。

欧拉的这四个方程奠定了全部理想流体力学的基石。那时，欧拉考虑的是水或酒甚至是血液这类物质的流

动，他和丹尼尔·伯努利首次想出了测量我们静脉血流动的方法，并且将其与压力概念联系起来。因此他们的理想流体是水状的，而不是像气体一样可压缩的。在将这些概念转换成数学形式的过程中，欧拉奠定了现代流体动力学的基础，这些成果刊登在1757年的一篇开创性论文中。仔细阅读这篇论文第四章的理论会发现，即使在二百五十年后，欧拉运动方程组依然是摆在数学物理学家面前最大的挑战之一。

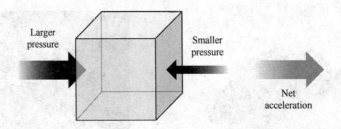

图 2.10　根据欧拉方程组，压力可使流体微团加速或减速。压强是单位面积上受到的力；将欧拉流体想象成一种由许多微团组成的物质，那么就像人群中的人们相互推搡一样，相互"挡道"的流体微团之间就会产生压力。流体微团相对的两面承受的不同压力所产生的合力作用于流体微团上。流体微团动量（流体微团的质量乘以其速度）的改变率与相对两面受到的压力差成比例，因此，流体微团会向压力减小的方向上加速。压力随距离的变化率被称为压力梯度。

知识库 2.1　流体运动的欧拉方程

与知识库 1.1 一样，我们用 $\mathrm{d}f/\mathrm{d}t$ 这个概念来表示任意变量随时间的变化率，此处的 f 表示定义在流体微团上的变量。风是由空气块的运动产生的，$v = (u, v, w)$，每一个空气块都具有速度、密度和质量等基本量，$\delta m = \rho\delta V$，其中 δV 是空气块的体积。此处 u

为向东风速，v 为向北风速，w 为垂直向上的风速。

微团的质量守恒可以表示为 $\mathrm{d}(\delta m)/\mathrm{d}t = 0$（空气在移动过程中既不获得也不损失质量），意味着空气块的密度与体积成反比。体积的变化率与散度 $\mathrm{div}v$ 有关，空气块移动过程中密度的变化率可以写成

$$\mathrm{d}\rho/\mathrm{d}t = -\rho\mathrm{div}v,$$

上式是根据质量守恒定律 $d(\rho\delta V)/dt = 0$ 推导得出的。

用牛顿定律表示动量的变化率 δmv，则作用于微团的力 $\boldsymbol{F}$ 可表示为

$$d(\delta mv)/dt = \boldsymbol{F}\delta v \text{。}$$

再次运用质量守恒定律，动量方程可写为更常用的形式 $dv/dt = \boldsymbol{F}/\rho$。此处的力 $\boldsymbol{F}$ 是万有引力、流体微团之间相互挤压（见图 2.10）产生的压力梯度力（通常写为 p，其中 p 指压强）以及任意（通常很小）摩擦力的合力。

欧拉在 1756 年首先写出了定常密度和温度下液体的上述方程组，他将方程中的 $\boldsymbol{F}$ 视为单一的压力梯度力。地球大气最主要的复杂性在于，我们在研究方程 $dv/dt = \boldsymbol{F}/\rho$ 时，需要考虑流体随行星的旋转，其受到万有引力的同时，还应考虑热量和水汽的影响，我们将在这章接下来的部分进行探讨。

状态问题：从力到能量

哈雷关于大气基本环流的理论不是他对大气科学唯一的突出贡献，他也是第一位用物理定律算出地球大气的气压是如何随高度变化的科学家。这是一项惊人的成就：这比 18 世纪后期出现的首个探空气球早了将近一个世纪，而此前唯一能证明气压随高度变化的证据是由勇敢的登山者们提供的。哈雷的工作为科学家们提供了有关已被征服的最高山峰上方大气层结构的线索。哈雷的推演以一个方程为出发点，这个方程描述了气压随体积的变化规律，描述这个规律的物理定律被称为波义耳定律。这条定律分别被法国物理学家伊丹·马略特和罗伯特·胡克独立发现，后者是波义耳勤奋而默默无闻的助手，他们或许应该共同享有这项殊荣。

1653 年，波义耳遇到了无形学院的领导者约翰·威尔金斯，他们在牛津大学瓦德汉姆学院举行会议。威尔金斯领导的团队包括当时大部分最杰出的科学家，他们倍受赞誉并于 1660 年成立了英国皇家学会。威尔金斯鼓动波义耳加入无形学院，波义耳随后进入牛津大学，并在那里拥有了自己的科学实验室。

在牛津时，波义耳在物理和化学方面做出了重要贡献，但最让人铭记的还是他的气体定律。波义耳在 1662 年出版了一部名为《关于空气弹性及其效应的物理-力学新实验》的著作，这条气体定律就出现在书的附录中。1660 年，波义耳与胡克历经三年时间共同完成了书的初稿，当时胡克设计并制造了一台空气泵。他们就是用这台泵证明了一些基础的物理事实，其中包括声音在真空中不能传播以及火焰的燃烧需要空气。波义耳定律的产生，源于他们的一个发现，即在特定温度下，气体的压力和体积之间彼此相关：如果压力增加（例如气压加倍），那么体积减小（也就是体积减半）；相反，如果压力减小，那么气体膨胀、体积增加。

把上述发现翻译成数学语言，就

图 2.11　罗伯特·波义耳（1627—1691年）是当时英国最富有的人科克伯爵的儿子，波义耳在当时著名的贵族学校伊顿公学接受教育。12 岁时父亲送他到欧洲旅行，1642 年初，他碰巧到了佛罗伦萨，就在距离不远处的阿切特里的别墅里，伽利略走完了自己坎坷的一生。作为一名坚定的新教徒，波义耳非常同情年迈的伽利略所遭受的来自罗马天主教会的残酷折磨（伽利略被囚禁在家中，公众反感他的思想）。波义耳成为伽利略哲学体系的坚定支持者，他希望用物理去理解宇宙，他还相信可以用数学和力学的新方法研究世界。1689 年，约翰·科斯伯姆为波义耳绘制了一幅香农肖像。这幅画后来被尤金·加菲得和菲比·哈斯慈善信托基金出资购得。照片为威廉·布朗拍摄。感谢化学遗产基金会批准使用。

得出了我们现在所熟知的状态方程。这条定律可以写成 $pV = $ 常数，其中 p 表示压力，V 是体积。这里所说的"状态"表示气体的状态，是用压力和密度来表示的。但温度也被证明是至关重要的，因为它能改变方程的常数。在我们更多地讨论温度的影响之前，先继续了解一下另一个非常有用的方

程，哈雷完全运用数学方法推演得到了这个方程，而后人们根据方程设计了高度计，飞行员和登山者们能够运用高度计测量海拔高度。

1685 年，哈雷根据波义耳定律导出了第一个利用压力计算海拔高度的简单表达式。如图 2.12 所示，对于一定质量的空气，哈雷在图中用水平轴表示其压力，垂直轴表示其体积。从波义耳定律可知，这条曲线是双曲线；图 2.12 中标有 1，2，3，4 的曲线表示了压力和体积的关系。从数学上说，当高度从第 n 层的 z_n 升至第 $n+1$ 层的 z_{n+1} 时，高度的变化量为 $\Delta z = z_{n+1} - z_n$，那么由于高度变化引起的上空大气的压力变化量为 $\Delta p = p_{n+1} - p_n$。方程 $\Delta p = -\rho g \Delta z$ 就是我们现在所熟知的流体静力方程，这个方程告诉我们气压是如何随高度的增加而减小的。哈雷运用这个方程和波义耳定律算出压力和高度之间的关系，我们将在知识库2.2 中进一步讲解。

知识库 2.2　流体静力学方程详解

　　流体静力学方程告诉我们大气中压力是如何随高度变化的。哈雷对此的解决方法正是现代计算机方法的先兆。利用流体静力学方程算出了平流层的压力和密度，而二百五十多年后，人们才进入了平流层。

　　哈雷假设空气柱中的温度为常数，因此可以运用波义耳定律。密度变化 $\Delta \rho_n$ 将相应引起气压变化 Δp_n，所对应空气层的气体常数为 R^*，由此可得

$\Delta p_n = R^* \Delta \rho_n$。我们可以利用波义耳定律消去未知气压差 Δp_n，可得 $R^* \Delta \rho_n = -\rho_n g \Delta z_n$，这一关系直接将高度变化与密度变化联系起来。

哈雷进一步通过求解这个方程得到了一个关于高度 H 的表达式，表示气压为 p、密度为 ρ 时的大气高度：

$$gH = R^* \ln(\rho/\rho_0) = R^* \ln(p/p_0).$$

也就是说，相对于压力为 p_0 和密度为 ρ_0 的参考面，上式给出了气压面的高度 H。

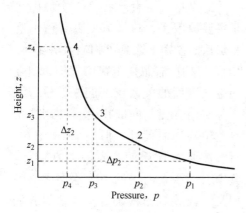

图 2.12　这里给出了大气中的垂直剖面，大气沿着垂直方向被分为若干水平层，它们的垂直高度分别为 z_1，z_2，z_3，z_4。这里 $\Delta p_n = p_{n+1} - p_n$ 表示从第 n 层经过厚度为 $\Delta z_n = z_{n+1} - z_n$ 的气层时气压的减少量。此时气层的密度为 ρ_n，因此，$\rho_n \Delta z_n$ 表示单位面积内垂直气柱的质量，$g\rho_n \Delta z_n$ 则表示气柱所受重力。哈雷认为由于重力原因，当气层下降时气压会增加，即 $\Delta p_n = -\rho_n g \Delta z_n$。

时至今日，流体静力学方程仍然在很多天气预报模式中使用，它同时描述了这样一个事实：在较大尺度上，

垂直方向风的强度比水平方向小得多。在我们这个行星的大部分地方，水平方向的风速超过 20km/h，而平均垂直风速则小于 30m/h。这是由于重力与垂直向上的压力梯度力几乎大小相等、方向相反，也就是说，这些力几乎是平衡的。

但在雷暴中，流体静力学方程在垂直方向上可能不再是合理近似了，因为垂直方向的压力变化率不再只与重力平衡：凝结和蒸发引起的迅速加热和冷却使能量进出系统，并产生强上升和下沉区。这些上升和下沉区的气流非常剧烈；强烈的湍流是商业飞机飞行员们竭力避免遭遇的（暖气流中存在更多温和的上升区，滑翔机飞行员和鸟类常在这个区域得以维持高度）。

哈雷的工作在气象学中扮演着基本工具的角色，可以帮助我们理解很多"气象课本"中的基本特征。哈雷的研究其实是充满潜力的，但如果我们对波义耳的工作不加拓展而止步不前的话，就无法意识到这点，因此我们在研究气压是如何随高度变化时，应考虑温度变化的重要作用。波义耳定律说明，在定常温度下，压力增加时，气体体积以同样的比例（或者量）减少。大约在 1787 年——也就是波义耳首次公布他的研究结论一百多年之后——雅克·查尔斯发现了查尔斯定律，这个定律说明在固定气压下，气体体积的变化与温度变化直接成比例。查尔斯成功设计了里面充满热空气的

漆纸气球，1783 年 12 月的巴黎，当目睹气球成功载人升空时，聚集围观的人群爆发出一片欢呼声。但是，一个问题一直困扰着查尔斯——究竟多热的空气可以使气球升高 300 米呢？让人多少有些奇怪的是，他并没立刻将自己的想法和发现公之于众，直到 1802 年，约瑟夫·盖-吕萨克才在发表的文章中引入了这一定律。

把查尔斯的理论应用于流体静力学方程，我们得到了一个静止（不动的）大气的简单法则，它描述了温度随高度的变化，这种变化被称为直减率。基于很多原因，直减率这个量在概念上非常重要；特别是它能帮我们理解暖湿气团在何处如何上升，并最终成云致雨。尽管空气上升的速率远小于水平风，但天气的显著特征之一——降雨，却是由于空气块的上升运动触发的。水平方向的风速和风向可以精确测量，但是测量垂直方向的空气运动却困难重重。事实上，动力气象中最重要的量——空气的上升速度——是最难以观测的量，甚至比预报还难！

我们很可能会问为什么从波义耳定律发展到查尔斯定律经历了百年之久。主要有两个原因：首先，尽管真实气体的运动很好地遵循波义耳定律和查尔斯定律，但是这两个定律都忽略了水汽的影响以及空气是混合物这一事实，即空气由氮气、氧气和二氧化碳等混合而成。为了寻求真实气体运动的简单模态，很久之后人们才引入了"理想气体"的概念，因为它完全遵从这两个定律。事实证明，与欧拉、伯努利、亥姆霍兹和开尔文研究的"完美流体"一样，理想气体的概念是非常有用的。这一概念使波义耳定律和查尔斯定律通过状态方程相结合起来，这样一来状态方程把压力、体积（或密度）和温度相联系（见知识库 2.3）。适当修改这个方程使之包括水汽效应，就可以用在如今的天气预报模式中。

造成延迟了百年的第二个原因也是主要原因是，科学家们在弄清温度和热量的差别上遇到了相当大的困难。尽管波义耳/查尔斯定律将气压、温度与空气密度的关系统一起来，尽管在实际应用方面不断取得进步并制造了日益精确的温度计，但在 19 世纪初，对温度基本性质的探索一直在继续。其中阻碍探索前进的一个深层次的障碍是寻找热量的精确定义。这对我们来说可能有点奇怪，但是由于那时的科学家们熟知热量从较热物体流向较冷物体这个概念，他们认为热量就是"卡路里"，它像水一样是一种"物质"。他们也假设热量从一个物体传到另一个物体时是守恒的，就像流体的总量守恒一样遵循欧拉连续方程。

牛津大学化学家皮特·阿金斯在他的著作《第二定律：能量、混沌和形态》中指出，这种看待热量的观点一直为尼古拉·莱昂纳尔·萨迪·卡诺所秉持，卡诺是拿破仑战争中一位大臣的儿子，也是之后法兰西共和国总统的叔叔。那时英格兰和法国正在争夺欧洲的支配地位，卡诺敏锐地意识到工业力量将会与军事力量同等重要。工业革命席卷欧洲，人们从乡村涌向城市。蒸汽机是这次革命的中心，卡诺全身心投入到研究如何提升蒸汽机的效率上，在这个过程中，他发布了一种新方法来思考热量以及热量与机械运动的关系，也就是通常所说的"做功"。

卡诺在1824年发表的文章中描述了自己的想法，他提到传统理论认为热量是一种携带温暖的"以太"。在蒸汽机出现之前，人们用通过水磨水流的力量驱动机器。由于流入水磨的水量与流出后排入河流的水量相同，因此水是永恒的力量源泉，在此过程中水不会被用尽。卡诺认为蒸汽机的运作方式与水磨相似，蒸汽机中的卡路里从蒸发器流出然后进入冷凝器。正如水量在流经水磨前后保持不变一样，卡路里的量在蒸汽机工作过程中也保持不变。卡诺是依据热量守恒定律进行分析的，但人们普遍认为这种想法是错误的，这在物理学历史上并不是第一次。热量在蒸汽机里是不守恒的。的确，热量甚至都不算是一种物质；它是固体、液体或气体某种内部事物的外在表现。但是几十年之后人们才接受振动的分子组成物质，以及温度是分子震动的一种特性。

英格兰曼彻斯特一位啤酒酿造商的儿子，通过做实验发现了热量和功的本质。詹姆斯·焦耳出生在一个富有的家庭，他可以全身心投入到自己感兴趣的事情中。这个家庭的财富来源于啤酒酿造生意，这需要在精确的温度下科学地将液体从一种类型转换成另一种。

19世纪40年代，焦耳做了一系列精确的实验确定了热量在机器中不守恒，并且他进一步证明热量与功可以相互交换。也就是说功可以转变成热量，反之亦然。于是产生了热功当量的概念，并得出热量不是一种物质而是能量的一种形式的结论。焦耳的工作并没有证明卡诺关于蒸汽机效率的分析是错误的，但它的确纠正了卡诺的论证过程。这又一次说明，技术的发展允许人们做出更好的实验，这些实验能够验证、纠正和激发新的科学思想。

1824年，卡诺扩展了自己关于蒸汽和蒸汽机效率的理想热机理论。他认为热水器和冷凝器中的温度差别是产生功的主要原因；热量从较热物体传递到较冷物体时会做功，在这个过程中总能量守恒。1843年，焦耳根据一系列非常精确的实验发现了热功当量的概念，这些实验能够精确可信地计算转换关系。在著名的实验"焦耳仪器"（见图2.13）中，连在绳子上的重物下沉时，使得水中的短桨旋转。这表明重物下降的重力势能损失（重物下降距离为z，与此同时容器中短桨也随之旋转）与水通过短桨摩擦获得的热能相等。今天我们以焦耳作为能量单位正是为了表达对他工作的敬意。

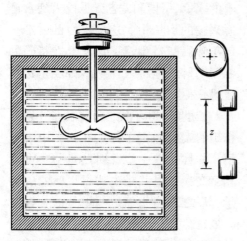

图 2.13 焦耳实验表明,当质量为 *M*、下降距离为 *z* 时,减少的重力势能转变为短桨旋转的动能和传递给水的热能,使水槽变暖。蒸汽机表明热能可以转变为机械能,因此焦耳实验表明与温度有关的热能与机械能是等价的。

即便在今天,热量的机械本质都不是一个容易理解的概念。19 世纪中期,这个概念的确非常抽象。这里我们要再次提到威廉·汤姆逊也就是开尔文勋爵,1847 年 6 月,在牛津大学举行的英国科学促进协会的一次会议上,他听取了焦耳的演讲。这次会议之后,开尔文返回苏格兰,他陷入了长时间的思索:焦耳对热量守恒的驳斥将震动现有科学的根基。开尔文曾高度评价卡诺的工作,彼时又开始担忧焦耳的工作将动摇卡诺理论的根基。因此,他尝试着调和他们二人的研究成果。

开尔文采用的方法是从问题的开端去质疑那两个解释热量和功相互转换的定律。在他开始探索解决卡诺/焦

耳悖论的同时,鲁道夫·克劳修斯也认为,如果存在这样两条尚未被发现的原理就能解决这一矛盾,它们能够使得卡诺关于蒸汽机效率的结论不受焦耳实验发现的影响。克劳修斯认定卡路里的概念是多余的,他猜测可以用物质的基本组成元素——原子和分子的概念来解释热量。这预示着热力学的诞生,1851 年开尔文发表了论文《热量的动力学理论》。开尔文和克劳修斯研究的关键概念是能量守恒,不是热量守恒。的确,能量这个概念的出现将力学和热力学巧妙结合在一起,这是 19 世纪科学发展的主要成就。

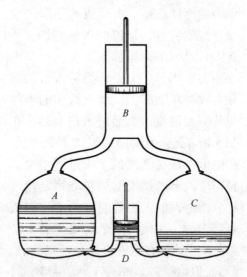

图 2.14 早期热力学描述的蒸汽机的基本结构。气缸 *B* 中的活塞运动,使蒸汽从锅炉 *A* 流向冷凝器 *C*。之后水泵 *D* 使水从 *C* 流回 *A*。

从牛顿定律公布开始,到一个半世纪后开尔文诞生,期间物理学一直是以力学为主的科学。1851 年,开尔文确信物理学是能量的科学。尽管在

此前的物理学中，力学显得更加直接明了，但从开尔文提出能量守恒定律之后，能量将要取而代之占据物理学的主导地位。如今我们对能量这个词再熟悉不过，因为它与工业和家庭使用有关，但我们仍然要问，能量确切的含义是什么呢？我们暂时可以凭直觉把它定义为"做功的能力"，这个定义本身就充满了直觉意味：当我们"充满能量"时，我们有能力做很多工作。在那个世纪的晚些时候，詹姆斯·克拉克·麦克斯韦和路德维希·玻尔兹曼对温度、功和能量的概念用振动的气体分子所具有的运动能（动能）来加以解释。

开尔文和克劳修斯想出了两个原理来调和卡诺和焦耳的矛盾。第一个原理是能量守恒定律，也被称为热力学第一定律，这个守恒定律在气象学中用来描述热能的运动以及与之相关的压力、密度和温度变化。第二个原理精确表述了自然界的基础不对称性，即热的物体变冷，但是冷的物体并不能自发地变热；这就是使那两位男士从能量守恒中解脱出来的关键特征：尽管任何过程中能量的总量一定是守恒的，但能量却以一种不可逆转的方式变化着；后面这个关于热能的真相被称为热力学第二定律。

在焦耳和卡诺争论得如火如荼的同时，另一方面，科学家正寻找热力学的最后一块拼图：设计出温度的通用计量方法。1724 年，华伦海特公布了制作温度计的方法，并提到有三个

"固定点"可以用来校准：分别是冰、水和一些盐的混合物的温度（在当时被认为可能是最低温度）；冰和水的温度；以及人体温度。最重要的是，他把上述状态的值定为 0 度、32 度和 96 度，这是如今华氏温度的基础。18 世纪初的温度计是很粗糙的，人们把血液作为可靠的温度标示剂，可以用血液来校准温度计。根据我们如今的认识，情况恰好相反，我们日常的体温日变化能达到零点几度。

卡诺根据锅炉和冷凝器的温度导出了关于热机效率的数学表达式。开尔文认为应该选取一个温度度量使这一工作效率表达式成为一个通用常数。这意味着在给定温度温差下，从高温物体传输到低温物体的热量所产生的机械效应并不取决于初始时较热物体的温度是多少。也就是说，系统从 100℃冷却到 80℃产生的机械效应与从 20℃冷却到冰点 0℃时是相同的。开尔文的温度度量适用范围非常广泛，它完全独立于特定的物理材料，这个定义强调能量这个概念的重要性。开尔文度量适用于过度冷却、液化氦以及很多当时无法想象的现代物理活动——甚至是绝对零度！

卡诺关于测量蒸汽机效率的理论让我们开始把大气考虑成一个巨大的热机：太阳射线对热带加热好比"锅炉"产生净热量流出，热量流到寒冷的极地上空，极地热量的辐射散失超过直接从太阳光获得的热量补充。随着热量从热带流向极地，热量在这个

过程中做功，也就是说热能转换成机械能，使空气块的动能增加。这维持了局地天气系统和整个地球大气的环流。热力学第一定律告诉我们在此过程中的能量总量守恒；也就是说，热总量增加首先使空气分子内部振动能量增加——即空气块的温度增加——然后对周围空气块做功，从而维持大气的大尺度运动。

将能量守恒方程、气体状态方程以及欧拉流体力学方程结合起来，我们可以得到组成大气和海洋基本物理模型的七个方程中的六个，最后一个方程描述了水汽是如何被空气携带并影响温度的。最后增加的这第七个方程使我们能够描述大气的类地行星特性和生命维持特性，如此便给出了完整的数学模型。水蒸气的凝结导致大部分天气现象的产生：例如云、雨、霰、雪、雾、露。太阳加热使地表（或海面）水分蒸发，并且使地面附近受热的空气上升。潮湿空气上升到达某个低温层后通常会凝结，变成看得见的云（常为积云，正如千草车那幅画所描绘的）。我们仰望天空看到的风云变幻，居然可以根据皮耶克尼斯简化论方法所得到的七个基本方程来加以理解，这着实令人吃惊不已。我们在知识库2.3中列出了这些基本方程。

知识库2.3　画中的数学：未知领域的七个方程

以下是构成现代天气预报基础的七个方程。我们在知识库2.2中曾提到前四个方程，包括风速方程

$$du/dt = F1/\rho, dv/dt = F2/\rho, dw/dt = F3/\rho,$$

和密度方程

$$d\rho/dt = -\rho \, \mathrm{div} v,$$

其中 $v = (u, v, w)$。

此处矢量 $F = (F1, F2, F3)$ 包括流体微团受到的压力梯度力、重力和地球旋转效应以及摩擦力。（关于地球旋转的影响请见下一部分）

状态方程描述的大气非常像理想气体，因此压力与密度和绝对温度 T 直接成比例：$p = \rho RT$。

能量守恒或热力学第一定律，内容如下。加热（来自太阳辐射或与成云致雨有关的水汽过程产生的潜热）既改变了气体的内能（内能与温度成比例，写作 $c_v T$），而且进一步通过压缩气体做功，做工量为 $-(p/\rho^2)d\rho/dt$，式中考虑流体微团的密度变化率（c_v 是常数，表示定容比热）。

综上可知，气块的加热率 Q 等于输入气块的能量：

$$Q = c_v dT/dt - (p/\rho^2)d\rho/dt。$$

最后，我们需要监测水蒸气的量 q，对空气块运用如下公式

$$dq/dt = S,$$

其中 S 表示所有凝结和蒸发过程对系统的总水汽供给，它会影响与加热率 Q 有关的过程，特别是那些有水汽蒸发和凝结的过程。

总之，上述七个方程涉及七个变量，分别是 ρ，$v = (u, v, w)$，p，T 和 q。

或许，我们倾向于把皮耶克尼斯

幻象的基础归结为这七个基本方程。这些方程为我们提供了天气像素随时间变化的规则，从而可以获取描述天气演变过程的连续影像。但我们绝不能忽略一个关键人物，那就是一位美国教师，他毫无争议地赢得了"现代气象奠基人"的盛誉，欧拉解释了为何流体向着压力推动的方向移动，也就是压力减小的方向。但实际情况与之不同，大尺度大气流动的方向基本与压力梯度相垂直，这就是我们将在下面讨论的问题。

旋转的重要性

一盏盏科学明灯穿越几个世纪，引领了科学前进的方向，阿基米德、伽利略、牛顿、欧拉、波义耳、查尔斯、卡诺、克劳修斯、焦耳和开尔文，他们建立了基础数学定律，奠定了现代气象学发展的基石。19 世纪中叶，物理学发展日臻成熟，在基础思想和理论上已经具备了科学理解天气和气候的条件。尽管上述研究有条不紊地持续推进，但是主流物理学与气象学之间几乎没有思想碰撞的火花。18 世纪初，哈雷和哈得来在没有解决任何方程的情况下，解释了如何用物理学理解信风和天气气候的确定性特征。然而，接下来取得下一个重要进展的过程，被认为是整个现代气象学发展过程中最为"发育迟缓"的阶段。威廉·费雷尔第一个运用牛顿运动定律、热力学原理和微积分语言详尽分析了

地球旋转对大气运动的影响，他也因此被载入史册。

图 2.15　威廉·费雷尔（1817—1891 年）是一位农民的儿子，腼腆害羞，由于条件艰苦，他只能在泥土上演算，在父亲位于西弗吉尼亚的谷仓中，他利用木桩计算日食，借此他自学了力学知识。在学校执教数年后，他于 42 岁时在华盛顿的海军气象台获得了第一份科研工作。

费雷尔是来自宾夕法尼亚州一位农民的儿子。年轻的费雷尔是一位沉默、冷静、有想法的小伙子。出身贫寒的他在 1829 年跟随家人搬到西弗吉尼亚郊区，在那里他抓住一切机会断断续续地接受了初级教育。费雷尔很有数学天赋，但由于缺乏机会和资源，几乎没有办法发展他的技能。1832 年的一天，他在父亲的农场上干活时看到了日食，这瞬间点燃了这个 15 岁少

年的想象力，他着手学习天文学和数学知识，并制作了日食和月食日历。费雷尔一直在找一本关于三角函数的书来帮助自己实现想法，但只找到一本关于测量的书，结果却是后者更有价值。在接下来的 12 年，他如饥似渴地学习研究。有一次，那是 1835 至 1836 年的冬天，他骑了两天多的马才到达马里兰州的黑格斯敦，就只为了买一本苏格兰杰出数学家约翰·普莱费尔所著的《几何学》。费雷尔用自己的存款和父亲提供的一点资助进入大学学习。此后，他阅读了牛顿的《基本原理》和拉普拉斯的《天休力学》。费雷尔之所以能买得起这些经典书籍，是因为 1844 年 7 月，27 岁的费雷尔从弗吉尼亚帕萨尼学院毕业之后获得了一个教师的职位。

作为业余爱好，费雷尔在 35 岁时发表了第一篇科学论文。他在将近 40 岁时提出了现代大气环流理论，这个理论源于哈雷和哈得来的思想，但与力学定律并不一致。天气预报方程一直缺少反映地球旋转效应的部分，尽管其他科学家们也意识到了地球在日复一日地旋转，但他们认为这在实际问题中并不重要，因而将其忽略。1836 年，法国数学家西莫恩·德尼·泊松指出，弹丸被枪支发射后，受地球旋转的影响，其轨迹在北半球向右偏离。更早之前，巴黎综合理工学院的主管贾斯帕-古斯塔夫·科里奥利导出了这一效应的数学表达式，并将其引入牛顿第二运动定律。

由于 19 世纪早期大炮发射的炮弹偏轨量较小，物理学家很大程度上忽略了科里奥利加速度（一个世纪后，对于战列舰来说这种修正就变得必不可少了）。科里奥利推导出了描述旋转地球上物体运动的方程组（这源于他对旋转机械的兴趣）。1851 年，法国物理学家让·傅科提出地球自转会引起慢旋进现象，即有着超长摆线（通常长度超过 10m）的单摆的摆动受地球旋转影响会在平面上发生旋转，但这种说法再次被人们看作是一桩奇闻。然而，几年以后，费雷尔计划通过这一发现得到气象的控制方程。

地球的旋转微妙影响甚至实际上控制了天气变化的行为，这种敏锐而深刻的洞察力正是费雷尔研究工作的标志。与飞机或建筑物周围的气流抑或是船只周围的水流或河流的流动相比，科里奥利力使得对大尺度大气和海洋运动的影响是截然不同的。

费雷尔研究气象学的方法来自对天文学和力学的初步理解。费雷尔在计算日食时，不断提醒自己要做到准确无误，如果没有准确的数学计算，那么这是一项不可能完成的任务。1858 年（那时他 41 岁）至 1860 年，他用几年的时间建立了我们所在星球的大气环流新理论。这些研究是对傅科思想的延伸，傅科的理念涉及旋转地球产生的偏离力的概念。很明显，他并不了解科里奥利的工作，他的工作运用了很多不必要的复杂数学手段。他写的第一篇关于气象的文章，行文

并不清晰甚至相当古怪，他的仰慕者们只能在医学期刊上拜读他的论文，

这些因素导致了费雷尔的工作最初缺乏同时代人的关注。

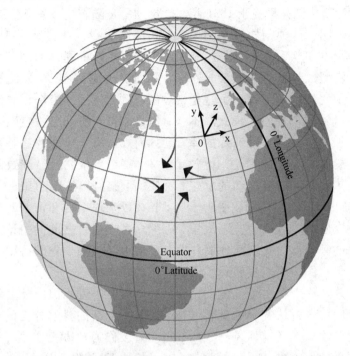

图 2.16 上图表示在北半球穿越北大西洋的直线风是如何在地球旋转产生的科里奥利影响下向右偏转的，如粗箭头所示。费雷尔最终意识到，地球旋转效应导致气流总是沿着等压线运动，而不是直接穿越它们。

美国的气象学在科学家的观点交锋中被强力推进了近五十年，例如威廉·雷德菲尔德目睹了 1821 年英格兰一场强风暴对铁路的破坏之后，认为所有这样的大气运动都是旋转的；而詹姆斯·埃斯皮从 1834 年直到生命结束都在驳斥这种观点。埃斯皮将风暴形容成天空中的巨大"烟囱"，他认为风暴中热量和水汽的影响占主导，空气完全是放射状的（也就是说空气从"烟囱"底流入，从顶部流出）。当然，正如费雷尔和皮耶克尼斯之后所意识到的，上述两种立场都有正确的方面。然而，埃斯皮不承认风暴风中有旋转，他在美国很多州进行了令人兴奋且偶尔尖刻的巡回演讲。埃斯皮甚至鼓动人们在落基山森林中放火，来创造他所说的"烟囱"，他宣称这样可以帮助中西部地区的农场产生降雨。

相反，威廉·雷德菲尔德静静地从事着风暴的长期研究。1821 年 9 月，一位来自康涅狄格州的工程师首次目睹了他家附近一次严重风暴对树木的破坏；之后，他在前往马萨诸塞州出

差的途中观察到了相反方向的同种风暴对树木的破坏。雷德菲尔德将树木倒下的方向绘制成图并最终于 1831 年出版，事实表明，这种剧烈风暴的风向沿着同心圆方向吹，其中心是风暴中心，这种剧烈风暴被称为气旋。这项工作开始了气旋的圆环理论，这是中纬度冬季风暴的"理想"模式。不幸的是，埃斯皮（一位受过训练的律师）对于气旋有着不同的理论，他曾经用气体受热膨胀和对流运动的思想解释过山地风（焚风）。埃斯皮受聘于富兰克林研究院，之后成为美国战争部门气象局的领导，在此期间他制作了一千多张天气图。埃斯皮解释了降雨的发展，并且首先提出了气旋的中心驶线，但他一直否认气旋的旋转性质。埃斯皮与欧拉一样宣称风与气压梯度是平行的，但方向相反，因此忽略了地球旋转对大尺度气旋风的影响。

1838 年，英国东印度（贸易）公司提出研究印度洋风暴，因为该风暴影响了货运船只返回欧洲。1839 年至 1855 年，时任加尔各答博物馆馆长的皮丁顿船长被授权对孟加拉湾的飓风进行了多达四十次研究，他将研究结论写入他的第一本书并将其作为海员航行的指导。

雷德菲尔德研究了 1844 年 10 月主要的古巴飓风，他发现风沿着环状等压线向内呈 5°～10° 的"涡旋状倾斜"，这里的等压线就是船长们所测量不同气压面的等值线。因此，水平风几乎与压力梯度相垂直。与理想气旋的环状运动不同，实际风暴中的风是呈螺旋状运动的。雷德菲尔德的一位助手是陆军中校雷德，他在皇家工兵部队服役，他目睹了 1831 年发生在巴巴多斯的飓风的破坏力。他们的共同努力最终凝聚成了海洋操作指南，例如《美国沿岸领航》和《世界风暴船员手册》，这些实用准则对船长如何规避海上风暴的锋芒具有指导意义。费雷尔依靠自己细致的研究和敏锐的洞察力，在 19 世纪 80 年代解决了长久以来埃斯皮和雷德菲尔德以及他们众多支持者之间的争论，这一争论已使美国气象学界维持了将近半个世纪的分裂状态。

历史告诉我们，费雷尔的工作标志着一个新的科学分支的开始，这个学科被称为动力气象学。费雷尔在自己长达 72 页的论文《液体和固体相对于地球表面的运动》中，对早期发表于纳什维尔的《医学与外科杂志》上的论文中的一些定性结论给出了定量分析。他写道："那篇（早期的）短文试图表明，大气在极地和赤道受抑制而在热带地区积累或膨胀（这与大气压力所反映的情况相吻合），北半球风暴自右向左旋转而南半球则刚好相反，包括海流的特定运动方式都是地球的绕轴自转改变了作用力后的必然结果。"费雷尔对图 2.7 中的哈得来环流模型进行了拓展，图 2.17 表示在热带、中纬度和极地区域都存在垂直环流。他进一步详细描述了旋转的重要性，并提到赤道两侧 10 度以内区域之所以没有热带气旋，是因为科里奥利 ｜ 效应在该区域消失了。

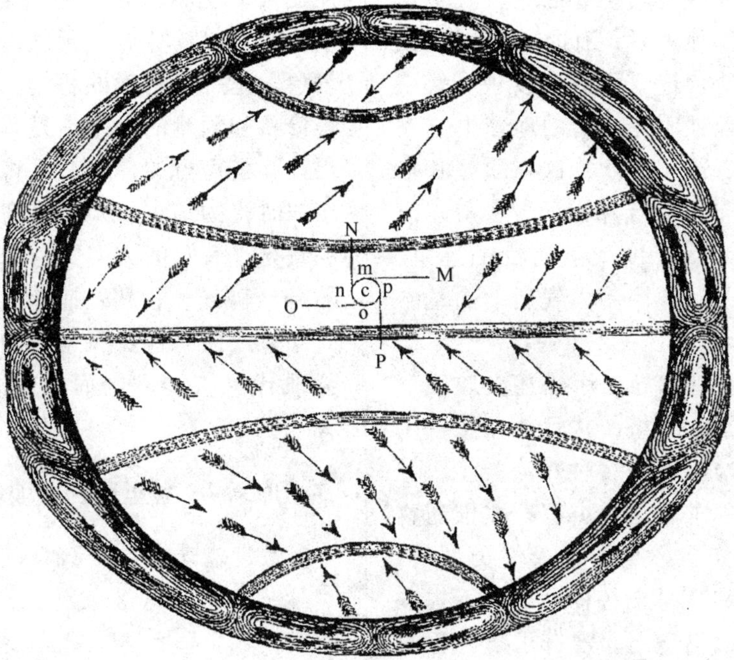

图 2.17　费雷尔早期论文中的一幅关键插图，它表明了赤道附近和极地附近的东风带信风被西风带区域分隔开，这些是地面附近主要的季节性风。图中还表示了气旋旋转的基本机制。船长们常常持续数月地进行越洋航行，他们逐渐发现了这些风的稳定性（和季节变化）。值得注意的是，图中地球边缘处画出了平均风的垂直剖面，它表示了空气是如何在地面和高层之间循环的。

费雷尔能够给巴洛特定律一个理论解释。正如我们在第一章提到的，1857 年荷兰气象学家克里斯托夫·巴洛特给出了一个经验公式，即风向与气压等值线或等压线方向平行，而且，风速大致与穿过等压线的大气压力变化率成比例。费雷尔分析了他的方程组，并且表明当考虑地球旋转时，巴洛特公式是欧拉物理定律的一个结果。诚然，人们总有一天会解释这类经验公式的原理，但费雷尔的发现仍然是一个巨大突破。

费雷尔是一位有影响力的教师，他值得拥有"现代理论气象学之父"的美誉。1859 年，42 岁的费雷尔受邀就职于美国海军气象台，此前他曾在农场辛勤劳作，而后度过了将近十五年的教师生涯，在经历了二十五年的历练后，他终于开始从事真正适合他的科研事业。费雷尔在自己的研究领域工作了将近三十年，直至 1891 年去世。他留下了将近 3000 页的材料——

以至于在他去世的许多年中，人们一直忙于研究这些内容。他终其一生都是个害羞的孤独者，有时甚至因为太紧张而无法谈论自己的新发现。费雷尔通过方程证明在旋转的地球上空气基本上沿着等压线吹，这与欧拉和伯努利的研究结论恰好相反。费雷尔改变了我们对大尺度大气流动的理解，同时发现了一种控制大气运动的基本作用力。

尽管费雷尔导出了描述全球天气模型的详细方程组，并且他在文章中阐述了地球大气的多种环流类型，但他没能明确求解这些方程。在推断物理定律是如何影响日常天气类型时，他与哈雷和哈得来一样，不得不提取定性有用的信息，而没有求解方程组的全部细节。要完成这样的任务需要的是一个无所畏惧的人，甚至比皮耶克尼斯还要勇敢，因为他必须跨越方程组求解过程遇到的令人生畏的数学障碍。传统的微积分对此几乎没有帮助，因此需要找到另一种方法。简言之，两百多年的科学创新为我们要解决的问题找到了确定性的描述，人们相信数学方程组的解可以描述真实的天气。而如今，要真正解决难题需要实实在在地求解方程。

皮耶克尼斯在自己就职演讲的尾声提到，"在最优条件下，一位博学的学者大概需要三个月才能算出实际天气在三小时后的变化。"在将物理定律应用于计算天气方面，皮耶克尼斯非常关注实际可操作性。第一个敢于正面尝试皮耶克尼斯挑战的人，也从正面支持了皮耶克尼斯的观点：实践表明我们可以计算天气预报，这就证明气象学是一门精确的科学。那些已经被诊断和预测的问题清楚地表明：如果计算是可行的，那么这将意味着一个旧时代的结束，人类将迎来新文明的曙光。人们不再需要考虑该在何时播种、耕耘、收获、捕鱼、狩猎；何时起航或何时避免风暴。物理定律将会取代天气谚语，而数学能够预报天气。

知识库2.4 科里奥利，地球旋转项

假设地球某个位置的纬度为 φ，围绕地轴旋转的角速度为 ω。如图 2.16 所示，建立局地坐标系，水平向东为 x 轴，水平向北为 y 轴，垂直向上为 z 轴。局地位置矢量为 $r_L = (x, y, z)$。在此局地坐标系中（各分量顺序依次为向东、向北、向上）表示的旋转和风矢量分别为 $\omega(0, \cos\varphi, \sin\varphi)$ 和 $dr_L/dt = v = (u, v, w)$。当点 r_L 相对于旋转地球运动时，其相对于局地固定坐标的速度为

$$v_F = dr_F/dt = dr_L/dt +$$
$$\omega(0, \cos\varphi, \sin\varphi) \times (x, y, z).$$

当考虑大气运动时，垂直速度 w 远小于水平风速；进一步而言，$\omega u \cos\varphi$ 远小于重力加速度 g。因此讨论加速度概念时，只考虑水平分量。为了得到旋转框架下的加速度，我们需要取 v_F 的微分。我们可以在大学课本中找到这个结论的完整推导，例如

Gill 或 Vallis 所著教材（见参考文献）。当近似考虑时，我们发现向北和向东的科里奥利修正加速度可写为

$$\mathrm{d}u/\mathrm{d}t - f_c v = 0, \mathrm{d}v/\mathrm{d}t + f_c u = 0,$$

其中 $f_c = 2\omega\sin\varphi$ 被称为科里奥利参数。

在北半球，我们看到向东移动（u 为正）产生向南的加速度。总体来说，加速度总是垂直于水平运动的方向向右，这样就产生如图 2.16 和图 2.17 所示的运动。

当只有水平压力梯度时，向东和向北的风的加速度方程为

$$\mathrm{d}u/\mathrm{d}t = f_c v - (1/\rho)\,\partial p/\partial x,$$

$$\mathrm{d}v/\mathrm{d}t = -f_c u - (1/\rho)\,\partial p/\partial y,$$

上式中含有 f_c 的项就是科里奥利项，这一额外的作用项需要加入到知识库 2.3 中。

第三章

逆 境 前 行

路易斯·弗莱伊·理查森或许是最具神秘色彩的英国科学家，他是第一位将皮耶克尼斯诊断和预测的方案转化为精确数学算法的人。在第一次世界大战期间，理查森手动完成了天气预报计算，但与数据有关的微妙问题使预测刚开始就失败了。与理查森相比，皮耶克尼斯尝试预报天气的思路却截然不同。那时候，电子计算机还未诞生，皮耶克尼斯对于一点深信不疑，那就是直接求解方程是行不通的；于是，他领导的团队基于天气图资料并运用环流和涡度理论，发展了图形方法来预测中纬度天气。他们的努力的确实现了预报，即便是定性预报。

数值天气预报之父

皮耶克尼斯对天气预报的宏伟设想声名远播，就在第一次世界大战前夕，消息抵达了一个遥远的苏格兰小村庄——埃斯克代尔缪尔。这个村庄在地图上很不起眼，它位于英格兰和苏格兰边界的北部。由于地理位置偏远，它成为观象台的最佳选址，因为地磁观测在那里最不易受到人造电力的影响（在电力尚未广泛应用于商业和民用的年代，这一考虑非同寻常）。1913 年，这个小村庄成为 20 世纪最卓越的科学家之一，路易斯·弗莱伊·理查森的家。

理查森曾供职于英国气象局，随后又被派往埃斯克代尔缪尔观象台担任主管。他出生在北英格兰一个富裕家庭，家里靠制造皮革和经营谷物贸易赚钱。理查森信奉贵格会教派，这个身份使他恪守"以德为先，科学至上"的原则。他行事极为认真，凡事都要验证。这种性格在理查森儿时已初露端倪，他 5 岁时有个姐姐告诉他钱可以在银行里生长，于是他一丝不苟地在花坛里种钱，想看看钱能否在园子里长出来。在诺森伯兰郡的乡下长大后，理查森进入约克的一个贵格会教派学校读书。他的科学老师在他的成长中扮演了重要角色，使他远离了商业的纷扰；他花了两年时间在杜伦科学院学习了数学、物理、化学、植物学和动物学，而后在剑桥大学获得了学位。他的导师是大名鼎鼎的约瑟夫·约翰·汤姆逊，卡文迪什物理学终身教授和电子的发现者。

1903年，以自然科学一等学位从剑桥大学毕业后，理查森运用他在数学、物理和化学方面的技能做过多种不同工作。其中，1906年至1907年他在国家泥炭工业担任化学师，在做这份工作期间，他发展了一套新的数学方法来求解水流过泥炭的模拟方程。泥炭是一种棕色的潮湿物质，它以植物和泥土为基质，晾干后易燃。理查森希望通过模拟水流找到排水管道的最佳安放位置。如果利用当时已有的方法，这组方程是难以求解的，理查森所采用的方法在技巧上与牛顿发展的方法完全不同。事实上，大约二十年后，理查森自己评论到，当时他内心非常矛盾，因为他意识到，自己所采用的数学方法似乎倒退到了微积分发明前的状态。

1908年，理查森发表论文阐述了如何通过细致的手绘图法解决排水问题。两年后，他在《伦敦皇家学会哲学汇刊》上发表文章，提出了一个广义的创新方法，方法的思想是运用算数和代数方法求解微分方程组（这一次他把方法应用于计算石砌大坝的应力）。这次成功激励了他，他申请了剑桥国王学院的奖学金。然而，专业评审并没有被他的创新思想打动，拒绝了他的申请。根据理查森自己的叙述，1913年在埃斯克代尔缪尔观象台，他首次对解方程组预报天气产生了兴趣。在理查森的想象中，预报天气不过就是把他之前计算水穿过

泥炭的方法继续往前深入一步应用于大气中的气流而已。由于埃斯克代尔缪尔的"荒凉、潮湿和与世隔绝"，他有大量时间来考虑这类难题。这无疑非常适合理查森，因为他曾说过，孤独是自己的爱好之一。

图3.1 路易斯·弗莱伊·理查森（1881—1953年）在第一次世界大战期间志愿加入法国的后方战时流动医院。在此期间，他进行了漫长的计算，成为仅运用数值方法和物理定律预测天气的第一人。之后，他就冲突问题撰文，尝试预测并进而阻止未来战争。1912年泰坦尼克号撞击冰山后沉没，理查森对于这一新闻事件的反应体现了他的多才多艺和泉涌才思。当时理查森与他的妻子多萝茜正在英格兰南岸的怀特岛度假，他让妻子在锡格罗夫湾划着小船，自己用一个小哨子对着码头吹出一阵阵尖锐的哨音，他在耳朵后面用一把张开的伞捕获并放大回声。这项试验非常成功，于是他在1912年10月申请了一项专利，希望有一款实用的回声探测装置能保护船只在充满可怕迷雾的黑暗海面上航行。伦敦国家肖像画廊许可使用。

理查森听说了皮耶克尼斯的宣言和他对计算能力的信念。1922 年，理查森所著的《数值天气预报》由剑桥大学出版社出版，这是在他完成了一项开创性的计算之后写成的，我们将在下文详细描述他所做的计算内容。理查森在书的序言中这样写道："皮耶克尼斯和他的学派所进行的广泛研究使充分利用微分方程来解决问题这一学术思想得到了广泛认同"。而理查森感兴趣的是用数学方法得到答案，对于解决天气预报问题他似乎欠缺大气海洋方面的正式训练，可这反而有利于他另辟蹊径。在书中，他仍遵循传统引用了天文学作为用数学方法解决问题的经典案例，他提到了《航海天文历》一书，这部书令人印象深刻的标签就是其数学性，书中的精确航海数据表都是建立在微分方程基础上的。理查森此时考虑的是直击天气预报问题的核心，通过求解方程组来进行预报，但前提是他必须找到恰当的方法来求解方程。

一战爆发了，作为贵格会教派信徒，理查森明确表示自己出于良心拒服兵役，因此他并未被征召入伍。然而，这并没有阻碍他在危难时刻为自己的祖国服务，理查森进军天气预报领域的故事发生在西部前线。为了帮助自己的同胞，35 岁的理查森辞去了气象局的工作，从 1916 年 9 月到战争结束，他一直担任法国香槟区朋友救护队的司机。尽管为前线服务使理查森身处险恶环境，他却依然独自完成了一项异常卓越的计算。在奔赴前线之前，理查森根据皮耶克尼斯的理论，苦思冥想解决天气预报计算的物理方法。皮耶克尼斯在 1904 年的文章中提到，可以通过计算大气中有限点的天气变化来预报天气，例如经度和纬度的交叉点，但他并没有给出完成计算的具体细节。而且，皮耶克尼斯认为要想从七个方程中求解七个未知量，传统的微积分是无能为力的，所以他在 1904 年的文章中提倡运用简化论这种逻辑方法来解决问题：

任何事物都取决于我们能否将其成功合理地拆分，这样就能把一个非常困难的问题分成很多小问题，而每个小问题都不至于太复杂。

为了完成拆分问题这一步骤，我们必须遵循一个基本原则，它就是多变量无限小微积分的基础。要想达到计算目的，可以用单个或多变量的连续变化代替多变量的同时变化。

皮耶克尼斯并没有进一步发展这一思想，对于具体怎么做，我们还是可以从文章稍前的部分找到一些线索，比如文章指出："为了具备实用性，问题的解必须易于理解，且具有天气学形式，同时可以忽略那些总是出现在精确解里的过多细节。因此天气预测只需要处理较大空间和时间间隔上的平均值；例如选择度和小时分别作为空间和时间间隔，而不用毫米或秒"。

在早期工作中，理查森对于解决实际问题取得了成功，这种成功的激励使他比皮耶克尼斯更加大胆。为了检验这个理论,他设计了一种求解方程组的方法。一百五十年前,欧拉运用微积分描述流体速度和压力随位置和时间的微小变化,从而建立了描述流体运动的精确数学表达式。回想一下其中的细节,我们用微分表示微小变化量,这种变化接近但永不等于零,这是一个理想化的抽象概念。所以理查森的理念是用更实际的东西代替这种理想化。他意识到要想计算某段距离内的天气变化,应该用有限差分代替这些无限小的微分。理查森的思路是将大气分割成大量三维像素或"盒子",并用基本代数方法恰当表达偏微分方程组,这样就只需要基本的计算方法——加减乘除来求解方程。在这一求解过程中,微积分不再被使用,尽管在牛顿时代它已发展成熟(见知识库3.1)。

理查森算法的本质意味着他实际上并未完全解决问题,但直觉告诉他这会引领自己找到逼近"真实"问题的解。然而,理查森并没有完全依赖于直觉,他系统地开展了一系列严谨的实验,以确认他的计算结果对于所进行的实验而言是足够准确的。用"极具独创性"来形容他的方法是特别贴切的,因为这种方法的建立基于对问题的深入科学评估,而方法的解决方案又是具备实用性的工程方法。

依靠笔、纸、计算尺和对数表,理查森第一次算出了未来的天气。他首先着手研究的是欧洲中部慕尼黑附近的一个小区域,他预测了区域内两

个位置的6小时天气变化。初始数据描述了1910年5月20日上午7点德国及邻近国家的大气状态,理查森之所以选择该时间和区域是因为能获取极好的数据。如今气象学家们把放天气气球称为"野外活动",一系列气象气球观测资料是从欧洲各地协调一致的气球上升中收集的。但唯有皮耶克尼斯将收集到的资料归纳分析,而且他对大气结构的分析——从地表至12km左右的高空——值得当代气象学家称道,其价值正如我们尝试用冰川和极地冰原的观测了解气候变化一样。

或许,我们会认为理查森的预报并不是什么惊天动地的成就,这样想或许是情有可原的,因为他不过是计算了地球上两点之间的6小时预报,而且这种预报实际上只是"后报",也就是说他尝试预报的事是多年前已经发生的。但即便是在这个有限范围内的预报,其复杂性也令人望而却步。他必须计算上千个变量的变化,而且必须警惕不要出现任何错误,因此每一步他都算两遍!凭借着坚定的信念和决心,理查森进行了成千上万次演算,克服了知识和心理的双重困难,在一战前线寒冷恐怖的兵舍中不断地取得进展。如果没有来自干草堆和计算的抚慰,他将多花两年时间才能完成整件事情。

在一张欧洲地图上,理查森用纬线和经线画了一个方格图,以此将大气在水平方向上分割开。他选择代表水平像素的格子边长约200km(见图3.2)。然

后他进一步将大气垂直方向分为5层，这样在每个像素处地表以上的大气柱就被分成了5个盒子（即我们所说的三维像素）。不同高度层通过水平面分割，这些水平面高度为：2.0km、4.2km、7.2km、11.8km。这样，他的离散模式就将大气柱分成了125个三维像素。在理查森的方案里，时间和空间都是

图3.2　理查森所使用的有限差分网络是基于水平范围为200km×200km的盒子或像素——图中显示为正方形的这25个像素中的每一个都有其他盒子堆叠在顶部。因此，总共使用了125个像素盒子。理查森的方案实际上忽略了很多细节，试图只关注较大天气系统在欧洲缓慢移动的平均状态。理查森只执行了一次这样的预报——但这就足够了，因为它涉及一千余个变量和成千上万次计算。由于这样的预报过程可以重复执行，所以气象学或许会达到天文学的成就：未来任何时候的天气都能通过计算得到而不需要新的观测。理查森的计算方案相当于一种精确算法（或一套有序规则），它可以实现皮耶克尼斯在1904年提出的理论。插图许可来自2007年史蒂芬·理查森和伊莱恩·特雷恩的书，剑桥大学出版社。

离散的，他用6小时的时间间隔代替了微积分中无穷小的间隔。通过系统应用有限差分方法，理查森将一个不可能解决的难题拆分成若干能用基本算术求解的问题——这正是终极简化论的成功。

知识库3.1　微积分和导数剖析

我们在知识库2.3和2.4总结过的流体力学和热力学定律，二者用导数表达了空气块的温度、风速等量的变化。但是理查森的计算则基于固定像素，如图3.2所示的方格。所以我们需要用一个公式，将流体微团的变化率 d/dt 转变成时间和空间为自变量的偏导数形式。欧拉找到一种方法，把发生在流体微团上或内部的变化与我们在固定时空位置处所能测量到的变化相关联。

欧拉根据特定时间和固定位置处的变化率来表达方程组。这在气象学里很有用，尽管流体微团的概念性理论非常重要，但对诸如压力和温度等空气属性的测量几乎总是发生在特定位置（利用卫星和气象站）和固定时间上。

下面我们来解释欧拉符号系统的基础，这也是理查森方法的基础。18世纪中期，法国数学家让·勒朗·达朗贝尔引入了一个概念，用来描述变量在时间和空间上的变化率。在一个固定位置上，任何变量 f 随时间的变化都可以写成

$$\partial f / \partial t = (f_{\text{new}} - f_{\text{old}}) / \Delta t,$$

其中 Δt 为时间变化量，f_{new} 与 f_{old} 为时

间变化前后的新旧测量值。当右边的 Δt 越来越小时（即趋于极限，也就是零）时，方程左右两侧等价。这个方法也适用于计算固定时间内，变量的空间位置 x 发生左右移动时的变化率：

$$\partial f / \partial x = (f_{right} - f_{left}) / \Delta x,$$

其中 $\Delta x = x_{right} - x_{left}$。我们可以重复这一推导，分别取沿纬线向东的距离 x，沿经线向北的距离 y，以及二者沿海平面向上距平均海平面的高度 z，分别计算他们的变化率。按照大部分气象学教科书中采用的做法，我们使用笛卡尔坐标的局部系统（见图 2.16）。在描述地球（近似球形）大气的运动时，很自然的选择会是球面极坐标系；然而，如果我们的首要目的是描述空气微团在某一时段中发生的相对较短距离的运动，那么由于地球的表面弯曲所产生的曲率就成了不必要的细节。因此，我们在本书中仍使用局部笛卡尔坐标系。

对于处于 $x_p(t) = (x_p(t), y_p(t), z_p(t))$ 位置的空气微团，利用求导的链式法则可以计算该位置任意量 f 的变化率，表达式如下：

$$\mathrm{d}f(x_p(t)) / \mathrm{d}t = \partial f / \partial t + (\partial f / \partial x)\,\mathrm{d}x_p(t) / \mathrm{d}t + (\partial f / \partial y)\,\mathrm{d}y_p(t) / \mathrm{d}t + (\partial f / \partial z)\,\mathrm{d}z_p(t) / \mathrm{d}t = \partial f / \partial t + (\partial f / \partial x)\,u + (\partial f / \partial y)\,v + (\partial f / \partial z)\,w,$$

$(u, v, w) = (\mathrm{d}x_p(t) / \mathrm{d}t, \mathrm{d}y_p(t) / \mathrm{d}t, \mathrm{d}z_p(t) / \mathrm{d}t)$ 表示空气微团位置随时间的变化率，即风速和风向，也就是速度 $v = (u, v, w)$。

现在我们可以将第二章所有的方程重写一遍，这样我们就能得到位于各纬度、经度和距海平面高度的方程组。理查森在基本方程组的基础上发展实用计算方法，其中他特别选用时间步长 Δt 为 6 小时，格点间距 Δx、Δy 为 200km，深度 Δz（近似）等于压力面高度之差。

我们以知识库 2.1 为例写出质量守恒方程

$$\mathrm{d}\rho / \mathrm{d}t = \partial\rho / \partial t + u(\partial\rho / \partial x) + v(\partial\rho / \partial y) + w(\partial\rho / \partial z)$$
$$= -\rho(\partial u / \partial x + \partial v / \partial y + \partial w / \partial z),$$

最后这个方程的右边表示密度 ρ 和风场辐合项的乘积。

由于显而易见的原因，我们可以把风景画的像素排列描述成棋盘。或许我们不能立刻找到标有"P"和"M"的像素，但这些像素反映了这盘棋局的本质，棋局的运作方式是遵守欧拉方程，那么 P 和 M 像素可能涉及压力梯度力及其对动量的影响。理查森在 P 像素中记录了气压、湿度和温度；在 M 像素中，计算了大气的（水平）动量（给定风速分量和风携带的空气块质量的乘积）。

对理查森来说，要想根据牛顿定律计算 M 像素中引起风向和风速改变的力，那就必须先计算压力随位置的变化率。西边气压上升将使空气东移，于是他用邻近像素处的值来计算压力梯度。这一步仅需要简单计算相邻像素的气压差值就可完成，如图 3.3 所示。

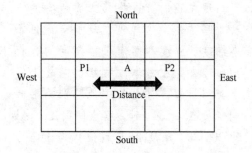

图 3.3　简单举一个计算格点的例子：将压力值按交错网格存入像素的中央，要计算压力梯度（即压力随位置的变化率），我们只需要将 P1 与 P2 的差值除以它们之间的距离，这样我们将得到像素 A 中的压力梯度（向东为正）。应用相同原理可以将"距离"替换成"时间间隔"，计算出变量如何随时间变化。

从牛顿运动定律出发，我们可以从理查森所使用的基本方程得出，风随时间的变化取决于压力随位置的变化。P 像素中东西向的气压差决定了风的向东分量的变化；同样，计算南北方向的压力差则可以得到风向北的分量。所以，任意位置向东的风速取决于另一边 200km 处的压力值。

这一方案在除边界外的其他区域都是适用的。但是，如果图 3.3 中的 A 点位于边界处的话，计算变化量将变得复杂起来，因为边界上的格点没有相邻像素点。解决这个问题的理想方案就是让预报区域覆盖全球，整个区域首尾相连就没有水平边界了。但是，正如我们前面提到的，在没有超级计算机的年代，进行全球预报的计算量对于人工计算而言是不可想象的，计算耗时使之成为不可能完成的

任务。所以我们需要在边界处为变量提供边界条件——包括顶部和底部的像素格点。计算区域的下边界就是地球表面（陆地或海洋），而上边界也必须指定，因为模式不能无限地延伸至外层空间。

理查森只选择了棋盘中间两个位置做预报，这样就避开了有关水平边界的问题。他在边界上仍然使用像素点的初值，而不用尝试计算该处的新值。这种近似是完全可行的，因为理查森只对距边界数百公里的棋盘中心的 6 小时预报感兴趣。这种处理边界的方法所引入的误差在有限的时间段内，基本不会影响到区域中间位置处的预报准确性。

误差剖析

1919 年，从战场返回后的理查森再次进入气象局工作。之后他写了一本题为《数值天气预报》的书详细描述了自己的工作，这本书于 1922 年正式出版。回到前述预报区域的中心，在 M 像素点处，也就是纽伦堡和魏玛的附近区域，地表风在 6 小时期间稍有减弱。但在慕尼黑上空的 P 像素处，气压上升了 145 毫巴，达到惊人的 1108 毫巴。如果计算是正确的话，如此大的表面变压将创造一项世界纪录了！然而现实情况是，那天气压计上的读数几乎没有改变——如天气预报员所说的，几乎是稳定的。

讽刺的是，这一开创性的预报却是最差劲的预报之一，但我们仍应该全面公正地看待这次失败。首先，用数值方法开展天气预报有高度的复杂性，如果把当时用于中欧天气预报的模式拓展到全球范围，根据理查森的估计，需要 64,000 人进行计算。即便这样，这群人也几乎跟不上天气变化的步伐；换言之，他们事实上根本无法进行预报。如果非要做到这一点，则需要超过一百万人日夜不停地工作。如今，超级计算机在几秒内就可以完成这项任务。

其次，我们需要更仔细地看看哪里出了问题。理查森在他的书中找到并描述了预报错误，他认为，比起全球预报的可行性问题，这种错误是一个更加微妙的问题。他在结论中写道："下面我详细检查了这个明显的错误……并追溯到错误的来源是初始风场。"也就是说，错误出在输入数据上。仔细观察数据可以确认这一判断是正确的，而这也是天气预报为何如此之难的一个原因。因为预报的主要难点是压力的确定，预报过程中压力是通过风的辐合来计算的，我们下面就这一问题进一步进行讨论。

风的辐合项在每个水平轴上都是通过用两个较大数之间的小差来计算的。在这种情况下，即便是初始风场中细微的错误也会引起辐合项计算值的巨大变化。例如，如图 3.4b 所示，假设有一个正在减速的基础东北风，在像素以东的左侧是 10.1km/h，右侧

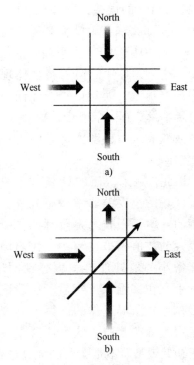

图 3.4　图 a）表示地面某一像素点处的水平交叉区域，箭头表示从北、东、南、西流入的风。这样的风场配置会导致空气在像素点空气堆积，我们可以用风场的水平辐合来衡量这个累积量。由于空气不能出现或消失，所以像素点处的空气要么密度增加，要么过量的气体通过向上移动流出格点，我们用 $-\mathrm{div}v$ 表示像素点上总的辐合效应。即便狂风大作，包括垂直辐合在内的总辐合依然是非常小的。图 b）中的实箭头表示向东北方向减弱的风。我们先从东-西和南-北方向的风分量中减去中间（平均）值，然后用与 a）相同的方法得到辐合项。这样，我们可以通过辐合项的值得到各格点的风场变化。

是 9.9km/h。当像素边长为单位长度时，这个减速引起的水平辐合是 $2 \times (10.1 - 9.9) = 0.4$。若测量向东风速

时仅产生 1% 的误差，比如把 10.1 测成了 10，那么辐合项就从 0.4 变为了 0.2 = 2 × (10 − 9.9)，水平辐合变化了 50%。这个灾难性的错误将会体现在预报的气压上；换句话说，在任一风速分量中只要有一个极小的相对误差，都会演变成压力梯度力计算中的一个主要错误。

因此，除了气压的计算对于风场和温度场的小误差非常敏感之外，理查森的基本预报技术是合理的，即便在今天的数值模拟过程中，我们仍然要非常小心地处理这一敏感性问题。实际上，在将近八十年后，在都柏林的爱尔兰气象局工作的彼得·林奇分析了理查森的预报，他确认误差是来源于初始观测而不是随后的计算过程。林奇运用现代计算机模拟重复了理查森的预报（他不愿忍受花费数月进行手动的费力计算），他发现如果控制好斯特拉斯堡的气压观测，以尽可能避免出现不确定的误差，那么理查森的算法实际上得到了一个很好的预报结果。如今我们在新闻和天气频道上看到的预报所依据的技术跟理查森设计的技术非常相似——包括偶尔出现的错误。

尽管理查森输掉了一场天气与预报员之间的战役，但他找到了在这场较量中取胜的成功策略。这个错误并不是由计算过程中的"缺陷"或错误造成的，他所用的计算方法已经完全可以被视为一种胜利。然而，理查森是一个现实主义者，他深知自己的天

气预报方法需要花费大量人力和时间，因而，在 20 世纪 20 年代，他认为自己的方法几乎没有实际应用价值。在 19 世纪，有一批算得又快又准的人，他们专门从事计算工作，参与解决各类可以用数学方法求解的科学问题。19 世纪 50 年代，天文学家罗伊尔雇了 8 个人计算潮汐的时间、行星的出现以及其他天体事件。理查森对人工预报天气进行了乐观估计，他认为需要一支人数多达 64,000 人的庞大劳动力队伍来计算天气的变化，这也只是刚好跟得上天气变化的步伐。尽管在前计算机时代，这个方案本身非常不切实际，但理查森仍怀有希望："在不可预知的未来，信息的获取方式降低了对人类记忆的需求，计算速度得以大幅提升，可以达到比天气演变速度更快的程度。但是，这只是一个梦而已。"

第二次世界大战后首台电子计算机投入研究使用，这也使理查森的梦想终于实现。彩图 CI.4 展现的是理查森设想的"预报工厂"。

1926 年，理查森入选成为英国皇家学会会员。一战后，气象局成为军队的一部分，理查森一贯是坚定和平主义信奉者，他因此提出辞职。事实上，他几乎没能再深入研究气象问题，1953 年理查森逝世后，妻子多萝茜回忆道"令人心碎的是，对他的高层大气研究最感兴趣的人竟是毒气专家。路易斯因此停止了他的研究，并将那些尚未发表的成果销毁。没有人知道

他付出了多大的代价!"（考克斯 2002, 162)。

理查森的工作为后人留下了大量宝贵遗产，为了铭记理查森的贡献，人们命名了理查森外推法，并提出理查森数的概念来衡量大气和海洋这类层结流体的稳定性。理查森的数值天气预报告诉人们，如果没有深入的气象学理论做指导，想以直击问题症结的方式解决科学问题是不可能获得成功的：那么这种明锐的洞察力又是源于何处呢？要回答这个问题，我们得先回到皮耶克尼斯的传奇故事，故事充满了艰辛与磨难。

现代气象学的摇篮

当理查森身陷西线战事时，皮耶克尼斯的生活也没好到哪儿去，虽然1913年1月他成功在莱比锡城创立了自己的研究院。1916至1917年冬天，食物短缺和莱比锡城的其他管制措施使皮耶克尼斯面临着前所未有的困难，这迫使他考虑全家返回挪威。巧合的是，当时卑尔根市正在筹备建立一个新的地球物理研究院；1917年3月17日，这个新学院的组委会向皮耶克尼斯发了一封邀请函，特聘他为教授，请他来领导卑尔根的天气预报团队。

在返回卑尔根市之前，皮耶克尼斯在克里斯蒂安娜和莱比锡的大学里度过了十年的职业生涯，他所做的工作就是践行他在1904年的宣言，追求用物理定律预测天气。皮耶克尼斯用

卡内基基金的拨款雇用了助手，在他们的帮助下撰写完成了两本书，其实这是一个包括四卷书的项目，先期完成的这两本书是四卷中的前两卷，在这两本书中皮耶克尼斯定义了气象科学。他花费了大量时间甄选项目所涉及的基础内容，特别是把地表压力的观测与中低层大气的运动联系起来。他关于"空气河流"的预测对于飞行器工业的发展显得尤为有价值。在解决预报问题时，皮耶克尼斯并不像理查森那样只运用数值技术，他认为唯一可行的方案就是将图形与数值方法相结合。

皮耶克尼斯发展了一套预报流程，首先把大气基本变量的分布情况画成天气图，每幅图上显示了大气不同层次的变量，用这些图可以体现大气的基本状态。然后利用图形-数值方法构建一套新的天气图来描述大气之后的状态，比如六小时后的状态。本质上，这种图形技术是很巧妙的，它主要计算大气涡度、辐合、垂直运动。如同理查森的方案，在得出次日预报之前这个过程是可重复的。但要画出大气的初始状态图，皮耶克尼斯需要观测和国际合作来收集数据。正如我们前文所提及的，那时人们常组织气球飞行比赛，这类活动为理查森的预报提供了初始条件。

与理查森不同的是，皮耶克尼斯的科学计划将产生激动人心的方向性改变。当时，战争导致挪威出现严重的食物短缺，1916年的作物产量还不

到战争头两年年消耗量的一半。尽管可以从美国海运食物，但不断上升的运输费（以及海上战争的影响）导致了物价飞涨。如此就必须增加国内的粮食产量来弥补食物补给缺口，政府迫于压力开始干预食品生产和供应等几乎所有方面。1918年2月，挪威国家报纸刊登一则消息称，瑞典计划通过电话向农民们提供短期天气预报。尽管没人知道这个计划的可靠性，但必须承认的是，天气预报，即便只是提前短短一天，也可以帮助农民们在收割时节做好计划。但文章还强调，尽管挪威出现了食物危机，但政府尚未真正考虑类似计划。更令人失望的是，有报道称，挪威气象局局长表明，挪威发布执行相关计划的可能性微乎其微。

皮耶克尼斯读了这篇文章后为之一振。他写信给气象局局长，力劝他重新考虑自己的职责所在，并指出他应该想尽一切办法帮助国家缓解食物危机。同时皮耶克尼斯还圆滑地表示，如果执行这一计划，将会为气象研究争取到非常必要的经费支持。他意识到，战争所产生的危机需要新的气象服务来解决，同时这可能也会为研究和克服天气预报障碍带来新的资源。

1918年的那个夏天，皮耶克尼斯的首要目标是用天气预报提升农业产量。同时，他也尝试对随之而来的航空预报需求进行试验。这个挑战对精确性和可靠性的要求是前所未有的，而且他们具备的解决精确预报的条件却是再糟糕不过了。

在战前，挪威依靠电报从英国、冰岛和法罗群岛传回的天气数据来做预报，因为那里是大部分天气（现象）的发源地。如今，处在战时，德国的齐柏林飞艇突袭了英国，而天气预报被用于大部分军事活动，这些数据也成了机密。没有北海的数据，就无法定位正在逼近的低压系统，这导致人们不能再用传统方法依靠气压场做预报。皮耶克尼斯意识到，有必要在挪威沿岸建立新的观测站，以此来弥补缺失的国外数据。他遍访挪威海岸线，四处游说灯塔管理员、渔民和热心的天气观测员。皮耶克尼斯不仅收获了他们的热情合作，而且也学习了"真实"天气以及天气的"迹象"。新建成的气象站成为挪威U型潜艇观测网的一部分。为了确保挪威的中立水域没有U型潜艇活动，挪威人在沿岸——甚至在非常偏远的地区建立了一些瞭望哨，这些哨所由经验丰富的海员控制，他们都进行过很好的天气观测训练。到1918年6月底，皮耶克尼斯已经建成了60个新的气象站，挪威的工作人员们一方面观测气旋，另一方面瞭望潜艇——二者都影响着食物产量，那时的挪威人还处在饥饿中。

皮耶克尼斯创立的远不只是新的数据来源；还有闻名世界的现代气象学派——卑尔根学派。如世人所知，卑尔根学派是一个兼收并蓄的学派。科学家们用直尺、罗盘、量角器、计算尺武装自己，他们沉浸在成堆的图表中，严格依照规程工作。卑尔根的阿莱格阿腾街 33 号既是学院所在地，同时这里又是皮耶克尼斯的家庭住所。这座牢固的住宅位于靠近市中心的一片高地，毗邻卑尔根最好的公园。这所房子的一楼为皮耶克尼斯一家提供了极好的住所，楼上则是开展天气预报探索的办公室。图 3.5 展示了当时的学院照片。

皮耶克尼斯长期的坚守激励并鼓舞着他年轻的同事们，正是他们夜以继日的辛勤工作为现代天气预报奠定了基础。

那时的卑尔根学派有四位领导者：威廉·皮耶克尼斯，元老级成员，也是各方面工作的关键人物；杰克·皮耶克尼斯，威廉的儿子，在学派创立时仅有 20 岁；还有哈尔沃·索伯格以及托尔·贝吉龙，那时他们两人都是 20 多岁。虽然卑尔根学派最卓著的方法和理论创新主要来自三位年轻人，但可以肯定的是，没有威廉·皮耶克尼斯完善的研究策略和鼓舞人心的领导，这些成就是不可能达到的。

20 世纪头十年，皮耶克尼斯指导了三位极具天赋的研究生——沃恩·埃克曼、比约恩·赫尔曼-汉森、约翰·桑德史托姆——他们对皮耶克尼斯的环流定理进行了解释并应用到了多个极具挑战性的洋流问题，这个团队一起奠定了理论海洋学的基石。意义非凡的是，皮耶克尼斯把他的能力和天赋也传授给了这三位学生，十年后他们奠定了现代气象学的基础，我们将在后面的章节进行

详细介绍。但这些还并不是全部，一位名叫卡尔-古斯塔夫·罗斯贝的毕业生在卑尔根也度过了两年的学习时光，此后他前往美国发展。20 世纪 30 至 40 年代，罗斯贝在美国气象学的转型过程中起了决定性作用。他将继续充分挖掘皮耶克尼斯环流定理，首次定量解释了大规模天气模式（我们将在第五章中讨论）。

图 3.5　1919 年 11 月 14 日，卑尔根的天气预报员们正在工作（在皮耶克尼斯家）。在左前方桌边就座的是托尔·贝吉龙，他左边坐着的年轻学生是卡尔-古斯塔夫·罗斯贝。旁边那位背对镜头站着的先生是杰克·皮耶克尼斯。罗斯贝的左边是斯维恩·罗瑟兰，坐在后面正对镜头的两位是斯韦勒·加瑟兰和约翰·拉尔森，他们俩都是文书助理。坐在右边桌前的女士是贡沃尔·法尔斯塔德，她负责通过电话接收气象观测数据，并将其录入到图表中。

对于第二章结尾提到的方程，皮耶克尼斯提出的图形法和他的年轻门徒们的工作共同为之提供了一个极为重要的"替代性视角"。从一开始，皮耶克尼斯就在探索环流定理对各种问题的适用性，这是他不断前进的动力。

正如我们在知识库 1.1 中所描述的，这条定理是基本控制方程的结论。理查森所发展的技术是在有限差分形式下求解这些方程组；皮耶克尼斯的图形法同样隐含着利用辐合及其与环流变化之间的关系。皮耶克尼斯已经意识到无法直接准确计算大气辐合项，但他可以计算环流。现在我们来介绍这些想法和概念是如何产生的。

从海风到极锋

　　皮耶克尼斯关于大气环流的思想首先付诸实际应用的是计算大气垂直方向的环流路径，皮耶克尼斯 1898 年的论文对此进行了详细解释（见知识库 1.1 海风的部分）。皮耶克尼斯的卑尔根团队接下来的重大突破是，假设这些垂直环流位于几乎水平的等密度面之上。有了这样的处理，我们就可以研究天气图片中常见到的水平气流，这类似于我们今天非常熟悉的卫星照片，如图 3.8 和图 3.12 所示。

　　那么我们如何将理论转换成实际呢？皮耶克尼斯关注的是把研究区域环绕包围的环流。由于我们无法搅动大气并观察不同搅动方法所产生的结果，所以实验室实验被用来测量和分析旋转流体的行为。理论家们同样对"玩具实验"进行深入思考，例如搅拌一杯咖啡或观察水流出排水孔，如图 3.6 所示。

　　恰当的环流路径是什么？环流又意味着什么？我们在脑海里该怎样去

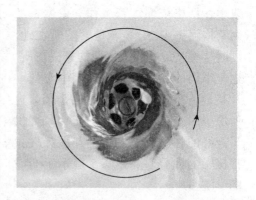

图 3.6　水通过水槽或浴缸中间的排水孔旋转流出。在流体旋转接近排水孔时，其速度增加，保持环流守恒。

描述包含二者的图像？考虑流体从排水孔流出，一个问题浮现在我们脑海里：是否存在一种液体净环流？下面我们考虑平稳搅动咖啡杯中的咖啡与排出浴缸的水之间存在的相似性。首先，在杯子边缘或浴缸排水孔周围放置一个圆环。如图 3.7 所示，假设一根孔径均匀的水管沿半径为 R 的圆放置，我们仅考虑水管内的流体及其运动，而忽略管外的所有流体和运动。

　　在这种假设下，我们切断了管内流体与周围环境的联系，那么光滑管内的流体会是怎样的情形呢？由于每个流体微团都具备沿圆环的净动量，管中的流体将会保持稳定的运动。我们将环流定义为管内流体的平均速度乘以每个流体微团沿着水管运动的距离（$2\pi R$）。

　　上述实验包含了一种以更为宏观视角考察流体运动的思想，即"全局"思想。但流体运动的控制方程——也

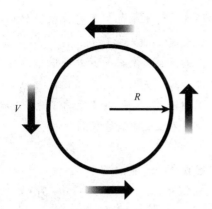

图 3.7　假设点涡存在一个以其为中心的圆形路径。则环流 C 等于 $2\pi RV$，其中 R 是圆环的半径，V 是周长为 $2\pi R$ 的圆环上的流速（粗箭头）。涡度是围绕圆环的环流除以圆环面积（πR^2）。那么涡度可写为 $C/(\pi R^2) = 2\pi RV/(\pi R^2) = 2V/R = 2\omega$，$\omega$ 表示围绕圆环运动的流体角速度。如果我们在涡旋内放入一个软木塞，它将以涡度一半大小的角速度沿圆环运动。该概念图代表了旋转大气的理想化圆盘，如图 3.8 或者图 1.3 和图 1.10 所示。

就是皮耶克尼斯及其团队赖于提取信息的来源——是通过微小的流体微团来表达的。因此，为了将这两类概念联系起来，我们需要将环流的概念应用于每个流体微团。为了达到这个目的，我们将前述大的环状路径缩小成典型流体微团围绕的环形路径。这使我们能够计算流体旋转的另一个基本测度——点涡度，即流体围绕小圆环的环流量除以该圆环所包围的面积，如图 3.7 所示。

　　若一如图 3.7 所示的圆盘状流体正以定常速率旋转，圆盘内所有流体微团将具有相同的角速度，那么转盘

图 3.8　NASA 的 Terra 卫星于 2011 年 7 月 20 日拍摄到的飓风 Dora，当时它正位于墨西哥西南海岸上空。图中云的分布显示暖湿空气形成的螺旋状漩涡。事实上，在不知道空气详细运动方向时，我们可能错误地将其视为"浴缸出水口涡旋"。从图片的中心位置可以清楚地看到飓风眼，空气旋转着流入，然后被抽走或者说消失在平静的"眼区"。然而，空气实际上是在眼壁附近上升，然后旋转至某一高度处涌出。本图体现了几百公里内剧烈的大气大规模运动。转载于 NASA。

边缘处流体的环流要比靠近中心位置同心圆处的环流更大。根据这种方法，我们可以用围绕圆环的环流衡量环内总的涡旋强度。较大圆环内有更多的旋转流体，就有更多的"点涡度"。事实上，浴缸出水孔处形成的涡旋并不做上述圆盘运动，在涡旋中心附近的流体总是旋转较快，因此围绕出水口

的各圆环内的环流接近于同一常数。

过去一百五十年，人们尚未找到实用的方法直接测量涡度或环流——不像压力和温度，我们买不到"环流计"，也无法直接通过卫星观测涡度——但我们可以通过流速来计算环流。正如亥姆霍兹强调的，在理想流体中若非某些事物显著使流体发生变化，那么流体涡度是不会改变的。辐合正是这种会改变涡度的事物。事实上，水平风的局地辐合是改变局地涡度的少数事物之一，因为它通常与空气的垂直运动相关联。我们将所有局地辐合相加后就得到了皮耶克尼斯有关环流的结论，即流体中较大圆环内的净辐合与围绕圆环总环流的变化有关，知识库 3.2 就这一问题给出了更加详尽的解释。

拥有了新的数据资源和新理论，皮耶克尼斯和他的团队就具备了很好的条件来详细分析挪威上空的天气系统，而且一想到这项工作能帮助农民和渔民，他们就倍受鼓舞。沿着父亲的足迹，杰克·皮耶克尼斯成了这个小型研究团队的关键人物。（20 世纪 40 年代后期，他将协助洛杉矶的一所大学建立气象系，在那里我们第六章的主人公学习了自己的新手艺。）

知识库 3.2　天气的脊梁 I：涡度方程

我们常观察到天气系统有系统地变化。正如我们刚讨论过的，涡度与环流直接相关，在知识库 1.1 中，我们解释

过环流的改变是如何产生风的，如海风的系统性变化。现在我们从知识库 2.4 的控制方程出发，将其处理成用涡度表达的形式。我们进一步假设：静力平均密度 $\rho(z)$ 可以较好逼近真实密度，这与知识库 2.2 的描述相同。

我们从水平风方程组出发，用平均值 $\rho(z)$ 代替 ρ：

$$\partial u/\partial t + u(\partial u/\partial x) + v(\partial u/\partial y) = f_c v - (1/\rho(z))\partial p/\partial x,$$

$$\partial v/\partial t + u(\partial v/\partial x) + v(\partial v/\partial y) = -f_c u - (1/\rho(z))\partial p/\partial y.$$

在此处我们忽略了垂直运动 w，并且暂时忽略温度中的任何显著变化。方程等号左侧即表示整体导数 $D_H u/Dt$ 和 $D_H v/Dt$，其偏导数的表达方式我们已在前面的知识库中有过解释，其中下标"H"代表我们考虑的是水平方向的运动。

为了得到涡度 $\zeta = \partial v/\partial x - \partial u/\partial y$，我们对第二个方程求偏导 $\partial/\partial x$，同时对第一个方程求偏导 $\partial/\partial y$，再用求偏导后的方程二减方程一，我们就得到了涡度方程。这样做的副作用是压力梯度项被消去了，这与当初亥姆霍兹假设液体密度是定常值时的结果是一致的。

整理各项，并考虑 f_c 仅随 y（纬度）变化，我们可以得到：

$$\partial\zeta/\partial t + u(\partial\zeta/\partial x) + v(\partial\zeta/\partial y) = -(f_c+\zeta)(\partial u/\partial x + \partial v/\partial y) - v(\partial f_c/\partial y),$$

将其重新整理表达如下：

水平方向上总涡度 $(f_c+\zeta)$ 的变化率 = $(1/(f_c+\zeta))\mathrm{d}_H(f_c+\zeta)/\mathrm{d}t = -\mathrm{div}\,v_H =$ 水平辐合。

20 世纪以来，天气预报员们预测水平辐合的能力在不断提升。由于已知 f_c 的改变，预报员们就可以估算出 ζ 的变化。因而，对于气旋发展和移动（大部分时候向东移动）这样的天气变化，预报员们掌握了辐合变化与天气变化之间的联系。

早在 1917 年的莱比锡，杰克·皮耶克尼斯就开始研究所谓的辐合线。他通过变换方程，并将涡旋运动理论应用于这些天气型，得到了一个将辐合线的运动与涡度场的水平变化率相联系的方程，如知识库 3.2 的概述。空气在低层辐合时伴有垂直运动，这会引起高层辐散和表面气压下降。杰克·皮耶克尼斯推断，我们可以通过追踪风的辐合线获知气压的变化，从而得到相关的天气现象。至此，掌握和预测压力的分布型已经成为预报的基石，而且如今的天气图上依然保留了这些内容。如同我们在知识库 3.2 结尾处提到的，涡度和辐合现在可能要代替压力所扮演的主要角色。

从莱比锡离开后，杰克·皮耶克尼斯在卑尔根把目光再次聚焦到了辐合线上。但与在莱比锡时不同，现在挪威海岸上的观测站能够提供比原来更多的气象数据，他能根据气流分布型识别出与之相关的降水分布型。

1918 年 10 月，杰克·皮耶克尼斯写了一篇论文欲对气象学进行彻底革命。文章的题目是《关于移动气旋的结构》，该文尝试从往年夏季的天气图中解释气旋的类型。这些发现引出了冷暖锋的概念模型——他称作"驶线"和"飑线"，如图 3.9 和图 3.10 所示——它们是现代气象学的关键内容。之后人们采用"锋"这个名字是取了冷暖空气交锋之间的战线之意——这个说法对当时的人们都很容易理解，就像一战期间经常在报纸上出现的前线画面一样。

杰克·皮耶克尼斯颠覆了前一个世纪关于气旋的观点，那时人们认为气旋平坦且近乎圆形，而他却将气旋变成了大气中旋转着的、由冷暖不同部分组成的塔状结构。这个新模型具有一个非对称热力结构，冷空气包围下存在一个明显的暖"舌"，如图 3.9 和图 3.10 所示。通过定义驶线，他希望预测出气旋在下一时刻的去向；通过寻找飑线，他能预测出哪里会降雨。

画出流线有助于解决挪威的预报难题。如果人们能在辐合线靠近沿岸观测站时就将其识别出来，那就可以算出辐合气体的移动速度，从而提前为农民们发布可靠的降雨预报。翻阅杰克·皮耶克尼斯在 1918 年夏天的日志，我们发现他对辐合线与低压系统之间的关系掌握得越来越多。每天早上 8 点，他都能收到观测数据，这些数据通过电报从全国各地传回卑尔根，之后他与同事们用数据画图。到 9 点半，杰克会为不同区域中心发布未来 12 小时的预报，各地的农民可以毫不费力地获得预报信息。下午早些时候，他们会收集另一套观测数据，用来检验当天发布的预报。

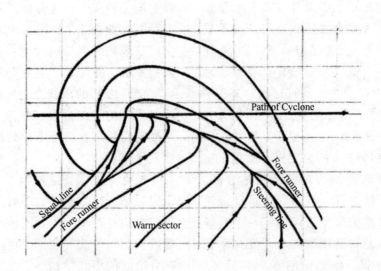

图3.9　本图选自杰克·皮耶克尼斯1919年发表的文章《关于移动气旋的结构》。他在文中写道："驶线和飑线都是按照辐合线的传播定律移动的"。图中画出了流线，我们可以将这些线的辐合与垂直运动相联系。这些信息反馈有助于帮助我们了解天气系统中哪里可能会产生降水。在埃斯比-雷德菲尔德争议出现近一个世纪后，人们终于了解了气旋的内部结构。每月天气回顾，47（1919）：95-99。美国气象学会许可使用。

　　卑尔根团队每天都需要对大量观测进行筛选并且画出天气型，这是他们解开低压系统秘密的关键所在。图3.10是杰克·皮耶克尼斯描述的典型天气的大气垂直剖面放大图。关于现代天气预报的真实个例如图3.11和图3.12所示。

　　同期，托尔·贝吉龙的第一个主要贡献出现在1919年11月。在从事预报工作期间，他多次发现天气图上的一些特征与杰克·皮耶克尼斯的低压系统概念不一致。杰克·皮耶克尼斯的模型只允许冷暖锋的分离出现在暖舌南部，但贝吉龙怀疑冷锋可能会追上暖锋，它们甚至可能用某种特有的方式一起前进。我们从图3.10中可以想象，左边的冷空气追上右边的冷空气，这样就会将暖空气从地面抬起。分析了1919年11月18日挪威的局地天气数据后，贝吉龙充满信心地表达了自己的想法，图上的两条线确实合并了，这揭示了一个新的概念"锢囚锋"，它表示暖气团与地面分离，并被较冷的空气包围，图3.13d和e描述了其发展顺序。

　　现在可以清楚地看到，那些低压或气旋的结构并不是静止的，它们具有从初生、发展到消亡的生命周期，通常持续一至两周。研究上取得的突出进展促使威廉·皮耶克尼斯开始构思一篇题为

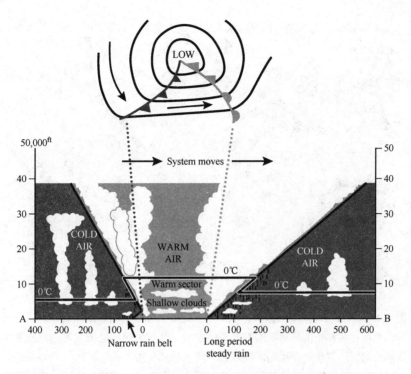

图 3.10　卓尔根学派关于低压系统的概念模型。杰克·皮耶克尼斯发现，降雨常发生在空气由冷到暖的突变区域附近，即上图切面中大气低层的倾斜线。在如今被称为锋面的地方，浅薄的暖锋上常发生持续性降雨，而陡峭的冷锋上常有急雨暴发。

《降雨起源》的论文——当然，文章题目的灵感源于查尔斯·达尔文著名的《物种起源》——但这篇文章一直未能完成。因为真实天气是变化多端的！即便如此，气旋在其生命周期里不断穿越大气，在关键饱和阶段洒下降水，这些气旋的概念将改变气象观测方式、思考方式和预测方式。

卓尔根学派的第三个研究成果是由索伯格在 1920 年 2 月到 3 月完成的，当时杰克·皮耶克尼斯的气旋模型正吸引着全世界的目光。索伯格整理并完成了关于气旋及其生命周期的新想法，他发现了一个围绕极圈的全球性锋区，该锋区清楚地划分了南侧暖空气与北侧冷空气之间的界线。这也就是我们所说的"极锋"，这个名字表明这是低压系统最为青睐的活动区域。而且，这一全球性锋面也引出了一个新概念——气旋族，它环绕着地球，就像纬圈上串着的一颗颗小珠子。威廉·皮耶克尼斯马上意识到这对于实际预报的价值——如果可以确定天气系统在穿越北海时气旋所处的生命阶段，那么接下来这些信息就能为分析北大西洋上空天气的发展提供重要线索。

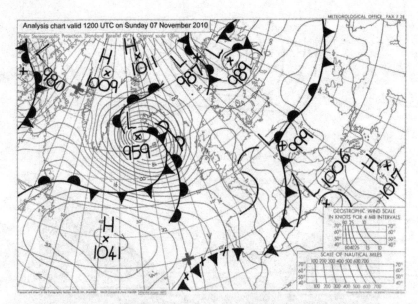

图 3.11　预报员的天气图显示，一个显著低压系统近似向东朝冰岛移动。这种低压系统在其整个生命周期内都在不断发展，其产生的局地天气可以用杰克·皮耶克尼斯的理论进行预测。按现在广泛使用的标准，低压系统（中心最低气压处标有 959 毫巴）的冷暖锋用半圆（暖锋）和三角（冷锋）表示：需要注意暖锋处等压线（实线）方向上的细微变化。卑尔根学派在预报天气的过程中发展了天气图的使用，并且画出与高低压中心相关的多种锋面。（本图由史蒂夫·杰布逊重新绘制）。皇家版权，英国国家气象局许可使用。

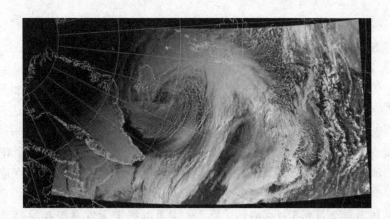

图 3.12　拍摄于北大西洋上空的卫星图片，该图反映了图 3.11 所在预报日的云分布型。位于西太平洋、冰岛和苏格兰上空的厚云与暖湿空气和暖锋有关。从北部的格陵兰和冰岛之间扫出较薄的点状云型是较干冷的空气和冷锋。NEODAAS/邓迪大学版权所有。

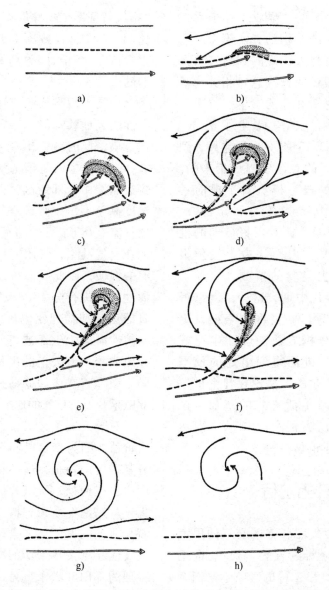

图 3.13 从理想的极锋简化而来的气旋生命期平面图，其中纬向从左往右为向东方向。实线表示空气微团的流线，点线表示气象学家在天气图上标出的锋面位置。这是中纬度暖空气与极区冷空气的战场和中纬度天气系统的诞生地，正是它促使气象学家们转变了观念。a) 表示极锋，b) 表示低压系统的初生，c)、d)、e) 表示随着系统发展成熟锋面的冷区追上暖区，f)、g)、h) 表示成熟气旋逐渐消亡回到初始状态。每月天气回顾，50（1922）：468-73。美国气象学会许可使用。

卑尔根学派的主要成就在于引入了上述低压系统结构的真实模型。这些模型能够解释人们观测到的气象元素，且与预报员的预测息息相关。威廉·皮耶克尼斯和他的学生们首次用系统且科学的方法描述了天气。图3.10和图3.13所示的关键天气型是从成千上万的观测中提炼出来的。卑尔根学派的概念模型对于提前一到两天预测中纬度天气十分有效。在19世纪中期，针对预报员们的批评声不绝于耳，人们认为天气预报只是基于过去经验的猜测，但到了20世纪20年代中期，这种情况已得到了彻底改观。事实再次表明，更好的观测和分析方法能够产生更好的科学思想，进而得到更好的预测结果——笛卡尔的方法论在几个世纪后屈从于人类生活方式的革命，这种革命遍及所有的科学领域，当然也包括气象学的转变。

自上而下开拓前行

关于冷暖气团在锋区交汇的思考促进了气团分析的发展。到20世纪20年代中期，卑尔根的气象学家们意识到，大的空气块可以用物理特性如温暖或干燥来划分。气团的这种物理身份通常源自它的生命历程。当大块空气长期停留在一个广阔区域（常常大如一个国家），这一空气块在海洋或陆地表面处会具有相当一致的特性。空气块从它所处的环境中获得的"指纹特征"（或身份）会持续保持，比如，冬季沙漠或冻土上空的气团是干冷的，湾流上空的气团则是暖湿的。

当气团最终从源地移出并在不同特性的表面移动时，原有的平衡可能被打破，此时就会出现多变天气。例如，当夏季墨西哥湾上空的暖湿空气穿过北美中西部地区时，由于下垫面温度高于空气，暖湿空气被加热，导致气流上升形成云，进而导致强降雨。而在大气高层，气团能稳定保持其特有的性质，因此我们可以根据气团的源地对其进行分类，便于追踪气团每日的运动和物理变化。每年夏天，撒哈拉沙漠的尘土都被高层大气携带着经历成千上万公里的漫长旅行，最终随雨滴降落在诸如亚马孙河流域或西北欧这些遥远广袤的地区。

对于天气预报来说，气团分析极有价值，因为来自已知区域的气团具有其特定的特征，这种特征决定了气团将去往何处，所以我们可据此预测天气。东南亚季风，特别是印度季风就是典型的例子。来自印度洋的暖湿空气在穿越炎热干燥的次大陆时带来猛烈的降雨和洪水。另一个令人印象深刻的例子就是来自加拿大的气团，它在抵达美国东北部时造成当地骤然变冷。春季，墨西哥湾的暖湿空气如长矛般径直北上直刺美国中西部，在那里与来自加拿大的寒冷"空气盾牌"激烈交锋，常常带来暴雪和冰雪风暴天气。

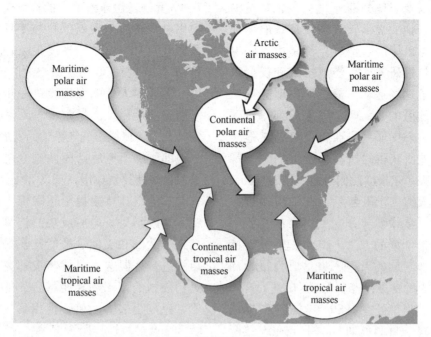

图 3.14　穿越北美大陆的典型气团的起源和分类

通过气团的源地推断其特征，同时对气团的路径或轨迹进行预测，对于预测气团即将前往地区的天气具有重要意义。天气锋面作为冷暖空气的边界，出现在全世界各地的日常天气图上。然而，大部分国家的预报机构却对卑尔根学派的方法反应迟缓，因为在 20 世纪 20 至 30 年代，许多传统预报员反对卑尔根学派的观点。直到 1941 年，美国气象局才开始把气团分析列入常规内容。

未来 12 小时的大雨可能会破坏挪威的庄稼，从而导致更严重的食物短缺，威廉·皮耶克尼斯为此忧心忡忡，他开始意识到，全球中纬度带中的所有天气变化最终都可能会影响卑尔根的局地天气。一个世纪后，我们可以通过卫星图片了解到全球天气是如何紧密联系的。如今，各主要气象局的日常工作之一就是计算全球未来一周的天气。

1920 年，挪威深陷战后经济大萧条。为了减少政府开支，挪威教会和教育部建议关闭奥斯陆或皮耶克尼斯等人所在的卑尔根气象中心。由于卑尔根学派提供的局地天气预报对渔民和水手们非常有用，他们游说挪威政府保留皮耶克尼斯的卑尔根气象研究所。而奥斯陆作为首都，自然也主张必须保留气象中心，尤其当时正值航空工业起步阶段，政府正在计划开通伦敦至奥斯陆和斯德哥尔摩的飞艇航线。

挪威西海岸的航运和港口的主管

部门以及当地的商业机构，尤其是渔民们（他们表示天气预报是政府为他们做得最棒的一件事）都坚决主张保留卑尔根研究所。当地报纸和议会也加入了这场运动，最终让皮耶克尼斯倍感欣慰的是，两个气象局都得以保留。后来皮耶克尼斯曾发自肺腑地表示，他所获得的所有科学上的赞誉都比不上卑尔根渔民们对他工作的赞扬。

大约二十五年后，在二战接近尾声时，全球大部分气象学家都在使用卑尔根学派的方法，20世纪后期，标有锋和气旋的天气图更是成为报纸和媒体上的常见内容。"这实在是太奇怪了"弗里德曼在1989年写道，"挪威的电视节目和奥斯陆的报纸在天气图中竟然尚未使用锋面。"政治是与权力、金钱和自负纠缠不清的。由于很多地方的气象局主管们在职工利益与国家利益之间要做微妙的平衡，因此他们对卑尔根观点的态度暧昧多变。

对于这种难以调和的矛盾，我们可以从一个早期的事例略见一斑。1921年10月22日，一场风暴途经丹麦和瑞典直奔俄国，而丹麦气象局却认为风暴会减弱，早已不再对丹麦北岸发布风暴预警，这最终导致了许多渔船被风暴摧毁。丹麦政府听闻卑尔根正确预测出了风暴增强，因此下令气象局学习并采用卑尔根的方法。丹麦气象局的领导确实访问了卑尔根，也确实听了他们的理论，但是他返回哥本哈根后却拒绝接受或实施卑尔根学派的方法。想让气象部门放弃那套从19世纪起就开始采用的经验法，不再用电报转而采用新的科技手段，这需要时间。气象学的发展很大程度上推动了20世纪30年代航空业的前进，第二次世界大战的爆发也进一步催生了航空业的巨变。卑尔根学派注定在未来几十年持续影响气象学的发展。

即便皮耶克尼斯团队创立的方法并没有快速得到应用，到20世纪20年代初，他们却持续提出很多惊人的理论和实践结果，他们成功的消息很快传遍了欧洲和美国。虽然已经取得了巨大进步，但这些成就与皮耶克尼斯最初规划的蓝图还相距甚远，他因此常常感到沮丧。的确，他用涡度、环流和辐合的特性推断天气系统的发展，但与精确的微积分方法相比，他所采用的从方程中提取信息的图形法是不准确的。

我们必须明白，皮耶克尼斯的方法之所以能成功，是因为在方法背后有一把解开很多数学难题的钥匙。皮耶克尼斯团队没有（像理查森那样）直接处理热量、水汽和运动方程，他们将问题简化成了大尺度天气的控制方程，这正是我们画天气图时最感兴趣的部分，正如图3.11所示。也就是说，他们并没有详细计算每座山、每个城市上空的风和温度的变化，而是计算了较大区域或国家尺度上的辐合与涡度的变化，然后根据这些预测信息对每个地方的平均温度和降雨量作大致预测。

空气微团的经典物理量如运动、

热量和水汽等演变，告诉我们天气的基本要素是如何造成天气系统变化的。这就是我们所说的自下而上的观点，正如现代超级计算机和理查森对于天气预报的计算，也正如每个气象站观测到的局地天气一样。相反，当我们对一个州或较大区域乡村上空的大气涡度和辐合进行研究后，就得到了一种自上而下的观点：这种情况下，我们推断天气像素变量是如何作为整个天气系统的一部分发生变化的，正如我们今天利用卫星观测所做的一样。这种自上而下的原则限制或控制了不同局地元素之间可能存在的独立关系，这使我们可以定性推断出关于天气型变化的有用事实，而不用去求解天气问题，甚至可以对所有天气细节一无所知。当我们认识到自己仍然无法完全掌握哪怕是临近的大气状态，也无法获知大量的细节物理过程时，这类自上而下的方法就变得行之有效了。

根据知识库 2.3 中的基本定律，我们得到了知识库 3.2 这种自上而下的法则——在问题的转换过程中我们并未加入任何新信息。这些来自方程本身的流程和法则常常允许我们在不显式或精确求解微分方程的情况下提取有价值的信息。这就好比我们在识别气旋时并不需要看清每一朵云。皮耶克尼斯的团队借助这些技术朝着探知天气变幻的奥秘迈出了开创性的一步。

尽管卑尔根的科学家们提出的理论如福音教派布道般被广泛传播，但理查森在 1922 年出版的书中所详细记载的计算过程似乎在冷静地提醒，将天气预报转换成准确的科学问题仍然是皮耶克尼斯实现夙愿的终极难题。尽管理查森的失败明显推动了皮耶克尼斯的理论，但理查森自己的那套方法流程却实实在在被忽略了几十年。这虽然有点事后诸葛亮的意味，但现在看来，也许理查森所犯的唯一真正意义上的错误是，他认为只有在"不确定的遥远未来"才能实现数值预报的梦想。他的愿望将会实现，而且是在他的著作发表不到三十年，第一批预报结果就见诸研究文献了，但后人实现数值天气预报的方法是理查森和皮耶克尼斯从未想到的。

有人说威廉·皮耶克尼斯创造了历史，但这种历史并非他最初想要的。具有讽刺意味的是，皮耶克尼斯最后并没有像他当初所宣称的那样：用运动、热量和水汽方程组解决天气预报问题，转而尝试创造了一种新的实用方法去了解和预报天气。皮耶克尼斯建立了一个充满灵感和激情的学派，那些极具天赋的科学家们追随着他的思想，而那些思想又传承给下一代践行理论和实践的预报者。他们发现的现象和创造的方法——或许我们应该把后者称为即兴创作——不仅是未来几十年每位预报员的基本训练内容，同时他们识别出的天气结构和类型也给下一代理论家们提出了挑战，即用数学理论来解释这些现象。

后来的理论家们都清楚地知道皮

耶克尼斯所取得的开创性胜利，他们也同样认同将基本方程组转换成环流和涡运动的控制定律是抓住了天气发展的关键。但在另一方面，真正需要明白的是，理查森的梦想并非遥不可及——对于那些让人望而却步的庞大运算量，人类终有一天能够具备将其常规化快速解决的能力。这需要电子计算机在技术和数学方面的革命，而第二次世界大战的某些需求正是这场革命的强力推手。那些沉浸于辐合、环流和涡度的理论家们同样加入了期盼强大计算机的行列，他们近乎病态地渴望消除使用热力、水汽和运动方程的巨大障碍，只有这样才能真正实现方程的价值所在。但这个难题太过庞大，并非一朝一夕能解决的。

为了直击问题的要害并理解天气预报的障碍所在，接下来我们将以更近的视角来解析控制天气和气候的数学定律。为什么预报下周的天气会那么难？如果我们了解了物理过程，如果我们完全掌握了大气的状态，如果我们完美求解出了方程组，那我们就能预报时间无穷远的天气吗？事实证明，气团随风运动过程中不断发展，这其中隐含着一种数学过程，这种过程会造成天气的混沌现象。

第四章

当风吹着风（风行风从）

每年的冬至如期而至，太阳又会回到天空中同一个位置。但是为何冬天的风暴不会像冬至日一样年复一年、时间精确无比地重复发生呢？就中纬度地区冬季的天气现象而言，比如风暴、大风、寒潮、降水或者暴雪等，它们之间有很多类似的特征，但却又片刻不停地发生变化。卑尔根学派试图去理解风暴的起源并且把气旋进行了分类研究，但即使是这样，依然不能精确预测下一个大风暴会在何时何地发生。那么考虑一下另辟蹊径吧，假如理查森当时拥有一台具备足够强大计算能力的现代计算机，他的预报模式是否可以解决这个问题呢？在本章中，我们将阐释天气中最重要的法则——七大基本方程，去探索是什么制造了预报困难，又是什么使天气变化如此妙趣横生。

直击要害

1928 年，英国皇家天文学家亚瑟·埃丁顿爵士对公元 1999 年（七十多年之后）做了三个有趣的预测：他预测 2 加 2 依然会等于 4；他预言 1999 年 8 月 11 日，星期三，会有日全食发生，并且在英格兰西南部的康沃尔郡可以看到此次罕见的日全食；并且他还预言，即使人类到了 1999 年仍然无法预测下一年的天气情况。现在看来他的预言还是很准确的，2 加 2 依然等于 4；1999 年 8 月 11 日的确发生了一次日全食，并且还成了英国的头条新闻。与此同时，未来五天的天气预报对于预报员而言仍然是不小的挑战，尽管他们已经有了超级计算机的帮助，要知道在 1928 年根本就没人想过用计算机预报天气。

埃丁顿爵士并不清楚混沌（非线性科学的概念）这个概念，至少没有像今天我们那样去理解这一术语。但是他意识到有太多的因素可以影响天气，而我们显然不可能去观测和量化所有这些因素的影响，这就意味着天气预报过程始终存在缺陷。预测大气和海洋未来的状态涉及要弄清楚许多复杂过程，这些过程之间还存在着敏感而微妙的反馈。

在 1904 年提出的宏伟愿景中，皮耶克尼斯将他的理性预测方法与精确预测受重力作用影响的三体问题进行了对比思考。他发现，这些看似寻常的关于行星运动的计算实际上已经超出了当时数学分析的能力所及。三体问题在19世纪80至90年代曾是热门研究话题，皮耶克尼斯与当时该领域最权威的专家有过交往，其中包括庞加莱。尽管皮耶克尼斯已经将描述和预测天气的数学问题简化为七个方程或者七大法则，并且用七个变量来描述每个天气像素状态，但这还是仍然远比太阳系的稳定性问题复杂。与此同时，"七方程式"某种程度上误导了人们对大气运动的理解，因为它忽略了每一个天气像素与其周边的所有临近像素之间的相互作用。

皮耶克尼斯早已预见到了天气预测的困难：他在1904年的论文第三部分写道："对于三体问题，即便三个质点之间通过最简单的牛顿定律来相互影响，如果要去计算它们的运动，也已超出了当今数学分析方法的能力所及。因此，要了解大气所有方面的运动特征自然更加毫无希望，因为大气中的相互作用过程比三体问题复杂得多。"正如我们在第一章中所提到的，如果在每个纬度和经度的交叉点上使用七个变量来描述该点的大气状态，那么整个地球上就有 $360 \times 180 \times 7$ 个变量，并且在垂直高度上，我们还需要有足够多的高度层来描述天气，因此所需要的变量数将若干倍于 $360 \times 180 \times 7$。也就是说，皮耶克尼斯的七个未知量的七个方程，最后变成了含

有上千万个未知量的上千万个方程，其中每一个方程的求解问题都如同"三体问题"一样困难。那么这就是预报困难的症结所在？难道仅仅是因为有太多的变量和太多的方程需要解决造成了预报难以实现？

显然不是，我们不应该把精确预报天气的困难完全归结于变量太多所造成的计算量太过庞大；如果那样，我们就没有领悟皮耶克尼斯论文的要义，实际上他所说的困难暗指"三体问题"本身的复杂性。变量的数量并不是导致预报困难的根源。

在大气物理现象的背后隐藏着一个现象，这个现象即便对今天我们用最快超级计算机进行预报也构成了挑战，而且它还将在未来一直挑战我们，无论我们创造的计算机运行速度有多快。几个世纪以来，人们已经通过牛顿万有引力定律发现了这一现象。牛顿自己也意识到，任何试图应用万有引力定律来精确预测三体或更多星体相对运动的人都会碰到这个现象的阻拦。皮耶克尼斯和理查森显然也意识到它对数值天气预报产生了极大的障碍，但是他们并没有意识到这种现象是把天气预报有效性限制在一周以内的主要困难之一。在第二章我们曾提到基本方程中存在的一类重要项，这些项包含了方程的解对于决定方程解的关键过程所产生的反馈信息，这些项所具有的特性在数学上被称为非线性。

非线性具有多种表现形式，许多有趣的科学行为都可以归因于非线性。在现实的天气变化背后，是非线性过

程在挑战着天气预报，比如它会偶尔令风暴的预报出现"意外"。鉴于非线性概念的重要性，在继续论述天气的反馈行为之前，我们首先用些许篇幅来了解一下非线性的本质。

非线性是数学上的一种术语，逻辑上可理解为"非直线的"，所以这里我们首先需要描述一下什么是简单的直线行为——即人们所熟知的"线性"，相当于原因与结果之间的特殊对应关系。19世纪，基础科学和技术革命席卷欧洲和美国，线性关系可以说是导致这场革命的关键特征。线性关系在数学中是很好理解的，而且计算机程序也在持续提高解决大规模线性问题的能力。

那么线性世界究竟是什么样子？举个例子，我们定义一个原因，比如说一个拉力，那么再定义一个结果，比如将一个橡皮绳拉伸一定长度。如果增加一定量的拉力会引起橡皮绳拉长一定量的长度，并且拉力增加的比例与橡皮绳拉长的比例一致，那么这就是一种线性现象；也就是说，两倍的拉力会引起橡皮绳两倍的拉长。人们发现线性模式在数学上是比较容易求解的，所以这成为数学上一个主要的突破口。线性模式在解释和预测一些现象方面取得了巨大的成功，包括基础声学和视觉、无线电、电视以及移动电话信号技术等。水表面的波动（如潮汐及风驱动的波动等）也都符合线性理论（图4.1）。但是如果这些波动开始发展变大，尤其到破碎的时候，

线性理论就不适用了。在这种情况下，非线性现象接管了物理过程，线性理论则完成了使命（图4.2）。

图4.1 水面荡起的涟漪（水波）可以用线性理论进行精确地描述和解释。© Vladimir Nesterenko/123RF.CO M。

图4.2 用非线性理论理解海浪现象。利用计算机模型去模拟浪花飞沫是非常困难的。很多描述波浪破碎的线性理论均以失败告终；波浪破碎原理也与大气的研究内容有关。

下面继续关于"线性"的讨论，我们将关注的重点从橡皮绳转移到圆柱体积内的（可压缩的）空气上，圆柱容器类似于一个理想化的自行车打气筒。我们将圆柱容器的一头堵住，从另外一头施加外力 F 去挤压圆柱体积内的气体。这就像将打气筒的出气

口堵住，然后对打气筒的手柄施加大小为 F 的外力使之与内部气压平衡；在此基础上，我们在手柄上继续施加一个额外的力 ΔF（见图 4.3；希腊字母 Delta，Δ，常用在微积分中表示某一个量的微小变化量）。由于气筒内的气压与施加的外力有直接的关系，额外的力会进一步挤压气体，导致气体的密度增加（这里我们假设气筒的活塞是缓慢平滑地向里推进，直到内部气体的压力与活塞的推力相平衡）。第二章中我们曾经提到理想气体状态方程是线性的，因为方程中假设温度是不变的；所以根据线性规则，原因（不同的压力）会产生不同的效果（不同的密度），接下来我们用更详细的数学形式对其进行描述。

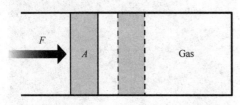

图 4.3　自行车打气筒原理示意图。F 代表施加到打气筒内活塞上的外力；A 代表活塞接触到打气筒内气体的表面积；虚线部分代表当外力从 F 增加到 $F+\Delta F$ 后，活塞所处的新位置。

我们用波义耳/胡克定律来描述温度定常的理想气体，其压强与密度之间的关系可以用线性方程来表示，即气体的压力增加会导致其密度相应增大。我们不妨假设气筒里面的气体质量为 m，其密度则可以表示为 $\rho = m/V$，其中 V 是气筒内气体压强为 p 时气体所占的体积。如果气筒内没有气体

进出，那么气筒内的气体质量则一直保持为 m。我们首先对气筒的活塞施加一个外力 F，那么气筒内的气体就会产生大小为 p 的压强，它等于 F 除以空气与活塞接触的有效表面积 A。根据理想气体状态方程，气体的压强 p 与密度之间存在一个关系式，即 $p = \rho RT$，其中 R 为气体常数，T 为气体的温度。现在在外力 F 的基础上，我们继续轻推活塞从而对其产生一个额外的力 ΔF，那么总的外力就是 $F+\Delta F$。气体此时会被压缩，其体积会减小，相应的气筒内气体的密度会增加为 $\rho + \Delta\rho$。那么气体的压强则变为 $p + \Delta p$，其中 Δp 可以根据方程 $p + \Delta p = (\rho + \Delta\rho)RT$ 计算获得。因此，我们便得到了力 F，压强 p 和密度 ρ 之间的线性关系式

$$F/A + \Delta F/A = p + \Delta p$$
$$= \rho RT + \Delta\rho RT.$$

换句话说，线性关系就是两个原因之和（比如原始力 F 和增加的力 ΔF，或者说是原始的压强 p 和增加的压强 Δp）会引起产生两个独立的结果之和（如原始的密度 ρ 和增加的密度 $\Delta\rho$）。进一步讲，这些线性系统满足一个"比例法则"：从原因和结果方面来说的话，如果我们把力加倍为 $2F$，那么压强也会加倍为 $2p$，这会同时导致密度变为 2ρ，这个过程即表现为线性的过程（当我们取 $\Delta F = F$，$\Delta p = p$，$\Delta\rho = \rho$ 时，这种比例法则很容易就可以从上面的公式中看出）。值得一提的是，如果我们在压缩气体的过程中，不是缓慢耐心地去推活塞，而是很快

速地去挤压活塞，气筒内气体的温度就会上升。这个时候如果我们触摸气筒外壁的话，会感觉到发烫。此时压强和密度的关系不再满足线性关系，因为温度 T 发生了改变，会增加 ΔT，这个 ΔT 就需要在方程中体现出来，这就使得此过程变为非线性过程。

超越人类智慧——非线性

在我们生活的自然世界里，大部分事物都不遵循线性规则。起初，气体定律是七大方程中唯一一个用于描绘我们大气状况的方程，即便如此，在考虑到气温会随着压强和密度而改变时，气体定律方程就变得具有非线性的特征。皮耶克尼斯在 1904 年开始写论文的时候，天文学家就已经可以预测行星和彗星的运行轨道，并且还可以利用轨道数据及经过进一步的计算，发现新的星体。天文学家们在当时所取得的卓越成就令皮耶克尼斯羡慕不已。天文学可以说是科学革命进程中科学发展的独特的缩影；所以，皮耶克尼斯下决心要让气象学发展起来。

其中，大家公认的天文学（这也被认为是数学物理学的一个分支）里最具代表性的、最成功的例子，是 1758 年对哈雷彗星回归的精确预测。此次预测计算的成功，完全归功于对牛顿万有引力定律的应用。1799 年，法国著名数学家皮埃尔-西蒙·拉普拉斯引入了天文学的一个重要分支——天体力学，用于描述重力作用影响下的天体运动。拉普拉斯撰写的关于天体力学方面的书籍也帮助费雷尔计算物体在空间的运动。天体力学这个重要学科的出现，促使很多科学有了迅速的突破：1846 年，利用天体力学方程，人们发现了海王星，同时也预测了月球位相的轨道和时间、月食的发生以及潮汐。可是从根本上来说，天体力学涉及解决非线性的问题，那么天文学家到底隐藏有什么秘密法宝，他们是如何解决非线性问题的？

任何两个星体之间的地心引力与它们之间的距离的平方是成反比的。如果它们之间的距离加倍，那么它们之间的引力就会减弱为原来的四分之一。这就是非线性关系的一个很简单的例子，如图 4.4 所示。

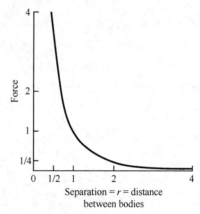

图 4.4　两个物体质量分别为 M 和 m，它们之间的距离为 r，那么两者之间的万有引力可以表示为 $F = (GMm)/r^2$，其中 G 代表万有引力常数。图中曲线代表两个物体之间万有引力与两者之间距离的变化关系，当它们之间的距离增加时，万有引力是减小的。线性关系是很容易看出来的，通常在图形中，两者的线性关系一般表现为直线。可以看出，图中是一条曲线，所以它们之间是非线性的关系。

知识库4.1　一个我们可以解决的非线性问题

为了计算地球绕太阳运行的轨道，我们需要求解两组非线性方程：一组是地球围绕太阳的运动，另外一组是太阳绕着地球的运动。后者是可以忽略的，因为相对于地球而言，太阳太大了，太阳的质量比地球大太多了，所以地球对太阳的万有引力对影响太阳的运动而言根本微不足道。因此，我们可以忽略地球对太阳的影响，也就是将太阳看成是在宇宙空间中固定不动的一个参照物，这样我们就可以计算出一个近似的或接近精确的地球的运行轨道。这样的话，两组非线性方程只剩下了一组，事实证明这一组方程我们完全可以求解。后面我们将会提到，这组非线性方程可以通过一个倒数的代数变换转换为线性方程。

地球（质量为 m）围绕太阳（质量为 M）运动可以通过两个不同的方程式来描述：

$$r^2(\mathrm{d}\theta/\mathrm{d}t) = a \ (a \text{ 为常数}),$$
$$m((\mathrm{d}^2r/\mathrm{d}t^2) - r(\mathrm{d}\theta/\mathrm{d}t)^2) =$$
$$-(GMm)/r^2,$$

其中 r 代表太阳到地球的距离，角度 θ 代表地球在其轨道上围绕太阳运动时的位置，G 代表牛顿万有引力常数。在这个问题中，我们不去考虑地球的自转或者其他问题。（为了使用这些方程，我们首先必须假设所有的运动都是在一个平面内进行的，r 和 θ 是适用于这个平面内的坐标系）。

上面第一个方程是地球围绕太阳运行时的角动量守恒的数学表达，下一步我们把自变量 t 和因变量 r 通过第一个方程进行变换，即利用第一个方程将对时间 t 的导数换成对 θ 的导数，然后在第二个非线性方程中把 r 替换成一个新的变量 $u = 1/r$。我们寻找一个求解方程的切入点，即时刻为 0 时，此时地球与太阳之间的距离达到最大为 d（远日点）。同时我们测量当地球与起始位置的角度为 θ 时，此时地球的速度为 v。那么变换后的方程可以写为

$$\mathrm{d}^2u/\mathrm{d}\theta^2 + u = (GM)/(d^2v^2)\,.$$

关于 u 的微分方程是线性的，其中系数（GM）是常数。可以对这个方程进行精确的求解，通解的表达式为

$$u = A\cos\theta + B\sin\theta + (GM)/(d^2v^2)\,.$$

那么在时刻 $t = 0$，我们可以计算出积分常数 A 和 B 的大小。最后，我们可以把 u 再变换为 r。再通过一定的代数变换，可以写成 x，y 平面的形式，其中 $r = (x^2 + y^2)^{1/2}$，即

$$(x + ae)^2/a^2 + y^2/(a^2(1 - e^2)) = 1\,.$$

其中，$a = d/(1 - e)$，$e = v^2/v_c^2 - 1$，$v_c^2 = GM/d$。当 $0 < e < 1$ 时，上述方程描述的是一个椭圆形的运动，即地球围绕太阳运动的轨迹。

那么最初的非线性问题就转换成了可以完全解决的线性问题。我们返回去看最初的变量 r，变换式 $r = 1/u$ 是一个非线性关系。但是纵观整个计算过程来看，这个倒数的变换是一个关键点。运用变换的关键在于我们可以在正确的步骤中暂时去掉非线性的部

分，这样就可以避免去计算非线性的微分方程。

利用引力定律去计算一个星体绕太阳旋转的运动，其中的非线性问题可以很精确地得到解决。所以，并不是所有的非线性问题都是不能克服的，牛顿早前考虑到的经典非线性问题，现在来看是可以经得起考验并且能够进行精确求解的。

从一开始，牛顿意识到他的引力定律非常适合预测地球围绕太阳的运动或者月球围绕地球运动。实际上，两个大小大体相当的星体的运动也可以精确地计算出来，只需在原有引力定律基础上增加一组方程组，描述星体的质量中心点。然而牛顿也意识到，如果我们再多引入一个星体也就是三个星体的运动，这时用他的原话来形容此问题的复杂性，即"这个问题（关于预测三体的运动），如果我没有推算错误的话，已经超出了任何人类的思维高度。"这时，我们又再次回到了非线性问题的本质上来了。

问题是，如果有三个或者更多的星体之间通过引力相互作用，那么为了计算另外一个星体的运动状态，描述它们的方程之间就必须得包含相互耦合作用的过程，而我们同时也需要知道其他的星体运动在受到还未经过计算的另外的星体运动的影响时会产生怎样的反应。因此这也就涉及问题的核心难点，由于一个星体的运动会影响到另外两个星体的运动；同时另外两个星体的运动也会以极其复杂的

方式"反馈"给（影响）这个星体的运动。我们在对两个星体的运动描述中用到的用于解决非线性问题的方法，在解决三个甚至更多的星体运动时不再适用，因为求解过程涉及额外的非线性过程。完全解决（求解）多星体问题只能针对极个别的非常特殊的情况。

可能针对非线性问题的一个更加直接的办法是我们自己建立一个动力框架系统。举个例子，将两根杆组合到一起可以制作成一个双钟摆，其中一根杆的一端固定到一个装置上（比如桌子的边缘），这根杆的另一端与另外一根杆相连接。这个简单的机械装置，原理如同我们自己将胳膊的前臂与后臂进行自由摆动，不受肩部与肘部摩擦力的束缚（现实生活中，机械舞表演非常引人注目，就是这种原理）。

如果只有一根杆，如同一个有摆的落地大座钟内的钟摆，当钟表不工作时，钟摆是垂直悬挂的，如果我们将钟摆往一个方向拉动然后释放，那么钟摆将会在其垂直面上做往复摆动运动。如果钟摆的轴上不存在摩擦力，那么在重力的作用下钟摆将会永久地摆动下去。单个钟摆的运动是完全可以预测的，并且对其运动的方程可以进行求解或积分，永远会精确无比——就像牛顿可以精确预测我们的地球围绕太阳运动一样。

当我们把另外第二根杆接到第一根杆上的时候，整个情况就发生了变化。如果我们将杆在垂直面上拨离静

止位置一个小的垂直距离，那么它们将会进行前后摆动运动，两根杆有时往同一个方向摆动，有时往相反方向摆动，如图 4.6 所示。由于两根杆之间的相互作用一直是线性关系，所以此时的运动仍然是有规律的重复运动并且是可预测的。

图 4.5 一种桌面的模型玩具，其原型是基于图 4.6 所描述的双钟摆模型。

然而，如果我们将第二根杆抬起一个较高的高度即超过固定该装置的桌子的高度，然后将其释放，那么整个双钟摆的运动将会变得非常复杂并且会很混乱。下面我们进行一个试验，把第二根杆从高于桌面的高度释放，然后追踪其接下来的运动轨迹。这里说明一下，在释放杆的瞬间，我们同时也赋予其一个初始运动状态。我们进行两组类似的试验，两组试验中均将第二根杆从同一位置点释放，但是赋予其稍微不同（1% 的差异）的运动

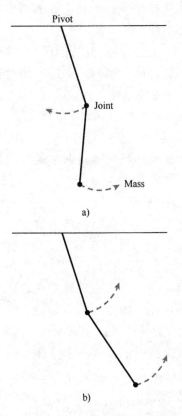

图 4.6 对图 4.5 中双钟摆模型的原理示意图，其与先前提到的双星体的力学有所不同。玩具模型的设计师们将这个模型设计为可以产生一些不可预测的运动。图中显示了两根杆：第一根杆的一端连接桌面，另外一端通过一个旋转轴连接到另外一根杆的一端。然后这个双钟摆就可以在垂直面上进行自由摆动。当双钟摆的摆动幅度不是很大的时候，它的运动是周期性的，并且可以预测到其未来的运动状态，也就是说其运动是线性的，如图中 a) 和 b) 箭头所示的运动状态。在图 4.7 中，我们给出了这个模型所具有的不可预测的运动状态，这时非线性问题起主导作用。

初始状态。那么接下来对比两组试验

中杆的运动轨迹，我们会发现什么呢？

　　我们发现两组试验中，杆末端的运动轨迹在一开始是一致的，但是随后运动轨迹会变得完全不同。从图4.7中可以发现，它们的运动轨迹从S点

开始到X点之间是重合的。但是从X点开始，两组试验的运动轨迹开始分离，变得完全不一样。这就是混沌状态的标志。

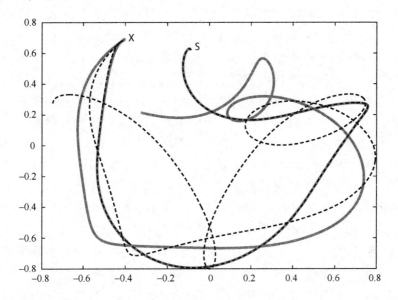

图4.7　当把双钟摆的杆从高于桌面高度的S点释放的时候，由于其具有较大的初始重力位势能，杆的末端的轨迹开始变得杂乱无章，图中为其轨迹图。我们可以假设这一幅图是用长时间曝光的相机去捕捉第二根杆末端标记的光源的移动，然后就可以得到双钟摆第二根杆的末端在空间中的运行轨迹，就像在明信片中经常看到的夜晚拍摄的城市里汽车灯光的照片。两个曲线分别代表从同一位置S释放的两组试验，两个试验的唯一区别就是其释放时旋转的速度（角速度）不同，一个为40°/S，一个为40.1°/S，差别仅为1%。两组试验都是从S点（−0.1，0.6）开始释放，两组试验的轨迹在一开始是一致的，直到其到达X点（−0.4，07），然后它们的运动轨迹开始产生巨大的差异。© Ross Bannister。

　　造成这个运动轨迹混沌的原因便是反馈作用。当两根杆通过轴结合到一起，不仅有重力的作用，而且其中一根杆的运动会影响另一根杆的运动，另一根杆的运动也会对这根杆产生影响。也就是说，一根杆的运动会对另

外一根杆的运动存在一个反馈作用。这样的话，第一根杆的一个非常微小的运动上的差异会在最初的时候对第二根杆的运动产生影响，并且第二根杆运动上的微小的差异也会反过来影响第一根杆的运动（这就是反馈作

用）。这种反馈作用将会持续，直到大量的微小的差异积累产生根本上的差异，如此下去，混沌状态便会长久存在。

那么我们不禁会问，是否反馈作用总是会支配运动？答案视情况和环境而定。正如我们之前看到的，在小的振荡的情况下，线性作用可能会占主要作用。星体之间相互作用的稳定性受到该系统中一个支配作用力的控制：比如，太阳可以有效地主导和控制围绕它运动的其他星体；同理，每一个主星体都会支配围绕其运行的行星的运动。因此，尽管星体之间的运动属于多星体之间复杂的非线性问题，太阳系中各个星体的运动可以稳定地维持很长时间。

那么，天气中各个像素之间的相互作用何时会像无序摆动的双钟摆那样杂乱无章？何时又如同太阳系中行星和卫星之间的相互作用一样有规可循？要回答这个问题，我们需要更进一步地了解基本方程，看其是如何描述天气中的非线性问题的。

从钟摆问题回到天气问题

乘坐热气球飞行毫无疑问是对变化无常的天气的巨大挑战。史蒂夫·福赛特是一个勇敢的美国冒险家，他试图乘坐热气球征服全世界，挑战各种危险的天气。在 2007 年 9 月 3 日的一次飞行中，人们与他乘坐的热气球失去了联系。他曾于 2002 年 6 月 19 日起飞，在

历经了十三天零八个小时三十三分钟的热气球飞行之后，完成了世界上人类第一次单人驾驶热气球进行环球航行的壮举，总共飞行了33,195.1km。不过话又说回来，在福赛特成功进行热气球飞行三十三年之前，阿姆斯特朗和奥尔德林（美国登月宇航员）已经成功登陆月球，而月球与地球之间的往返距离超过 800,000km 之远，因此我们会很容易对福赛特的飞行挑战产生些许的疑问，感觉相比月球登陆而言，福赛特的热气球环球飞行要简单太多。而正如福赛特的一个同事说道，"假设他的热气球上所有的仪器都运行正常，那么剩下的就只能依靠气象运气了。"

有经验的热气球飞行员承认，驾驶热气球环球航行几乎是不可能完成的任务，即使所有的条件都是合适的。对于热气球飞行来说，一边想要寻找合适的风源驱动气球飞行，一边还要保持在合适的高度以及时刻应对温度和天气的变化，所有这些都使得利用热气球来进行环球航行是一件非常棘手的问题。因此，热气球飞行是一个被许多飞行员比作三维国际象棋的游戏，因为需要同时考虑的事情很多。阿波罗的船员可以利用牛顿万有引力定律来进行精准的驾驶操控。关键的问题是，阿波罗飞船的第一次飞行任务（可以归结为线性问题）可以很轻松地利用一台现代的普通计算机计算出来，而且精确无比。而恰恰相反，热气球在大气中的环球航行问题，如果转化为数学问题去进行计算，则是

对计算机的巨大挑战，即使是用目前最为先进的大型超级计算机。

如果双钟摆问题和三体问题都归结为是违背精确可预报规律的问题的话，那么欧拉流体微团又如何解释？我们从第二章的内容中可以总结出，皮耶克尼斯的模型的要素是气体定律，以及由包含热量和水汽的热力学方程延伸而来的适用于旋转星球的欧拉流体运动方程。欧拉方程通过牛顿第二定律计算风的强度和方向的变化，进而推算气压和密度的变化，以此来描述大气的状态。气压会作用在每一个单位的面积上，因此不同的气压作用在流体微团的表面上都会转变为对微团的净压力。

我们都知道大气中的气压是随时间和空间（时空）的变化而不断变化的。由于这种变化是由大气中周围的其他空气微团的作用所引起的，这也就表明我们所面对的大气运动问题是非常复杂的非线性问题，同时也是一个极其微妙的问题。为了了解这个非线性问题的自然属性，我们首先考虑做一个简单的实验：即乘坐一个热气球，穿过静止的大气层逐渐上升，同时在上升过程中测量大气温度的变化。

假设我们的热气球是在一个平静的夏季黄昏时刻起飞。随着飞行高度的增加，我们会感受到温度的下降，这可能是由两个因素的综合作用导致的：第一，在热气球上升过程中，温度随高度增加会逐渐降低；第二，随着夜幕的降临，温度也会下降。如果要说明在某一

段飞行过程中热气球的吊篮（驾驶舱）里气温变化的原因，我们需要同时考虑这两种影响因素的共同作用。实际上，如图4.8所示，这两种影响因素的情况已经被简化了，因为我们忽略了热气球和空气在水平方向的运动（因为水平方向的运动所导致的位置的不同，也会引起温度的变化）。

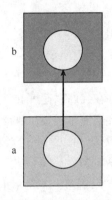

图4.8　当热气球到达位于a位置垂直上方的b位置时，其周围的气温由于夜幕的降临和高度的增加而降低；通常来讲，随着高度的增加，大气的温度会下降。

为了能够绘制我们飞行过程中温度变化的图像曲线，需要三个影响因素信息的汇总：①由于日落而导致的气温的下降，这可以看作是在固定位置随着时间的变化而发生的气温的变化；②气温随着我们所处高度的变化而发生的变化，即温度随着位置而发生的变化；③热气球的上升速率。综合考虑前两种因素，上升得越快，总体的温度则下降得越剧烈。如果热气球被绳子固定住，那么只需要考虑第一个因素的贡献。如果将热气球分别固定在两个不同的高度，那么在任何

指定的时刻，两个高度的温度之间的差异是由第二个因素所贡献的。但是在实际情况中，气球吊篮里温度的变化是前两种因素共同作用的结果，吊篮所处的高度在不断变化的同时，时间也在流逝。

所以热气球飞行过程中吊篮内温度变化的表达式可以写为：

总的温度变化速率 = 温度在当前位置的变化速率 + 热气球上升速率 × 温度随高度的变化速率。

如果沿用第 2 章和第 3 章知识库中的记号，并在我们以速度 w 上升时随身携带温度计来测量温度，那么测得温度的全微分 D/Dt 可以用下式来表示，

$$DT/Dt = \partial T/\partial t + w(\partial T + \partial z),$$

式中，T 表示温度，t 表示时间，z 表示我们所处的高度。

这样，我们经历的（我们乘坐热气球飞行时）温度的变化速率的方程表达式就变得容易理解了。我们把热气球所处位置的温度随时间而发生的变化与温度随高度而发生的变化共同组合为一个总的变化。不同的变化量组合为一个变化量，这就使我们可以得到一个具有统一单位（如英里或千米）的数字符号，用它去衡量一个事物的变化情况。现在我们利用一些假设简化该问题，当然，假设的前提是不能把主要的特征简化掉。假设在任意高度的温度随着时间变化（太阳落山）而发生的温度下降具有同样的变化曲线，如图 4.9 所示。根据图 4.10，我们也把温度随高度而发生的变化简化

为一条直线（线性关系），即如果气球在下午 5：00 到 6：00 的时间段内以不变的上升速率（匀速）上升，那么温度与高度之间会产生一个线性的变化关系，只不过其斜率可能会与图 4.10 有区别。最后，叠加上图 4.9 所示的由于太阳落山导致的降温效应，就会得到如图 4.11 所示的总的线性关系：即下午 6：00 时刻，在高度 2km 的位置，其温度下降为 –5℃。

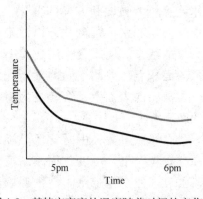

图 4.9　某特定高度的温度随着时间的变化曲线。温度较低（下方深色）的一条曲线代表某一较高位置，其温度随时间的变化情况。无论热气球处于什么高度，这些高度的温度在下午 5：00 到 6：00 之间都统一下降了 5℃。

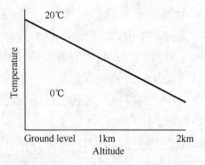

图 4.10　下午 5：00 时刻，随高度递增 2km，温度从 20℃ 到 0℃ 发生递减的变化图像。（斜率：$\partial T/\partial z = -10℃/km$）。

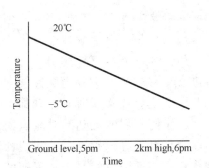

图 4.11　图中直线表示热气球中乘客所感受到的因热气球匀速上升所发生的温度的变化。气球以 2km/h 的速率匀速上升，根据图 4.10 中的线性关系（每小时下降 20℃ 的速率），再加上图 4.9 所示的太阳落山所导致的 5℃ 的降温效果，最后得到线性关系为 $dT/dt = -25℃/hour$。

以上的描述看似是足够简明的，其计算过程虽有些烦琐，但却是线性的。然而在实践中，热气球通常并不是以匀速的速率上升的。如果我们不使用热气球的燃炉去调节其上升速率，那么其上升速率就会依赖于其自身的浮力作用。这个浮力依赖于热气球内外的气体的温度之差。这就意味着表达式中的最后一项——上升速率 × 温度随高度的变化速率——就会被拆分为两项互不依赖的作用项。进一步讲，局部的温度变化速率可能会随高度而发生变化，并且不同高度的温度随时间（太阳落山）的变化速率可能会有所不同。

各项彼此间的相互作用使得对该方案的分析变得非常复杂；幸运的是，飞行员知道在实践中如何操作气球，从而应对这些复杂的变化，所以我们

能够享受飞行的过程。热气球飞行图像的变化意味着我们的飞行处在一个不断变化的环境中，这个变化的环境会进一步影响飞行图像，受影响的飞行又会导致环境的变化，如此重复作用。这就是非线性反馈作用，它会潜在地影响我们对气球运动过程的每一个计算细节。在实践中，飞行员利用他（她）的判断去操作燃炉火焰的大小，以此抵消环境的变化，以确保气球的飞行变化不会太大——这也是热气球多在平静的黄昏飞行的优势所在，因为这个时段天气变化通常比较小。

那么，接下来我们会利用一些分析给热气球的故事画上一个句号。当气球的上升速率依赖于气球的内部气体温度（这里假设气球内气体是理想绝热的）和环境温度之间的温差时，这时气球的上升速率随着时间变化是不断增加的。因为外界环境的温度随着热气球的不断升高而不断降低，气球内气体温度又不变，所以气球内外的温差逐渐变大，而浮力依赖于气球内外的温差，所以气球上升速率会变大。这时图 4.11 所描述的线性关系不再适用，取而代之的是一种温度和时间之间的非线性关系（图像不再是一条直线），如图 4.12 所示。当这种情形持续的时候，热气球会不断加速上升，直到大气层的顶部，当然前提是热气球不会因外界气压的急剧减小而发生爆炸。在实际中，随着气球的上升，周围环境的气体温度骤降，温度远低于气球内气体温度，同时气球内

气体被冷却，气球会发生些许的气体泄漏，因此气球在最后会开始坠落，除非飞行员给燃炉不断加火。

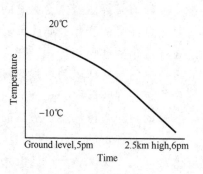

图 4.12　图中是热气球上升过程中温度的变化曲线（热气球的上升速率取决于热气球经过地方的环境温度，并且假设热气球内的气体温度没有变化即绝热的）。曲线的斜率即温度随时间的变化率，这个变化率随时间发生了变化，因此这是一个非线性函数的特征，图像表现为曲线，而非线性关系的直线。

　　关于热气球的讨论已经给我们展示了在计算和理解基于空气微团的微商（d/dt）时，会涉及哪些东西及包含哪些过程等。在通常的飞行条件下，风可以水平地吹动热气球。但是如果风驱动热气球的运动还依赖于空气微团本身的属性和状态时又会怎样？比如，皮耶克尼斯发现加热的烟囱上方，气流会发生上升运动（见图1.6），同样空气微团受地面的加热也会发生上升运动。当垂直运动的空气微团包含一定量水汽的时候，水汽随着空气微团的上升，最后会发生冷却凝结，然后会形成云。这个上升过程越强烈，

形成的云就会越大（如图4.13）。但是当云形成以后，冷却凝结过程所释放的潜热会返回到空气微团当中，这又会进一步影响气体的浮力。大气中这种非线性的反馈作用时时刻刻都在发生着，任何我们所见到的对流云团的发展过程都存在这种复杂的非线性反馈作用。然而，我们将会在下面的讨论中进一步分析，即便是温度定常（不变）的干空气（不包含水汽的空气），也具有发展出非线性反馈过程的可能。

图 4.13　图中为风驱动的积云。为了描述增长的积云，有必要将每一小块云比作是一个漂浮在对应位置的一个空气微团，就像热气球。但是如果云对风也产生影响，那么将会发生什么现象？——这就是反馈过程，一个非线性现象的经典例子。壮观的积云的发展从某种程度上来说是由"看不见的"非线性项 d/dt 导致的。© Robert Hine。

百万美元挑战的背后

　　我们前面已经讨论过随风飘动的热气球，现在来分析一下随气流运动的空气块（微团）。我们先前提到的关

于温度变化的推论，并没有应用到 w 方向上，即垂直方向的流体的运动，垂直运动可以用欧拉方程来描述。首先我们来关注一下垂直运动，这里的垂直加速度是与随高度变化的气压和空气微团的浮力成比例的。受到加热的空气微团由于周围空气对它的浮力作用会加速上升，在温度和空气密度都保持不变的情况下其加速度是不变的。但是根据气体定律，气体的气压、密度和温度之间是相互依赖和影响的（见第二章的内容）。

这就意味着如果想要计算空气微团的温度的变化，需要考虑气体定律和欧拉方程之间的相互作用。这种相互作用可以导致非常复杂的状况，因为空气微团的上升速率和温度之间可以相互影响，并且通过标准的数学方法去求解这种过程是很难顺利得出方程的解的。这种相互作用可以用图 4.8 所对应的方程（$\mathrm{d}/\mathrm{d}t$）中的两项来表示，当这两项之间相互依赖影响时，这就是非线性关系的表现。实际上，这样的反馈过程通常是许多极端天气事件发生的原因。此外，水汽的引入又会使得上述问题的解决变得更复杂。当空气微团含有水汽的时候，温度的下降会引发水汽的凝结，云就会形成（可能也会伴随着降水）；就像我们在凉爽的夏日夜晚会看到地面覆盖着厚厚的晚霜，也是水汽凝结的表现。水汽的凝结会向周围的空气释放更多的潜热，因此这时我们又得利用气体定律重新做一遍计算。水汽凝结过程中潜热的释放有些

类似于在热气球飞行过程中，我们点亮燃炉去加热热气球内的气体——热气球就会开始上升。暴风雨依靠这种潜热释放的反馈过程为它们的发展提供足够的能量支持，强大的能量可以形成最为壮观美丽的积雨云，它可以发展到高达 10km 的高空。

上一段中我们仅仅考虑了垂直运动。接下来，我们利用一个方程去表达空气微团风速和风向（即加速度）随时间的变化。为了测量风速的变化，即空气微团的加速度，需要既考虑风速和风向在某个固定位置的变化，又要考虑风速和风向从一个位置到另外一个位置发生的变化。

下面我们将逐步地进行分析。在某个特定的位置，风向和风速可能会一直处在变化的过程中（这里的风向和风速可以分别用风标和风速计进行测量）。这一部分就相当于下面的公式中等号后面的第一项，即当前位置的加速度。然而，随着空气微团的运动，风向和风速也会随着位置变化而发生改变，如图 4.14 所示，环境的条件会随着位置的变化而改变，就像温度会随着高度发生变化一样。空气微团由于位置的变化而导致的其速度的变化是由气流在不同位置的不同速度以及本身风速大小的共同作用引起的。

所以风的加速度是由两项因素叠加作用的结果：

总的加速度（总的风的变化）＝当前位置的加速度＋风速×空气微团在其运动方向上风速的变化率。

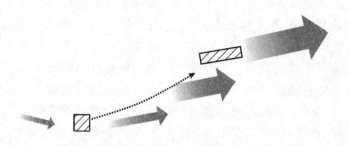

图 4.14 图中假设一个方块形状的空气微团随风运动（可以想象成一个热气球或者是一小块云团），空气流的强度大小用箭头的大小来表示。空气微团加速度的大小是由当前位置的气流的强度大小决定的，并且同时受到气流流动路径（虚线所示箭头）当中的气流的加速度的影响。空气微团在运动过程中会发生变形拉伸，并且会上升，这会使得该过程更加复杂化。

这里再强调一遍，公式中的最后一项是两个变量的组合，同时受到风速和风向的影响，它们之间也互相影响，因此这个表达式是非线性的。所以风速的变化是由其自身作用所导致的。换句话说，我们需要说明空气微团是如何组合起来变成风，又是如何吹动或者说是"输运"空气微团自身的，这相当于去计算"风如何去吹动风"！不妨将这个问题比作为"蜂拥的人群"，蜂拥使得风开始加速（类比人们恐慌逃窜），并且达到几乎失控的程度，这时可以引起强风暴、飓风以及龙卷风，当然这些天气现象还受到环境因素的决定。对于强大的风暴，通常是由富含水汽的空气凝结所释放的大量潜热来为反馈过程提供"养料"（能量）的，当然这些空气气团本身的输运过程是由风暴来承担的。

我们需要弄清楚总的气流的加速度中，有多少是由空气微团处在固定位置时，速度和方向的改变所引起的；又有多少是由空气微团本身沿某个方向的运动所引起的。这就揭开了这个棘手问题的神秘面纱：即为了计算空气微团在某个方向的加速度，我们需要知道空气微团将来的运动路线——换句话说，也就是其将来的运动轨迹。但是除非我们解出了对应的运动方程式，否则未来的运动轨迹我们是无法预知的。此时看来，情况似乎变得更加糟糕，因为气压梯度力本身是依赖于空气的运动的——也就是依赖于我们需要求解的风的运动状态——而空气密度也依赖于空气的运动。同时，空气密度又受到空气温度的影响，空气温度本身还受到湿气凝结的影响。反馈作用叠加反馈作用又叠加上反馈作用。这些不同的环境中的各种非线性过程叠加，会引起风产生巨大的变化。我们的天气方程当中包含的七大天气要素（变量），都是耦合在一起的。因此我们可以想象，对于温度、风尤其是水汽，它们之间会以无数的微妙的方式发生相互反馈作用，如图4.15所示。为了取得进展，我们必须首先解开这个难题。

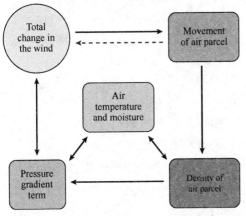

图4.15　空气微团中各项要素相互反馈作用的概念模型图。概念图表明了力（这里是指气压梯度力项）如何作用在流体微团上，并且引起了微团速度的变化。相应的，风的变化会影响每一个空气微团的运动。而同时空气微团的运动会引发一个反馈作用（图中灰色箭头虚线表示），这会改变风本身以及气压梯度力项。空气密度的改变会影响气压梯度力项，进而会影响空气运动状态，同时空气密度本身还受到空气运动的影响。空气温度和水汽也同密度和气压有密切关系，因此也会产生许多其他的反馈过程。在不同的时刻，某一个反馈机制可能会起到主导作用，并且通常会产生独特的天气现象。但是问题的关键是什么机制会主导天气？在何时？出现在何地？

如果将用于描述运动的牛顿第二定律应用到流体微团上，我们所得到的结果就是：对于实际情况下的风来说，在任何瞬间风都会受到自身的影响。如同我们之前所举过的双钟摆的例子，这种复杂的反馈过程使得对未来事物发展状态的预测变得非常有局限性。

欧拉所写的用于描述理想流体运动（无热量、密度、摩擦、水汽过程，并且也没有科里奥利效应）方程的论文是在1757年发表的；当时是应用数学微积分方法和分析方法去解决物理问题的全盛时期。当时很多其他问题都逐步得到了解决，然而在论文发表五年之后，欧拉非常惊讶地发现，还没有人能够求解其论文中应用于流体运动的方程式。

在2000年，也就是距离1757年方程正式发表后接近二百五十年的时间，人们设立了一个百万美元的奖项，计划颁发给任何可以解决该方程式的人。实际上，在没有任何限制性假设的情况下，欧拉方程的解还是存在的。我们知道，对于数学方程来说，特殊情况的解是存在的，如我们每一次在计算天气过程的时候都会利用数学上的一些近似的假设和技巧去求解这些天气方程式，但是这并不能说明所求解在一般的情况下是适用的，更不可能是永久存在的。成功求解该方程的意义远大于这个奖项本身：获奖者毫无疑问会在数学和物理学界取得很大的声誉和地位。但是目前这个奖项仍无

103

人获得，最棘手的问题就是其本身的非线性问题——即风在吹动过程中会影响风本身的运动，这是一个复杂的反馈过程。

非线性过程和反馈过程在大气的运动演变中是核心问题，这就表明了大气运动方程组在本质上是无法求得解析解的；而此时，我们仔细思考理查森的看似遥不可及的想法，这恰恰提醒了我们，要想预测天气哪怕是近似地预测天气，方程中的算法技术的应用和超级计算机的运算能力都是很重要的。这些包含复杂反馈过程的问题和困难使得我们充分意识到前面几个章节所提到的环流和涡旋定律的重要性。这些定律可以告诉我们，在什么样的条件下，涡旋运动会持续，在什么样的条件下，涡旋运动会加强。如图 3.8 所示，飓风可以看成是类似涡旋的运动，尽管在飓风持续期间，局部的狂风和洪水的混沌效应（杂乱无章，非线性的）很明显，但是为什么飓风可以有如此持续的破坏力（通常非线性系统的衰减也是很快的）？环流与热量以及水汽过程之间的相互关系可以帮助我们解释飓风的持续性（见图 4.16）。事实上，环流定律的强大和实用之处在于其描述了一个关键变量的演变特征，那就是涡旋，涡旋通常是大尺度天气结构的显著特征。

尽管理查森曾经自己计算过方程式的解，但是在当今，人们利用超级计算机来求解基本方程组，因此求解过程有足够的精确度，可以使广谱非线性现象的研究成为可能，也让可靠地预测地球上大部分地区的天气成为可能，虽然目前只能预报未来几天的天气，但是也取得了很大的进步。抛开强大的计算机计算能力和不断发展的计算机可靠性来说，有一个事实我们不能忽略：那就是天气预报是基于一系列的方程组，但我们对方程组了解得还不够，甚至可以说是知之甚少。在皮耶克尼斯的时代，我们学会了如何去计算和预测星体的运动轨道；现在，利用爱因斯坦的引力理论，我们可以发展出用于估算和解释宇宙是如何开始和结束的理论以及对应的计算机模型。爱因斯坦广义相对论方程可以描述宇宙间的大尺度结构，而欧拉关于流体力学的方程可以描述流体的运动状况，但是通过许多测量发现，我们对前者的了解要远远大于后者。实际上，相对于流体力学方程来说，我们对天气预报方程的了解更少，因为天气中隐藏着太多的细节和过程，包含复杂的无数层面（反馈中包含反馈，层层嵌套）的反馈过程。

如果可以找到分析大尺度大气环流的恰当的方法，将大气的控制方程进行分离，使得描述大气的方程和模型能够进行简化处理，这无疑将会是气象领域的一大进展。要这么做，首先需要能够简化大气真实运动状态的想法和思路，因此人们设计出了很多种简化运动方程的方法，皮耶克尼斯的环流定律是其中一个得以发展下去的好方法。成千上万篇研究论文对这个问题进行了分析，但是不论使用什么技巧和方法，我们都躲避不了一个残酷的事实，那就是每时每刻我们都需要去面对和处理风对自身的反馈作用，另外还有非线性过程对大气的影响。

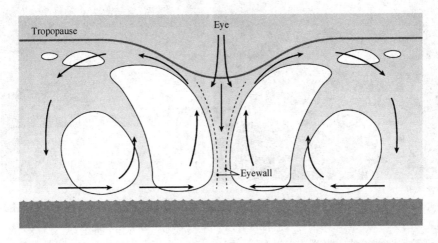

图4.16　水汽在上升过程中会发生冷凝并释放出热能，热能为暴风提供能量支持，因此热能与暴风（见图3.8）之间建立了稳定的正反馈过程，飓风因此而发展起来。热能与风的机械能量之间的转换可以比作一个巨大的蒸汽机（见图2.14）。图中对流层顶是对流层和平流层之间的界限；当飓风经过一个温暖的热带洋面时，大洋会给飓风的发展提供充足的水汽。图正中间的向下的箭头代表云墙中心向下输送的"干净"的空气。

插曲

一个棘手的问题

在本书的前半部分，我们提出了用计算机去描述天气的思路。我们引入了"天气像素"这个概念去展现整个星球上天气的全息分布图像。天气分布图可以表现出大气中每一个固定的位置在某个时刻的风、温度、云和雨的状况。然后，利用一系列时间连续的天气图，如同电影放映一样，就可以展现出天气的演变过程。但是这需要我们及时获得天气像素的演变状况，需要利用规律把与这个像素相邻的像素以及前一个时刻的像素的天气状况进行关联分析，然后再去推断当前像素的天气变化状况。但是实际上，天气像素的变化都是遵循实际星球的天气变化规律的，就像图 I.1 和彩图 CI.1 所呈现的，所以如果要掌握天气像素之间的作用规律，需要人类根据对大气中物理学知识的了解和认识，用正确的方法总结出大气变化的经验和规律，才能做到对天气变化的推断（经验预报）。

图 I.1　地球（左）和木星（右）。可以看出，地球和木星上的大气运动特征看起来是天壤之别的，但是它们之间又有共同特点。比如我们可以利用第二章最后提出的数学基本方程来描述刻画它们。从图中可以看到，两个星球上大气涡旋无处不在，但是局部的具体的运动特征又有差别。那么利用计算机模型去计算和模拟这些流体运动特征的难点在于，我们要设计出合适的计算机软件和程序代码，这个代码虽然是基于同样的运动学方程，但是却可以表现出两个星球之间的差异。NASA 授权使用。

当掌握了天气要素未来变化的规律之后，为什么我们不能直接利用超级计算机不停地计算，去估算未来十年的天气情况，就像理查森曾做过的那样？答案是否定的，关键就在于一个词："反馈"。反馈作用在天气过程中是不断循环发生的，反馈作用引起的天气事件可以演变为龙卷风，发展为大暴雨抑或形成热带飓风，我们不可能抓住这些无数的反馈作用，也不可能将它们全部体现到计算当中去（即使我们有能力设计出这样的程序，也没有足够强大的计算机去完成这个超级计算任务）。

用控制简化法对数学算法模型进行最大程度的简化（如同理查森所做的一样），以便对方程进行求解存在一个问题：即我们对天气像素大小的选择，以及对时间步长的选择，会影响和限制我们去细致地分解各种各样的物理过程。冷却、水分释放以及运动中的风，它们之间的反馈作用在某种程度上来说是无时无刻不存在于大气当中的。选择好天气像素和基本的规则之后，我们必须引导计算机的计算，使得它能够按照真实发生的情况去计算，而不是盲目地去计算。这就是为什么需要确定一个包罗万象的整体性原则，并且让计算机去服从这个原则。皮耶克尼斯的环流定律就是其中一个原则，它可以帮助我们去模拟真实天气的同时又能避免模拟不切实际的天气现象。

　　这本书后半部分的首要目标就是把原因和结果之间复杂的关系先砍掉，然后将它们与不同类型的非线性反馈过程进行联系，最后去分析何时结果能够反过来改变原因（反推）。第五章和第六章描述了 1950 年普林斯顿大学的一个研究小组利用计算机并基于简化的思想，成功进行了有史以来的第一次高度简化的天气预报。第七章将会探讨未来，并且提出一个整体性原则，某种程度上讲它有些出人意料——几何学，基于它我们可以改进天气像素演变过程中的一些规则，将这些规则应用于计算机模型中抽象的天气演变当中。

　　最后，我们将会在第八章（最后一章）总结当前的发展情况。即使我们用最乐观的态度去假设未来二十年计算机技术以及卫星的发展异常迅速，我们也没有能力去捕捉地球上所有飞机、火车、汽车以及建筑对大气的细微影响，这些细微影响的累积可以引起巨大的差异，也就是著名的蝴蝶效应。同时，我们也没有能力去预测天气中所有细微的相互作用和反馈过程。因此我们需要改善提高能力，以预报地球上经常发生而我们又不太了解的细微的天气现象。深入了解天气模型中的数学基本原则有利于我们改进对天气现象的理解和描述，并且可以改进用于控制和矫正天气预测所需要的规则。在 21 世纪成功推进该计划（该计划可以看成是对皮耶克尼斯设想的现代改进版本），将会提高我们使用计算机方法预报天气和气候的信心。

第五章

恪守与突破

由皮耶克尼斯所设想，并由理查森创建的定量模型，是一种"自下而上"的描述天气的思想。它包含了尽可能多的细节问题，重点关注局部地区的空气是如何与相邻的空气之间相互影响和作用的。通过记录控制作用力、风、热和湿气等细微的物理属性，我们可以着手模拟计算"天气"——即这些复杂的相互作用的结果。在笛卡尔（á la Descartes 法语）时代，简化该问题的难点就在于，这些物理量之间可以以异常复杂的方式相互作用。

卑尔根学派的学者认识到了特定的天气系统的特征，并且将他们的思想融入了定量模型。虽然控制方程可以描述无穷多的可能发生的天气现象，而我们所熟悉的天气类型背后所隐藏的关键机制已经被我们从中找了出来，但是很遗憾，并没有一个合适的数学方程可以直接去描述这些我们急切渴望去解决的普遍存在的天气现象。因此人们发起了一个计划，用来设计一个可以定量描述卑尔根学派所提出的概念模型的数学方法，一个年轻的瑞典气象学家成为创造出第一个可以用来描述大尺度重现天气数学模型的人。本章将会描写他一生辉煌的工作，虽然他的工作与皮耶克尼斯的完全不同，但是同样具有非常重要的意义。

对皮耶克尼斯思想的追随

陆军中尉，克拉伦斯·勒罗伊·迈辛格于 1919 年 3 月 14 日乘坐热气球从内布拉斯加州的奥马哈堡起飞，一个月之后美国气象局的《天气月刊》（*Monthly Weather Review*）杂志报道了其旅行过程。迈辛格是一个具有艺术感的天才作家，他 1895 年出生于内布拉斯加州的普拉茨茅斯，于 1917 年毕业于内布拉斯加大学，获得天文学专业学位，而此时正好美国刚刚开始参与到第一次世界大战中。迈辛格于 1917 年 6 月参军，在第 134 步兵团负责军号的演奏。而在 1918 年 4 月，迈辛格被转移至一个新的陆军通讯兵气象服务部门服役。很快他就被任命为奥马哈堡的最高气象军官，这里有一个热气球飞行训练学校，迈辛格在此拿到了他的热气球飞行执照。

接下来迈辛格便开始了与高空大气的"亲密接触"，从他的一个报告中可以看出他对大气的热爱，"热气球下面是绵延起伏的海雾，如同羽毛一般柔软，带有微微的珍珠母的颜色"，"一层阿尔托积云被冉冉升起的太阳染成乳白色，并且时时刻刻都在散发出彩虹般的光彩……这种旅行……使得我们可以真正洞悉并且变成地球大气环流中的一分子。"

随着第一次世界大战的结束，迈辛格也结束了他的参军生涯，随后他于1919年9月进入位于华盛顿的美国气象局工作，他作为一名科学家的一部分职责是协助气象局所创期刊《天气月刊》完成部分编辑工作。后来迈辛格进入研究所学习并于1922年获得了博士学位，其博士论文题目为《美国中东部自由大气气压图的绘制与意义》（见图5.1）。迈辛格对航空事业的热爱，让他意识到随着热气球、飞船等航空器的数量的增多，了解高空大气的运动状态对在坏天气下保护飞行员和乘客的生命安全非常重要，而高层大气的气象观测资料也是非常少的。在他的论文发表在《天气月刊》上之后，迈辛格逐渐被公认为是美国航空气象学领域的领军人物。

1924年的春季，具有丰富热气球飞行技巧和经历的迈辛格和他的飞行员陆军中尉詹姆斯·T.尼利在伊利诺伊州南部的斯科特地区开始了一系列的热气球飞行试验。他们的目的就是要探索气旋内部空气的运动状况。卑尔根学派的科学家们主要是通过对海平面层面空气的系统观测来研究天气系统的机制，那么现在是时候去研究高空大气了。然而，该地区4月和5月的天气是非常变幻莫测的，他们进行的最后一次收集资料的飞行是在6月2日。

当太阳下山的时候，气温的降低使得热气球迅速下降至300m的高度；他们丢掉了部分压仓的沙袋，气球又上升至1,500m的高度，但是紧接着又开始快速下降。当气球下降至300m的高度后，他们又丢掉一部分沙袋，因此气球又开始上升，这一次气球上升至接近1,800m的高度。又一次，气球快速下降，他们扔沙袋使气球爬升，这一次气球上升到了超过2,200m的高度。这里的大气非常不稳定，具有很高的危险性。他们又一次面临着热气球的快速坠落，但是这一次，热气球碰到了位于伊利诺伊州的米尔民地区的地面。激烈的碰撞释放掉了更多压仓的沙袋，气球整体重量变得更轻。当气球再次爬升时，他们被一个闪电击中，迈辛格不幸被击中身亡。尼利企图从着火的热气球跳伞，但是没有成功，坠地身亡。

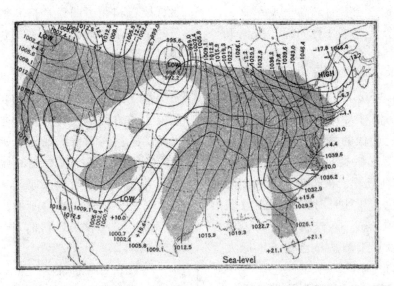

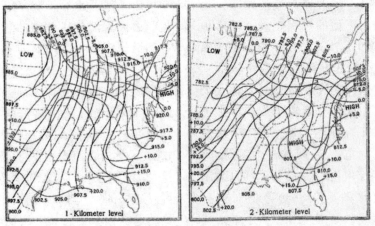

图 5.1　迈辛格早期的工作记录了气旋穿越美国中东部的路径。迈辛格意识到未来将会是飞行器盛行的时代，科学家们需要了解飞机飞行的高层大气的空气运动特点。这张图是从迈辛格的论文《美国中东部自由大气气压图的绘制与意义》中摘选出来的，这篇论文发表在《天气月刊》第 50 卷（1922 年）：453-468 页。© 美国气象学会。授权使用。

从一开始，人们都应该感激两人的冒险事业和他们所经历的危险，但是是什么驱使迈辛格将他的生命以如此的方式奉献给了（航空）气象事业？种种迹象表明迈辛格已经完全投入到对皮耶克尼斯的设想中所存在的科学问题的追逐中去了。然而专业预报员对新观点所表现出的排斥反应让迈辛格和皮耶克尼斯非常失望。卑尔根学派中关于中纬度风暴关键特征的开创性论文于 1919 年 2 月发表在《天气月刊》上，这时美国的天气预报员几乎同时对该论文的观点产生了偏见和质疑。然而，一年之后迈辛格在《天气月刊》上发表了他自己的论文，他指出了挪威气旋模型和穿越美国的一次大风暴之间所具有的显著的相似性。他所倡导的利用气球作为促进气象科学发展的手段，在 1920 年变得火爆起来。1920 年，美国亚拉巴马州举办了一场热气球比赛，比利时的一位气象学家摘得了冠军。他操纵他的气球，使气球处于合适的位置，这样可以借助航线上方较强的风或者气球前方气旋式的暖锋使气球获得较大的速度，其原理如同卑尔根学派之前所描述的情况一样（见图 3.9）。如今，人们为纪念克拉伦斯·勒罗伊·迈辛格对其事业的献身精神和所做的贡献，成立了迈辛格奖，美国气象学会每年都会奖励杰出的年轻气象学者。

到 20 世纪 20 年代后期，威廉·皮耶克尼斯应该有理由为卑尔根学派的成功感到骄傲和自豪，其实不然，在与他的各种信件来往中不难看出，皮耶克尼斯仍然感到失望，因为他最初所提出的直接利用物理方程对天气进行预报的想法不可否认地失败了。如何能利用七大基本方程来描述复杂的相互作用过程，进而预测天气的演变

过程？这个问题在 20 世纪 30 年代有了突破，一位年轻的数学家后来转行做了气象学家，他发现一个方法可以解开皮耶克尼斯定律的预测能力。如同迈辛格一样，这位年轻学者的科研训练也受到了皮耶克尼斯设想的启发，他花了近两年的时间在卑尔根学派学习。

卡尔-古斯塔夫·罗斯贝 1898 年出生于斯德哥尔摩（瑞典首都），故事就从这一年开始。罗斯贝在斯德哥尔摩学院主修数学物理专业，1918 年毕业。随后他去了卑尔根学派，在那里他学习了卑尔根学派的方法并且获得了硕士学位（见图 3.6）。紧接着，在 1920 年夏天，他去了莱比锡市（德国东部第二大城市）的地球物理研究所，这个研究所也是皮耶克尼斯创建的。1922 年夏天，罗斯贝还访问了位于林登贝格（靠近德国首都柏林）的普鲁士航空气象台，随后他返回了斯德哥尔摩的瑞典气象学院，在那里开始了从 1922 年至 1925 年的学习教育经历。在其学习期间，罗斯贝与著名的数学家弗雷德霍姆（Erik Ivar Fredholm）合作完成了一篇论文。同时在 1923 年，罗斯贝还挤出时间乘坐海洋调查船"康拉德霍尔姆号"穿越了格陵兰东部的浮冰区。罗斯贝的一生对科学事业不断探索，但是不幸的是他在 1957 年就过早地离开了人世。

1925 年罗斯贝离开瑞典去了美国，在那里生活了二十五年。在这四分之一世纪的时间里，罗斯贝在实践和理

图 5.2 卡尔-古斯塔夫·罗斯贝，1898-1957. 在"罗斯贝回忆录"（原本是为庆祝罗斯贝六十岁生日准备的）的前言中，罗斯贝的同事写到，"在气象学过去三十多年爆发式的发展中，他的去世是一个巨大的损失，我们损失了一位充满人格力量的、充满智慧的、有着不屈不挠精神能量的伟大学者。" MIT 博物馆授权使用。

论两个方面同时对美国的气象学进行了彻底的变革。尽管罗斯贝的资历很耀眼、有好奇心、有活力并且受到过良好的教育和科研培训，罗斯贝依旧花了七年的时间去将卑尔根学派的观点和思想吸收并且转化为数学语言，以至于直到 20 世纪 30 年代中期，罗斯贝才意识到相比卑尔根极锋，气旋天气系统更加复杂，其与对流层上层西风有密切的关系。由于罗斯贝个人的生平简历中具有卑尔根学派的辉煌背景，这在他从瑞典迁移到美国的过程

中起到了很重要的作用。

根据贺拉斯·拜尔斯·拜尔斯（Horace R. Byers. Byers）回想的当时的情况，罗斯贝初到美国时，美国气象局给他安排了一张办公桌，在办公室的一个最远的角落里，罗斯贝初来乍到所受到的冷落，使得这位年轻的瑞典人的雄心壮志与现实之间多了一层难以逾越的障碍。贺拉斯出生于1906 年，他在 1928 年至 1948 年间努力帮助罗斯贝实现其雄心勃勃的计划，从最开始的商界的飞行活动到最后进入麻省理工学院和芝加哥大学。碰巧的是，其他一些人注意到了罗斯贝的巨大潜力；1927 年，美国海军的弗兰西斯·W. 里奇德霍（Francis W. Reichelderfer）就通过古根海姆基金会支持罗斯贝的发展。

里奇德霍出生于 1895 年，他是一名美国海军双翼飞机的飞行员，从飞行实践当中了解了天气的知识。他在1919 年 12 月的飞行中经历了一次惊心动魄的危急时刻并幸免于难，从此里奇德霍意识到充分了解和掌握天气对于一名飞行员来说是多么重要，甚至是生与死的区别。理查德·伯德（Richard Byrd）是美国另一位著名的飞行员，他在经历一系列的穿越美国国土的飞行训练之中，证明了气象学确实对航空学（即航空气象学）起到很重要的作用，他表扬了罗斯贝对天气的预测能力，这对气象局的其他人来说无疑具有很大的讽刺意味。也因为此件事情，罗斯贝在气象局里被公

认为不受欢迎的人。由于罗斯贝在航空气象学方面的成功，他被邀请到了加利福尼亚州，在这里罗斯贝建立起第一个天气服务中心，用于试验从洛杉矶到旧金山航线的飞行。1928年，由古根海姆基金会资助的麻省理工学院气象系邀请罗斯贝帮助设立一个新的大学课程，课程设立伊始有四位海军军官学员学习。

就这样，在罗斯贝30岁的时候，他已经被大多数同事所接受并受到普遍的尊敬，随后的十年，罗斯贝的学术权威不断增长。1939年，再度成为美国公民的罗斯贝被邀请去担任美国气象局研究发展部主任助理一职，时任主任的是刚上任不久的里奇德霍，他们一起对美国气象局进行了一场现代化的变革。1941年罗斯贝动身前往芝加哥，出任芝加哥大学气象系主任一职，尽管他扎身在那里十年之久（对于罗斯贝一生来说是一段很长的时间），但是期间他进行过很多次旅行，包括回家乡以及出国。罗斯贝靠自身的学术魅力吸引来很多当时主流科学家到芝加哥大学气象系访问交流，这对双方的研究起到了很重要的促进作用，所以一些作者和学者也把罗斯贝任职的这段时间称为芝加哥学派。

罗斯贝后来任美国气象学会（AMS）的主席，任职期间他帮助创建了一系列的科学期刊，这些期刊如今是世界上专业气象学者最为广泛阅读的专业性的气象科学刊物。任职期间，他给美国气象学会制定了新的发展目标，包括支持政府和私人天气公司之间的合作，鼓励"经济气象学"的研究以及推进气象学教育的发展。这些都是目前国际上的气象学会和团体一直在努力的目标。

罗斯贝成为世界上第一个大胆指出大气污染以及酸雨危害的人，他也因此成为1956年《时代》杂志的封面人物，同时杂志对大气和环境污染问题进行了报道。如果说罗斯贝在卑尔根学派研究时取得的光环已经得到了回报，那么他任职后所取得的成就是不依赖于先前他所做的关于基础科学的研究的，而是后来他不断努力的结果。

历史学者认为罗斯贝鲜明的性格特征造就了他的成功，他是一个全能选手，在商界和学术界都具有优秀的想法和执行能力。他出色的组织能力、优秀的交流技巧以及杰出的判断力，使得他成为一位鼓舞人心的领导者；同时他兼具洞察力和创造力，成就了一位研究学者，并且具备发展出一个新的预报方法的能力。

科学家和领导者都可以称作是理论家和实践家：对于罗斯贝而言，他作为数学物理学家和应用气象学家所具有的天赋使得他具备推动气象学这门多样化学科发展的能力。抛开他在卑尔根学派所接受的关于定量数学和描述方法方面的训练，罗斯贝在很多方面与理查森是很相像的，他们都希望可以从纯粹的数学当中挖掘出对实际方面的应用，同时，罗斯贝与皮耶克尼斯也有共同点，他们都清楚所面对的难题是非常棘手的。卑尔根学派的概念模型如何转化为基本方程？怎样才可以挖掘出隐藏在数学定律中有用的信息？这些难题已经深深地俘获了罗斯贝的好奇心。

卑尔根学派的气象学家已经充分了解了大尺度天气的运动过程，但是想要从数学的角度去理解和描述大气的运动，关键在于找出一种合适的简化定量数学模型。基本方程可以表征许多异常复杂的相互作用和反馈。但是过多复杂的局部物理相互作用使得一些大尺度现象发生重演的可能性降低，比如中纬度天气经常伴随的锋面和反气旋系统。这些有组织的、连贯的大尺度大气结构，随着时间的推移会穿越我们的国家和海洋上空，同时一些局部的小尺度运动比如海雾和微风等会被其大尺度的环流结构所掩盖，不太容易被观测到，如图 3.12 和彩图 CI.7 中所呈现的较小尺度的云结构一样，这些小尺度运动代表可能由无数最小尺度的局部相互作用而产生的无数局部的流体运动。因此尽管卑尔根学派可以较好地定性解释"天气"的特征，但是想要用方程去定量检验描述这些常见的天气现象却依旧是一个难题。

事实证明，我们可以通过分析每隔几天就会重复发生的环流结构，去了解和掌握一些关于这些天气结构的控制机制。这些机制可以通过一些较为简化的数学方法去定量描述。简化的数学模型已经可以成功应用于海洋

中一些主要潮汐的预报。具体来说主要的步骤就是：利用数学模型近似地估算地球、太阳和月亮之间的相互引力作用，然后去推算潮汐的潮位的高低起伏。一些局部作用比如海岸线附近的海浪以及风吹动的波浪运动都忽略不计。基于十几年的观测资料，我们可以利用总结出的一些规律和规则去计算潮汐的变化，比方说当水涌向岛屿附近并且沿着海岸线运动时会使潮位的上涨发生延迟。当地球、月球和太阳排列成一条线，引力达到最低或者最大值时，可以引起比较强烈的高低潮位。高潮位所引起的风暴可以带来后果严重的破坏，所以用天气预报去预测低压的发展会使得问题更加复杂化。但是所有这些都是建立在以地球、月球和太阳为主体的这个简单化的系统之上的。如果要用相似的方式去预测潮汐，我们首先必须剔除一些限制大气运动的主要因素。

在 20 世纪 30 年代早期，罗斯贝就致力于找出一种方式和方法，去理解和预测大尺度运动比如气旋、锋以及大气中空气微团之间所表现出的热和水汽的复杂的非线性数学过程。在这以前，气象学领域还从来没有过如此的探索，但是罗斯贝心里清楚他的目标是很明确的，他在 20 世纪 30 年代早期提出了一个问题："流体力学基本方程已经建立超过一个世纪之久，在满足基本数学定律的前提之下，怎样才能把它适用于去描述大气的大尺度运动？"罗斯贝为此问题的解答铺平了道

路,在接下来的章节,我们将会介绍一个人,他受到罗斯贝的激励和鼓舞,并且在这个问题上取得了重大突破。但在开始介绍之前,我们有必要说明一下,解决这个问题的关键在于,我们首先要明确在方程组整个复杂的相互作用过程当中,质量始终是守恒的,这是方程组本身所具有的特点和结果。

守恒定律

在所有的物理定律当中,有一个共有的显著的特征条件,这个条件在罗斯贝的工作当中起到了非常重要的作用。在《物理定律的特征》一书中,美国物理学家理查德·费曼用了整整一个篇章去阐述物理定律中的一个最重要的原则。这个重要的原则就是守恒定律,实际上,这个定律可以说是贯穿了人类的发展历史。守恒定律是哈雷和哈得来理论的核心内容;对于理想流体来说,亥姆霍兹定理及开尔文涡旋和环流定律也以守恒定律为核心准则,同时守恒定律还是解释能量定律的关键基础准则。当然,皮耶克尼斯环流定理也是其中一个应用的例子。

那么守恒定律到底是什么样的定律?在实际应用当中,守恒定律是指可以用一个具体的量或者数字来描述该物体或者事物在经过一系列变化之后,该具体的量或者数字具有不变的特征,即变化前后表现出守恒的特征。用来描述物体的量或者数字有可能是能量、质量或者热量等。也就是说,它们的值是保持不变的;不管该物体经过任何小的变化或者可能经历过很大的变化(物理或者化学变化),这些用于描述物体的量都具有守恒的特征。

首先我们使用费曼书中所引用的例子来解释一下守恒定律。假设我们正坐在一个国际象棋的棋盘旁边,两个人正在下棋,但是我们只能实时观察棋盘以及棋子的动态;也就是说,我们对象棋的规则一点也不了解,我们希望通过观察他们下棋的过程来分析象棋的规则。通过几局的观察之后,我们发现,象棋可以有很多种可能的棋子走法组合。在这众多可能的走法之中,我们注意到只有"象"(又称为主教或者传教士,国际象棋中的英文为"Bishop")在其移动过程中只会落在同样颜色的棋格(与其出发前的棋格颜色一致)区域内。无论我们何时去观察棋盘的动态,只要是棋子"象"没有被吃掉,那么白色棋格的"象"在其移动过程中总会落在白色的棋格内。因此在这个棋局过程当中,不管"象"经历过多少移动走步,对于棋格的颜色来说,棋子"象"具有"守恒不变"的特征。而棋盘上其他的棋子在游戏过程中,会随机地落在白色或者黑色的棋格内。这就是对守恒定律本质的解释,守恒定律也是很多基本准则的体现。

我们所关注的守恒定律是基于物理定律推论得到的,从根本上来说它并没有包含任何新的理论内容,但是这样的信息会经常隐藏在细节之中。在国际象棋竞技中，每一个"象"所走棋格颜色的守恒（保持不变）是很容易从棋局规则中看出来的："象"只沿着对角线的方向移动，因此它所走的棋格都是同一个颜色。其他的棋子可以不受此规则约束，不必沿着对角线移动，因此可以移动到其他颜色的棋格里。

在物理学上，公式中所表现出的准则往往很微妙，但是作用却很强大。这些准则往往可以使我们不必去求解微分方程或者弄明白所有细节，就可以得到一些有用的结果和信息。换句话说，这些准则可以简化复杂的问题，甚至可以在有数以十亿计变量的非常复杂的相互作用下清晰地勾勒出最主要的特征。

如同下一盘国际象棋，虽然有无数种不同的走法，但是象棋的规则（比如"象"只能走对角线）也会对棋手的策略有所限制；同样我们也会发现，自然界的守恒准则也会对自然系统的演变和发展产生约束作用。守恒定律的存在意味着，在实际当中，一个数量可以以不同的方式发生变化，而这些变化方式之间一般并不是完全相互独立的。这一点会经常帮助我们从另外的复杂的角度发现其规律，因为即使一个系统在不停地发生复杂的变化，这些变化总是受到守恒定律的约束作用，也就是变化必须满足守恒定律。其中最为我们所熟悉的一个关于守恒定律的实际例子是溜冰选手在冰上的旋转动作。当溜冰者进行旋转运动时，如果他（她）压低重心或者将展开的手臂收紧抱起，他（她）就会加速旋转，这就是由于角动量（angular momentum）守恒的缘故。解释一下角动量，它是由动量延伸而来的，假设一个沿着直线运动的物体，可以用它自身的质量和运动速率去衡量动量的大小，当该物体撞上我们的时候可以感受到它的运动能量，这个能量即称为动量。如果一个物体沿着圆圈以均衡的速率运动，那么就会产生一个动量，这个动量与该物体离其运动圆圈的圆心的距离（即半径）成一定比例。角动量就定义为动量乘以圆周运动的半径。我们想象一下一个匀速旋转的光盘或者唱片，光盘上离边缘比较近的一个点，它的运动速度要高于离光盘轴心较近的点，即便如此，这两个点运动一定的角度或者运动完整一圈所需要的时间却是相同的。宇宙之中，大到银河星系（见图5.3），小到自由旋转的圆盘（如一个飞盘），都遵守角动量守恒定律。

让我们返回溜冰者的例子上来，不论溜冰者的舞蹈动作多么复杂，如果他（她）旋转并且改变胳膊相对其身体的位置，那么因胳膊位置的变化而引起的其旋转速度的变化就具有可预测性（收拢胳膊会加速旋转，张开胳膊会减速旋转）。同样，如果一个方程中旋转系统的总的角动量保持不变（守恒），那么这个旋转系统中物质的分布状态和这个系统的旋转速率两者之间的变化是相互影响的。

图 5.3　角动量守恒定律可以帮助我们理解银河系中星体的运动。图中数百万发光的星体围绕其轴心做旋转运动，如同一个圆盘一样。利用守恒定律，我们可以计算整个星系的旋转而无须单独计算每一个星体的运动状态。©康斯坦丁·米罗诺夫。

　　在第二章中已经提到过，我们所讲述故事中的那些开拓者们都是直观地去使用守恒定律。哈雷意识到空气的质量是守恒的，也就是说如果一个区域的空气流出，那么必定有相应的空气流入此区域；换句话说，空气在流动过程中不会发生突然消失的情况。这个现象本身而言可能并不具有非常深远的意义，但是这是流体运动学方程中最重要的基本原则：质量守恒定律。质量守恒定律和阿基米德流体静力学中浮力概念的引入，帮助哈雷建立了从热带到极地的大气热环流理论。后来哈得来在进一步的研究中引入了前面提到的角动量的概念，并在其研

究成果中称，热带地区和副热带地区的近地面东北风和西南风，使得局部大气的角动量发生变化（与地球表面的角动量不一致），为了保持整个大气的角动量守恒，一定会在其他地方"抵消"这些角动量的变化，比如说产生相反的风，不然的话就会出现总的角动量的净变（不守恒），否则为了维持角动量的守恒，地球的旋转速度就得变慢。这看似平常的言论实际上是意义深远的，在热带地区，大尺度大气运动需要抵消由于风（大气运动）的作用而引起的角动量的不守恒。这表明了哈得来对这个问题的充分把握。他认识到旋转地球-大气系统中角动量守恒原则的某些应用：如地球和大气之间并不存在净力矩（或者"扭力"），因此需要中纬度的西风来平衡大气中力矩的变化。实际上，守恒定律这个概念是如此强大和为人们所熟知，不论对于哈雷还是哈得来，都不需要在他们的任何一篇文章当中写出一个具体的方程式或者解来解释他们的理论。

　　接下来我们来阐述一下为什么开尔文定理这么有用。首先，我们将角动量的观点扩展到一个环绕着地球运动的空气团上去，故事从这里开始。假设一片或者一段带状的空气环绕地球表面向东运动（东风），所在纬度是地球的北回归线。假设这一片空气慢慢地向北漂移（风带向北移动），那么我们会提出一个问题："风的速度如何变化？"

计算上面提到的空气质量团的运动是一个非常有趣的数学问题（特别是基于哈雷和哈得来关于大气基本环流的理论）。通过应用开尔文环流定律，我们无须详细求解由作用力、风速和气压组成的方程式就可以推论运动的普遍规律。我们首先忽略大气中温度的变化所带来的影响，这种情况下，至少可以近似地将开尔文定律应用到大气中。应用开尔文定律我们可以马上得出结论，空气的北移将会发展出气旋运动（从北极上空卫星的角度去看的话，气旋是一种逆时针的环流运动），会产生西风。由于空气发生北移，其所运动的纬度带的半径减少，为了保持总的角动量的守恒，空气向西运动的速度便会增加，即西风加强（见图 5.4）。

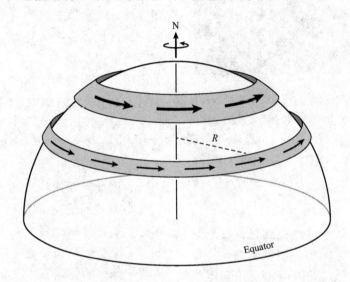

图 5.4　整个纬度带的西风风速为 V，并且有向北漂移的趋势。该纬度带距离旋转地球中心轴心的距离为半径 R。由于单位质量的角动量为 $2\pi RV$，并且它是守恒保持不变的，如果纬度带的周长 $2\pi R$ 减小，那么为了保持守恒，V 必须增加，即西风加强。如果我们考虑整个纬度带的空气质量，那么总的角动量是守恒的。如果我们考虑单个空气微团，那么每个空气微团的角动量也是守恒的。根据开尔文定律和皮耶克尼斯定理，总的角动量可以以环流的形式来表示。实践证明，这在大气研究中是非常有用的。

环绕地球纬度带的大气的角动量概念可以很好地解释信风（或者说急流轴的变化，后面将会进一步讨论）的生成机制。但是通常我们希望分析了解一些更加局地的现象，比如气旋式风暴等。空气微团的环流或者涡旋的概念使得研究更加方便可行。利用环流定理可以表明，旋转的气团如果向其旋转中心轴方向聚集，会形成局部的气旋式环流（换句话说，从卫星的角度看就是一个逆时针的旋转系统）。相反，反气旋式环流（顺时针的旋转）则对应气团向其旋转中心轴的反方向扩散。

无论是几千公里的大尺度大气运动，还是更加区域化、局部的几百公里尺度的大气运动，我们不难发现，气团的运动都符合角动量守恒定律。旋转运动在中纬度地区的高低压系统中是常见的很典型的特征。一些其他的重要规则也可以从这些环流定理中推出，皮耶克尼斯对开尔文结论的扩展具有深远的影响，包括压强与密度的变化也是独立于一些其他的因素比如说热力作用。以上这些关于环流的结论，是假设在理想条件的流体前提下得出的，所谓理想条件就是忽略了（更确切地说是独立于）一些其他的影响，比如说局地突然刮起的狂风等。

我们有可能会对天气系统产生一个奇特的想法，那就是天气系统根本不太可能会发生类似于理想情形（比如理想流体）会出现的特征，因为天气比理想流体要复杂得多。但是，事实证明环流定律可以非常精确地应用到天气系统当中去，如同第一章中我们所见到的。很多地方的预报员都是利用"经验法则"去预报天气，这其实也反映了罗斯贝成果的核心价值。旋转气团本身具有更加复杂的细节和局部的守恒定律，这些定律悄无声息地控制着环流的演变，皮耶克尼斯已经意识到定律的重要性，罗斯贝后面的工作成功地证明了这个定律（我们将会在本章的最后一节予以阐述）。

罗斯贝能够通往成功的大路，具备了几个最关键的因素。第一个最关键的步骤便是要理解一个大尺度的天气系统在一周内是如何演变的，而挑战是如何找出一种合适的数学模型和方法去描述这种变化特征，以抓住其本质。

最佳人选

罗斯贝在波士顿 MIT（麻省理工学院）的时候，就已经开始致力于探索天气中的数学问题，并希望得到大的突破。在 20 世纪 30 年代那段时间，罗斯贝和他的同事们正学习绘制天气图，那时他们已经利用对五天的天气气压波动进行平均来绘制气压场图。通过进行平均，他们可以滤掉许多频率比较高的波动，这些波动可能是由每天个别的高/低压小系统所产生的。从图 5.5b 所给出的天气图中可以看到，最终得到的天气图显示了主要的天气低压系统的路径或者发展移动趋势。也就是说，如果我们关注北美地区，选定一周的时间去观察低压系统的发展情况，那么罗斯贝的基于平均气压场的等值线天气图可以粗略地反映出这些低压系统的路径和分布情况。实际上，罗斯贝天气图中反映出的天气系统要比实际的天气系统大。因为低压系统一般不会精确地沿着固定的路线移动，高压系统亦是如此，所以几天的平均会使得发生移动的系统一定程度上在空间上被放大。罗斯贝称这些 │ 天气系统中心为大气中的"活动中心"。

图 5.5a　这是一张北大西洋地区的卫星云图，图中有三个明显的低压系统。图中可以看到一个最为明显的低压云带，伴随着由南向北的暖空气锋面，暖锋在低压中心北部被冷空气所阻挡，从图 5.5b 中可以看到该低压中心的最低气压为 977mb。在冷空气的南部可以看到一系列的点状云系，可以给局部地区带来局部阵雨。© NEO D AAS/邓迪大学。

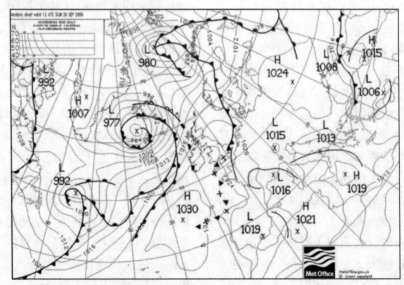

图 5.5b　与图 5.5a 相对应的天气图，给出了预报员需要的一些关键特征分布，比如锋的位置以及等压线的分布。三个低压系统的中心气压值为 992mb、977mb 和 980mb。这也是罗斯贝尝试去量化和理解的事情。© 皇家版权所有，气象局。

冬季的天气图通常会表现出至少五个活动中心：冰岛低压、阿留申低压、亚速尔高压、亚洲高压和太平洋高压。值得注意的是，这些大气活动中心中有些会经常分裂为两个中心。但是当把高纬度的气压变化中心绘制成天气图时，这些中心变得不再那么明显，仅仅在局部地区表现出气压波动。在高空大约 8km 的稀薄大气层，中纬度的大部分天气系统在此层会呈现出类似于波状的大气带环绕着我们的星球。从图 5.8 和彩图 CI.6 中可以清楚地看到这个波状大气特征。

当发现大气的这些环流特征之后会立即引申出以下的问题，罗斯贝在 1940 年总结并提出："是不是特定的天气类型比其他的天气更容易发生？对于一个随机发生的天气类型，什么时候它会保持不变，什么时候它又会发生变化或者移动？"预报员试图预测一个星期之后的天气情况，所以，对于这些问题的定量回答会给预报员们提供有价值的信息。我们没有忘记十五年前，理查森对两个地点气压值在未来六小时的预测以失败而告终，那么可以想象罗斯贝在麻省理工学院时所计划的目标是多么巨大，如果他们利用理查森的模型和数值技术是根本无法解决这些问题的。

罗斯贝用于计算未来气压场变化的方法非常新奇独特。理查森当时考虑了所有变量和对应的方程式，并且考虑了相当一部分可能会影响这些变量的现象。理查森甚至在方程中将灰尘作为一个变量来进行分析，因为灰尘可以作为雨滴的凝结核，这样就可以把降水考虑进来。而罗斯贝的做法恰恰相反，他拔出了"奥克姆剃刀"（奥克姆是当时非常著名的一个剃刀的牌子，这里形容罗斯贝对控制方程进行了很多的简化），对控制方程进行了"大修剪"。罗斯贝创建了一个大气模型用于反映我们实际大气一周的平均状态，这有点类似于气候态的分析，比如可以分析出某个地点秋季是温暖还是干燥，或者夏季是湿润等气候特征。为了把重点放在"平均天气"的数学方法上，罗斯贝忽略了摩擦和地形的影响，另外还忽略了太阳辐射和加热变化的影响，包括一些极端的太阳辐射的影响。另外，罗斯贝还忽略了降水和凝结水汽作用的影响。

当然，在罗斯贝做了这些大幅度的简化之后，他所建立的大气数学模型乍一看还是非常枯燥无味的。对于地球的每一天，太阳加热是大气的驱动力，水汽的作用可以形成云和雨，这些都是我们所经历的天气的重要组成部分。但是罗斯贝的目的是要将产生气压场并驱使天气过程越过大洋和陆地的机制单独孤立出来，这就是罗斯贝所谓的"活动中心"的概念，他想要探究行星尺度（大尺度）运动的核心机制。

从彩图 CI.5 中可以看到，对流层（大气层中最低的一层，平均高度范围大约为 0～10km，不同纬度和区域有所差别，大部分天气现象如云和雨的形成都是在这一层）在围绕地球的大气层中是相对比较薄的一层，所以我们只需要了解大气层 0～10km 范围内的变化就可以了。罗斯贝假设这一层大气具有恒定的密度（密度保持不变），因此空气不存在辐合辐散的运动。相比之下，在水平方向，他引入了大尺度的概念：比如说，一个典型的气旋具有大约 800km 的直径，那么这种大小（尺度）定义为水平方向的"大尺度"概念。

通过假设大气的密度恒定，罗斯贝在他的模型中排除了声波的影响。大气中的声波是由于空气受到足够迅速的压缩而产生的，当然我们时时刻刻都感受到了声波的存在，比如鸟儿的鸣叫、交通的嘈杂声音以及远处的雷声。尽管这些声波可以由大气控制方程进行部分的完全求解，但这些对于预报员而言没有任何趣味和吸引力。

然而罗斯贝所做的东西保留了一项至关重要的因素——科里奥利力项（科氏力，它随着纬度的变化而发生变化），在罗斯贝所建立的简化世界里，这一项对天气有直接的控制作用。如同我们在第二章中所描述的，费雷尔意识到地球的旋转效应对气流的运动有很大的影响作用，即科氏力会使得风沿着等压线运动。因此，像类似之前提到的西风带的南北方向的移动会造成科氏力的变化，进而会影响其天气系统的变化。通过只保留科氏力的变化，罗斯贝建立了一个初步的数学模型来解释大尺度运动的机制，并试

图彻底改变人们对大气运动的理解。他解释了旋转的地球如何形成简单的天气系统。

罗斯贝将控制大尺度天气系统运动的主要过程孤立出来，凭借他的洞察力，他将一些简单的假设结合在了一起。罗斯贝重点分析了涡度，得到的结果非常令人满意。通过利用守恒定律，他经分析认为涡度的分布决定了大尺度运动的位置，即是原地不动还是不断移动。关于这点我们将在下面的部分进行讨论。

从一开始，罗斯贝的目标就是致力于解释气压图中所观察到的大尺度环流，但是罗斯贝所使用的技术路线反而是要把方程中的气压项去掉。从知识库 3.2 中可以看出，当我们对方程进行求解时，去掉简化的水平动量方程后，便得到了涡度定理。当我们计算环流涡度的变化率时，可以看出在推导所得到的运动方程中，气压梯度力项消失了。简而言之，气压梯度力会作用于流体微团，但是不会使微团发生旋转。因此，类似于气压梯度力的作用力不会直接影响和改变流体微团的涡度。下面我们就来看一下涡度守恒定律的一个推论。

罗斯贝谱写的"华尔兹舞曲"

罗斯贝利用涡度守恒定理，并假设大气层有均一厚度和温度分布，推导出一个气象学中最著名的公式。这个公式帮助罗斯贝认识了天气系统产

生的最重要的特征，在了解这个公式之前，我们先了解一下涡度这个概念本身。

　　气象学家会谈到"相对涡度""行星涡度"以及"总涡度"，这在一开始不免让人更加困惑。相对涡度是指相对于地球表面的涡度大小，这与滑冰者在冰上某固定点做旋转运动时的原理类似。不过对于相对涡度而言，我们忽略了一个事实，那就是作为地球某一部分的冰面，实际上也是运动的（如在北纬50°的纽约或者芝加哥，由于地球的自转作用，冰面会以大约1,000km/h的速度向东运动）。行星涡度是指处在海平面的涡度，它是由于地球的旋转作用导致的。也就是说，如果大气层相对于地球而言是静止的，那么观察者会处在一个完全静止的大气中，但在这种情况下的大气仍然是具有涡度值的（因为此时的大气仍然是随着地球的旋转而旋转的，只不过大气层相对地球是静止的，比如从宇宙飞船中的旁观者或者从月球表面的角度去看大气，大气实际是在旋转的），此即称为行星涡度。

　　行星涡度仅受到纬度的影响：它在赤道上是零，在极地为最大值，如图5.6所示。气象学家和海洋学家需要总涡度的概念，即一个流体微团总的旋转的衡量方式，因为这才是守恒定理所涉及的方面。总涡度是相对涡度和行星涡度之和。测量、计算和预测相对涡度是较为困难的，所以我们的目标是利用一个定理、一个守恒定

律去计算总的涡度，然后利用两项较为容易计算的涡度分量，即总涡度和行星涡度，可以推算出相对涡度的值来。

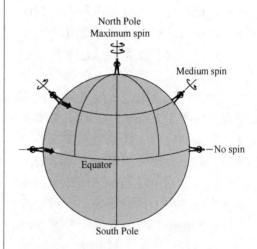

图5.6　本图是描述行星旋转变化程度的一个地球概念图。当站在北极点的时候，我们的旋转程度是最大的（通过图最上面的箭头可以看到，这时类似于在冰上做慢速旋转，人会沿着垂直方向的轴线发生局地旋转）。相比之下，当站在赤道地区时，尽管地球的旋转会带动我们以最大的速度旋转，但是我们在垂直轴方向并没有发生以自我为中心（局地）的旋转。运动方程中的科氏力表达为$2\omega\sin\varphi$，其中φ代表纬度，ω代表地球的角速度。因此在赤道（$\varphi = 0°$），科氏力的值为0，而在北极点（$\varphi = 90°$），科氏力等于2ω。图中也给出了在某一个纬度，比如在45°N上，会有一个中等程度的旋转效应。

　　在温度恒定的理想水平大气层中，水平运动的气团会满足总涡度守恒的原则。因此，气团的相对涡度需要以一定的方式发生变化以此来补偿行星涡度所发生的变化，以满足总涡度守

恒。那么这就可能形成对一连串气团路径和轨迹的限制作用，以满足守恒定理，由此就可能产生一些常见的环流类型。也就是风带动气团在不同的纬度间运动时，会引起相对涡度的改变，以此抵消行星涡度的变化。那么气团相对涡度的变化会反过来作用于风，使得气团折回其原来的位置。在理想世界中，气团会永远来回地振荡下去，如图 5.7 所示，如同一个不停摆动的钟摆一样。就像知识库 5.1 中所列出的，罗斯贝利用一个简单的公式计算出了这个环流振荡的现象。先前的推理过程为我们展现了守恒定理可以很好地帮助我们解决一些复杂的非线性过程。它可以很好地解释诸如图 5.8 所示的北半球大气环流的一些特征。

索尔伯格在其用于描述极锋的卑尔根模型中发现了气压场的分布结果，一直无人可以解释，而罗斯贝利用其建立的方程和数学模型，历史上首次成功解释了索尔伯格所发现的气压结构的原理。大气的波动尺度是非常大的，从西向东可以延伸几千公里。大气中的波动一般都是向西传播的，同时天气系统一般都是向东移动的，后来人们将这一著名的大气波动现象称为罗斯贝波。此研究成果使得罗斯贝可以给预报员们提供简单的方程式，可以用于计算罗斯贝波的波速，该方程大概是 20 世纪气象学领域最为著名的方程。

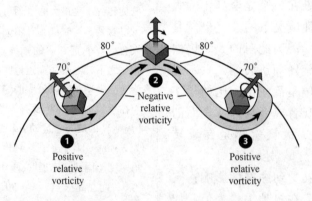

图 5.7　假设一个气团位于 70°N 的位置，没有相对地表的旋转，即相对涡度为 0。现在当气团往南移动 10 个经度，到达 60°N（位置 1），但是总涡度保持守恒。气团在位置 1 的行星涡度要小于在 70°N 的行星涡度，因此位置 1 的相对涡度就会变为正的，因为要保持总涡度守恒，从位置 1 处可以看出其自身的旋转涡度，即相对涡度为正（逆时针）。旋转效应会使得气团往北移动，如图假设移动到 80°N（位置 2），位置 2 的行星涡度要大于在 70°N 的行星涡度，因此位置 2 的相对涡度变为负的，反气旋式旋转，气团就会往南移动。整个南北的摆动过程会循环，原则上来说，只要气团一直向东移动，那么气团就会在 60°N 和 80°N 之间来回摆动。

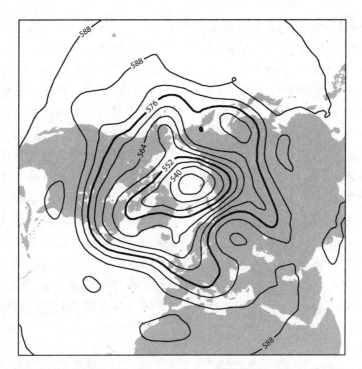

图 5.8　罗斯贝波结构图（从北极上空视角）。等值线代表 500mb 等压面上的高度值，单位为 10m，通常气象里称为位势高度场。高度越低，通常对应冷的和密度较大的气流。资料来源于 ECMWF 位势高度资料，取 2010 年 7 月 21 日至 31 日十天的平均场。这段时间对应俄罗斯极端热浪事件（见图中俄罗斯中部的大气环流阻塞脊）和巴基斯坦的大范围的洪涝灾害。© ECMWF。许可使用。

知识库 5.1　上层大气的罗斯贝波

用于支持罗斯贝模型的方程式，即总涡度守恒定理。假设对于一个空气微团而言，其总涡度为 ς，涡度守恒方程可以表示为

$$d\varsigma/dt = d\varsigma_s/dt + \beta v = 0,$$

其中 ς_s 代表相对涡度，β 代表科氏项随纬度的变化（又叫 β 参数或者罗斯贝参数，$\beta a = 2\omega\cos\varphi$，其中 a 代表地球的半径），v 代表北风，与第二章的用法一致。如果地球没有旋转的话（$\omega = 0$），那么这个方程便与亥姆霍兹理论一样，都是开尔文定理在空气微团上的应用。这个方程事实上是一个非线性方程，因为总的导数依赖于空气微团的运动，即需要知道风速的变化。罗斯贝把这个方程进行了线性化处理，将纬向风设置为不变的，即东风 U，仅考虑纬向气流存在很小的扰动量 u' 和 v'。举例说明，以一个简单的波长的正弦扰动为例，波长为 L，L 是不依赖于纬度的变化的，那么纬向风的扰动项可以表达为

$$v' = \sin\left[(2\pi/L)(x - ct)\right],$$

其中 c 代表相速度，这里相速度是指向

东传播的波状扰动的传播速度。将该扰动项 v' 替换掉并转化为线性方程表达为

$$c = U - (\beta L^2)/(4\pi^2)。$$

这就是罗斯贝的著名方程式。如果 $c=0$，那么大气波动就会变为静止的，也就相当于 $U = (\beta L_0^2)/(4\pi^2)$，或者 $L_0 = 2\pi \sqrt{(U/\beta)}$。

因此当波长大于 L_0 时，波会向西传播，而波长小于 L_0 时，波会向东传播，这是一个非常简单的规则，但是却为预报员提供了无可估量的参考价值。

环绕地球一个纬度圈（假设纬度为 φ）的总波数为 n，它们之间的关系式为

$$nL = 2\pi a\cos\varphi。$$

罗斯贝基于以上原理所做的天气预测与实际的观测资料可以很好地匹配起来，如图 5.8 和图 5.9 所示。

一般来说，罗斯贝波的波长其东西宽度能达到 5,000 千米左右（大体上可以覆盖整个北大西洋，见图 5.8）。通过分析槽和脊的空间尺度是否大于或者小于波长（图 5.9 给出了罗斯贝的计算），我们就有可能去估算波动在未来的移动情况。罗斯贝为气象学家提供了一个简单的公式，通过波长计算这些大气波动的传播速度，这样预报员就可以估算未来气旋天气有可能往哪里移动及以什么速度移动。

表 II

驻波波长随纬向风速（U）和纬度（φ）的变化

TABLE II

STATIONARY WAVE LENGTH IN KM AS FUNCTION OF ZONAL VELOCITY (U) AND LATITUDE (φ)

φ ＼ U	4 m/sec	8 m/sec	12 m/sec	16 m/sec	20 m/sec
30°	2822 km	3990 km	4888 km	5644 km	6310 km
45°	3120	4412	5405	6241	6978
60°	3713	5252	6432	7428	8304

表 III

速度亏损（$U-c$）随波数（n）和纬度（φ）的变化

TABLE III

VELOCITY DEFICIT ($U-c$) AS FUNCTION OF NUMBER OF PERTURBATIONS (n) AND LATITUDE (φ)

φ ＼ n	2	3	4	5	6	7
30°	150.7 m/sec	67.0	37.7	24.1	16.7	12.8
45°	82.0	36.5	20.5	13.1	9.1	6.7
60°	29.0	12.9	7.3	4.6	3.2	2.4

（以上两个表格以图片的形式出现在本书中，为图 5.9）

图 5.9 表 II 和表 III 摘自罗斯贝 1939 年的文章，他给出了速度与波长之间关系的预估值。罗斯贝通过将此表格应用到图 5.8，成功估算出在 45°N 附近的一个 5 波结构，具有大约 13m/s 的向西的速度（西风转为东风），这就意味着该天气系统会向西移动。©《海洋研究杂志》，转载许可。

研究证明我们的大气就像一条蜿蜒曲折的河流一样围绕着地球由西向东运动，纬向速度大约为 300km/h，而在大气层的顶层，大气的运动速度大约为 5～8km/h，这种运动对我们星球的天气有着非常显著的决定和调控作用。大气的这种类似河流的运动特征称之为急流。急流具有高速运动、经向方向相对比较窄的特征，通常处在大气对流层的高处，从图 5.10 中可以看出，有些像由云组成的河，称为"云河"。地球大气层中的急流主要是由西向东运动，急流一般具有波状的特征，并且有可能会分裂为两支或者更多的分支。一般来讲，北半球和南半球都有极地和副热带急流。北半球的极地急流位于北美、欧洲和亚洲的中高纬度地区，而南半球的极地急流主要是环绕着南极洲运动。

图 5.10 1991 年 5 月，加拿大滨海诸省地区上空的急流图。北半球的急流可以从布雷顿角岛（位于加拿大东南部）看到。在冬季，美国和加拿大南部地区等处在急流路径附近的地区，其天气会受到显著的影响。NASA 授权使用。

图 5.8 中的 576 和 552 两条等值线环绕了地球一周，等值线间的区域基本代表了典型的急流带。由急流运动状态的变化而导致的大气层的变化会

显著影响未来天气的变化。

其中，最为重要的就是罗斯贝波与极锋以及急流之间的相互作用，它们之间的相互作用对天气系统的预报至关重要。如彩图 CI.6 所示，急流穿越北美地区，通常会伴随着一些天气系统，这在天气图中是很常见的现象。图 5.7 和图 5.8 所具有的共同特征是罗斯贝重点关注的（尽管急流是在二战后才被人们发现的）——即都表现出气流随时间的旋转：变化、复杂性及流体运动。

罗斯贝关键的观点和结论分别是在 1936 年和 1939 年的两篇论文中发表的，随后他在 1940 年发表了一篇文章总结了其成果。在 1940 年文章的引言中，他论述道："论文中的大部分结论得益于皮耶克尼斯环流定理的帮助，环流定理在过去四十年间，已经可以被气象学家们所使用。但是令人惊奇的是，关于行星大气环流结构的系统研究依然很缺乏。"罗斯贝从一个模型中所得到的成果成了后来理论气象学发展的源头，同时也扩展了罗斯贝的工作，并支撑了气象预报未来几十年的发展。

尽管罗斯贝忽略了很多物理细节过程（实际基本上忽略了全部的过程）来求解他的大气动力方程，但是他始终遵循每一个流体微团上都保持质量守恒和涡度守恒的原则；他的理想化模型同时也遵循总能量守恒。因此，罗斯贝可以发现天气的"脊梁骨"（形容发现了天气中的至关重要的因素）。

一个人的脊梁骨（脊椎）可以支撑整个人的重量，肌肉可以驱动身体运动并保持平衡。因此上面所提到的这些守恒定理也使得大气运动可以保持一个相对平衡和平稳的运动状态。一旦我们保持住了"平衡"，并从中总结出了规律和原理，那么我们就可以利用总结出的理论去理解变幻莫测的天气。

但是，皮耶克尼斯在 1898 年意识到，许多有趣的运动现象同时伴随着温度和密度的变化：比如瑞典海岸附近的渔场，其水温和密度会不断变化；大气中形成云的高度层，大气的温度和密度也在不断变化。这时我们需要一个更加复杂的涡度守恒思路和高度理想的罗斯贝波理论去解释这些现象。位势涡度（位涡）守恒定律应运而生，同样这个定律也是起源于罗斯贝 20 世纪 30 年代所做的开创性的工作中。

幕后英雄

罗斯贝一直致力于寻求一种简明有效的数学方法去描述大尺度天气结构的演变，功夫不负有心人，最终他创造出了被认为是现代气象学中最为强大的数学公式。这个公式实际上是皮耶克尼斯环流定律的推论，是从控制方程中变换推算出的（经过几步非常巧妙的数学变换）。这个概念就是位势涡度（或者气象中常用简称 PV 来表示位势涡度）。在这个概念中，罗斯贝使用了"位势"这个词，是因为不同于普通的涡度，位势涡度中同时包含了大气中的动力过程和热力过程。一个空气微团的位势涡度包含了该空气微团旋转运动过程中的温度梯度。这看上去可能会有些复杂甚至让人摸不到头绪，但是最后的结局表明，PV可以控制整个天气系统的演变，这在本章最后的图5.13中可以看到。

罗斯贝在他1940年的文章中对其最早的理论模型进行了扩展，使得该模型可以描述水平方向气流的辐合以及由此引发的密度的变化。同时，柏林的一位地球物理学教授，汉斯·埃特尔正致力于将温度的变化过程植入到涡度方程中。两位科学家工作的结合，即产生了我们现在所熟知和广为应用的位势涡度——PV。

利用PV的扩展去定位温度的变化是由于另外一个量的引入，即位势温度（简称位温，见知识库5.2），这里位温用θ来表示，以区分于普通的温度变量。

如果我们不考虑罗斯贝的简单模型，将对空气的旋转有重要作用的热力和水汽过程包含进来，那么保持守恒的不仅仅是涡度，而是涡度和热力学变化（如位势温度梯度）的组合。实际上，罗斯贝将皮耶克尼斯的环流定律转换为一个描述涡度变化的概念，用于描述处于不同气压层的绝热的空气团，这些空气团可能是扁平的圆盘或者圆柱形状，它们的压强不一样，但是它们具有相同的位势温度（从位温天气图上看的话，它们是处于同一个位温等值线上的）。

知识库5.2　用位温衡量热量

位温的正式定义如下：

一个气压为p的空气微团的位温是指将该空气微团在绝热状态下（没有热量的交换）运输至一个标准气压p_0时所具有的温度，这里标准气压p_0是指海平面所具有的标准气压。我们用θ来表示位势温度，对于大气来说便得到以下表达式

$$\theta = T(p_0/p)^{\gamma},$$

其中T代表当前空气微团的热力学温度（单位为开尔文温度K），γ是一个常数。以热气球为例，气球内部的空气相对是隔绝的，当气球里的空气发生膨胀时，压强p会增大，如果要保持θ的值不变，那么气球的表面必须是没有热量交换的，气球内部的绝对温度也会不断增大。因此当空气微团发生运动时，其形状以及周围环境的压强是一直不断变化的，如果遵守空气微团的热量守恒性，那么θ就是保持守恒的。

位温概念的建立使得我们可以将罗斯贝提出的温度变化的概念与空气流辐合的概念相结合。位势涡度可以用图5.11来解释，旋转的圆柱形空气柱通过辐合使得水平方向的面积缩小，垂直方向的长度会拉伸；如果是辐散，效果正好相反。

在这里，我们把这些圆柱形空气柱认为是具有明显旋转物理特征的空气运动。如同前面章节提到的，从角动量角度去讨论的冰上舞者旋转时所

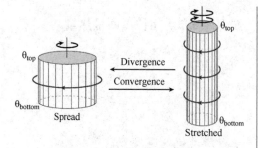

图 5.11　一个圆柱形空气柱的辐合和延伸过程，同时，该过程会伴随着空气旋转的加快，这会让我们联想起之前的章节提到的冰上芭蕾舞者。每一个这样的圆柱形空气柱都会从位温 θ_{BOTTOM} 的层面拉伸至位温 θ_{TOP} 的层面，如图中所示。这些圆柱形空气柱虽然在运动过程中不断发生形变，但是它们始终属于一个空气团。（从左往右是辐合过程，从右往左是辐散过程）。

具有的动力特点，那么这些圆柱形的空气柱也具有非常类似的原理，这些简单原理可以很好地帮助我们以位势涡度（PV）的概念去理解大气的动力机制。首先我们想象有两个接近水平放置的概念性的平面，一个平面位于另一个平面的上方，即大气中的两个位温面。假设位于下方的位温面的位势温度为 θ_{BOTTOM}，同时位于上方的位温面的位势温度为 θ_{TOP}。

在这里，我们假设有一个在两个等位温面之间且和等位温面垂直的圆柱体积的空气微团在运动，不断地发生旋转和拉伸。当这个圆柱体在其截面上收缩（辐合）时，由于圆柱体内部的空气体积是一定的，圆柱体一定会在垂直方向发生拉伸，如图 5.11 所示。那么，此时相对其周边环境而言，

圆柱体的旋转速率即相对涡度，也会相应地增加，如同前面章节提到的滑冰者在冰上旋转的原理。因此，我们猜测是否存在一个定量的概念，与旋转和辐合都有关系，并且该定量具有守恒的特点。如果我们回想滑冰者，同时认为滑冰者的旋转涡度等同于圆柱体的旋转，那么我们假设存在的这个定量的概念就有可能是圆柱体的总涡度除以圆柱体高度所得到的一个守恒量。这个猜想后来被证明是正确的。

圆柱体的总涡度是行星涡度 ς_p 与相对涡度 ς_s 的和（希腊字母 ς 通常用于表示涡度）。圆柱体的位势涡度则是总涡度除以圆柱体的高度 H，用公式表示则为

$$PV = (\varsigma_p + \varsigma_s)/H。$$

对于大气来说，PV 是守恒的。当高度被压缩时（假设减半），那么总的涡度 $\varsigma_p + \varsigma_s$ 也必须减少相应的比例（也对应减半）。罗斯贝和埃特尔发现 PV 保持不变的条件，即一个圆柱体的空气在一个不变的位温面上运动，也就是说此时 PV 是保持守恒的。

在这里，我们利用 PV 的定义来解释气流在经过一座山坡的时候，是如何产生罗斯贝波结构的。如图 5.12 所示，在这里我们假设有一股向东的水平气流流经（空气柱）一个南北走向的山区（如安第斯山脉，地处南半球）。我们假设空气柱在山区西边的时候的相对涡度为零，同时，空气柱向东移动的分量（向东移动的速度，即西风是均匀的）在经过整个山区的时

候是保持不变的。这股气流具有非零的行星涡度ς_p（因为气流所处的位置不是在赤道上）。当空气柱经过山区爬坡的时候，由于受到山脉的影响，空气柱会被压扁，其厚度会变小，而要维持 PV 的守恒，根据以上公式，迎风坡空气柱总的涡度$\varsigma_p + \varsigma_s$必须减少。由于最初的行星涡度$\varsigma_p$是保持不变的，所以相对涡度$\varsigma_s$将变为负值。由于自然坐标系中涡度由曲率涡度和切变涡度共同决定，于是平直气流一接近迎风坡便会出现反气旋式弯曲（这里需要区别南北半球概念上的对立），得到向北的速度，会导致空气柱向北移动。到山顶时，这种反气旋式弯曲达到最大程度。当气流过山后，气柱变厚，所以

相对涡度也必须增大，以维持位涡守恒，故气流的反气旋式弯曲程度开始减小。由于此时仍具有向北的速度，气柱过山后已位于过山前位置的北部，由于行星涡度减小，相对涡度应为正值，气流变为气旋式弯曲，从而使气柱开始转变为向南移动。当气柱回到原来所在纬度时，仍具有向南的惯性运动，由于行星涡度的增大，又会产生反气旋式涡旋，因此会周而复始下去，产生一种波动的效果。这就在中纬度地区产生了一个罗斯贝振荡现象，如图 5.12 所示。从理论上讲，如果没有其他任何因素的干扰和影响，大气的罗斯贝振荡（波）将会环绕我们的星球永远地由西向东运动下去。

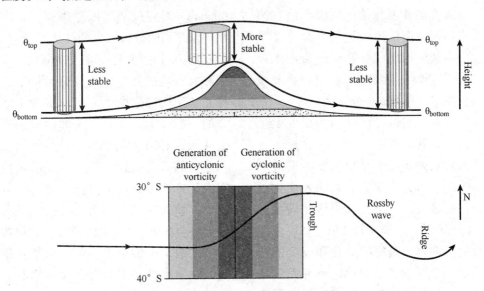

图 5.12　空气微团由西向东运动通过安第斯山脉时会产生一个南北的振荡效应，这个效应会激发出罗斯贝波，即一个处于两个位温层面之间的空气柱从平原地区穿过山地地区的运动过程。通常会在下风向的区域产生相反的运动和变化，由此伴随的涡度的变化通常会引起山区背风面地区云的变化以及天气系统的建立。例如当风由西向东运动穿越安第斯山脉时，高平原地区会产生天气过程。本图修改自 B. Geerts 和 E. Linacre 的"位势涡度和熵图例"。

不论风和气压有多么复杂多变、温度波动幅度有多大、暴雨有多么古怪难测，在这里我们还是应该再次感叹和感谢守恒定律的强大的作用，它可以为我们定义天气系统的类型。对于一个绝热的流体柱来说，其受到作用力后会发生可测的压缩或者拉伸，总涡度一定会发生变化。对于非常复杂的气流运动来说，也会受到这个守恒定律的限制。就像前面提到的冰上舞者一样，她利用角动量守恒原理，配合手臂的动作，可以做出复杂的旋转和路线。而气流，尽管其运动规律也是非常复杂的，但当我们去识别和跟踪气流时，发现其仍然保持 PV 的守恒。气流与局地环境之间的相对或者局地涡度的相互作用，可以促使气流发生运动，而气流的运动又会改变局地的涡旋，如此相互影响将会永不停息。PV 守恒定律使得我们可以将非线性反馈中的难题逐个分开来处理。

皮耶克尼斯已经证明当温度发生变化时，环流便会产生，而这对于气旋的发展来讲尤为重要；罗斯贝进一步提出，当这些环流的运动和变化过程不断进行时，空气气流依然满足一个重要的守则，即 PV 守恒定律。大部分情况而言，涡旋的变化和温度的变化是一直存在的。因此，所有大气运动中的变量在不断变化过程中都需要精确地发生变化，以满足 PV 的守恒定律，这是大气运动中的一个极为重要的运行机制——如同一位裁判员试图去平衡大气中空气微团之间作用力的过程。

自 20 世纪 40 年代以来，PV 定律主要应用于两个方向：一方面是罗斯贝理论的数学方法的发展，也就是我们所熟知的准地转理论（这将在后面的章节详细讨论）；另一方面就是应用于天气图的分析。纵观过去三十年数值天气预报的大力发展，基于计算机技术对完整复杂的运动方程进行求解分析的应用越来越多，而应用位势涡度对天气图进行分析的应用却减少了。利用计算机技术去分析天气图仍然是目前的一个难题，这一点我们将会在第七章和第八章进行更多的介绍。

在 20 世纪 40 年代和 50 年代，厄恩斯特·克兰施米特（Ernst Kleinschmidt）是将位势涡度原理应用为气象学家常用的分析工具的伟大开创者。他发现，利用 PV 有可能去推测风、气压和温度场的变化。克兰施米特的工作是基于埃特尔的研究工作基础上建立的，实际上，他们两人都曾被邀请去罗斯贝于 20 世纪 50 年代在斯德哥尔摩建立的研究机构工作。克兰施米特在大气方程中保留了位势涡度的守恒特性，使得大气方程变得更加复杂。我们将会在第七章介绍更多 PV 和位势温度的数学上的应用，它们的结合使得气象学家拥有了非常强大的诊断大气运动的工具。

气象学中"PV 思想"的发展，产生了许多气象学理论和实践预报的标准。为了将方程变形为 PV 方程，需要将方程中气压和密度等气象要素消除掉，甚至要把风场简化为次要的因素。同样，还需要面临另外一个挑战，那就是如何在计算完成后将 *PV* 进行反推，即从 *PV* 场中还原出风场、温度场以及气压等气象要素。

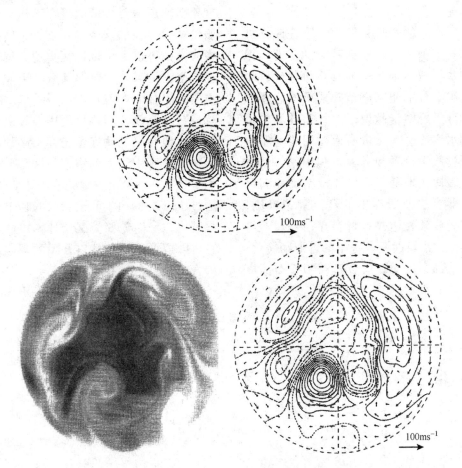

图 5.13 第一张图显示一个半球中理想流体的风矢量和等高线（连接相同高度的线）。第二张图显示了根据总涡度和高度计算出的 PV。第三张图也显示风矢量和等高线，但这是利用 PV 计算得出的，使用的方法称为"PV 反演"。我们很难发现第一张图和第三张图之间的区别，这就强化了一个观点，即"PV 封装了大规模流体的所有信息"。图摘自 Michael E. McIntyre 和 Warwick a. Norton 的 "Potential Vorticity Inversion on a Hemisphere"，《Journal of the Atmospheric Sciences》，57：1214-35，© American Meteorological Society。许可转载。

但是究竟这些用于质量、能量、水汽和 *PV* 的守恒法则有什么样的含义？比如，这对于数值天气预报有什么作用？毕竟，我们在使用强大的超级计算机去求解基本大气运动方程组，以获得预报天气所需数据的过程中不需要检查是否满足了守恒定律。那么这些守恒法则是不是仅仅局限在理论方面，还是具有真正的实际应用价值呢？

通过观察研究发现，尽管计算机模式是基于物理准则建立的，模式将这些物理准则转化为计算机代码，而代码本身不能完全精确地反映这些物理准则。也就是说，大气运动、热量和水汽等这些变量所遵循的法则需要通过数学符号和运算展现出来，而数学表达式本身不可能完全精确地满足皮耶克尼斯所提出的环流理论准则，因为数学表达式本身会存在一些不可避免的小错误或者是小的近似和简化，这些都会造成在运算过程中逐渐偏离

物理准则所限制的条件。而模式在计算过程中不会自动检查模拟出的天气系统是否满足了这些守恒定律。因此气象学家还需要大量的研究工作去克服模式中存在的这个不足之处，使得模式模拟可以更加接近真实的大气状况，这也是当前气象学领域一个非常重要的前沿科学难题。

在发展数值模式过程中，如果想要更好地满足这些守恒定律，必须大量减少计算中产生的错误，这需要我们对计算方法给出关键的革命性变革。通过认识天气中的重要特性，如 PV 便是其一，我们需要尝试让计算机的计算可以遵循这些特性以及预测现实的天气状况。

第六章

气象学的蜕变

罗斯贝可以说是解决了大气运动中非线性反馈问题中的一个棘手的难题，尽管只是局限于中纬度大尺度急流这一个方面。接下来，我们要讲述大西洋两岸的气象研究工作，他们的工作改变了人们对气旋起源及其伴随气旋发展的冷暖锋面初生过程特征的理解，这也是世界上许多地区的天气预报员所关注的问题。

罗斯贝对急流弯曲的解释相当重要，尤其是极锋——热带空气和极地冷空气之间交汇的"战场"——在二十多年的时间里，一直被看作是卑尔根学派关于气旋生命史模型的重要组成部分。到 20 世纪 40 年代，人们利用严密的数学证明了在没有诸如锋面两侧的巨大温差时，逼真的气旋模型也可以建立起来，此时，人们的观点才发生了巨大的转变。1945 至 1955 年间，气象学延伸出了两个重要的发展方向：明智的物理洞察力和新颖的数学方法引起一场对气旋和锋面理解的根本性变革；与此同时，新兴的电子计算技术为气象学家和天气预报员模拟、预测天气气候提供了全新且有力的工具。这就是现代气象学和天气预报起源的故事。

普林斯顿的一场头脑风暴

1951 年 4 月 9 日，皮耶克尼斯这位 89 岁高龄的寿星在他的故乡奥斯陆离开了人世，他的离世无疑也终结了气象学和天气预报发展过程中一个最重要的时代。《伦敦时报》的讣告全文如下：

挪威老一辈的科学家威廉·皮耶克尼斯教授于周一晚上在奥斯陆与世长辞，享年 89 岁。皮耶克尼斯教授生于 1862 年，在挪威和德国接受过教育，1893 年被任命为斯德哥尔摩大学力学和数学物理学教授。直到 1907 年，皮耶克尼斯教授转至奥斯陆大学任教，同一时期，他当选为华盛顿卡耐基研究所的助理研究员，并任职至 1946 年。1913 至 1917 年，他被德国莱比锡大学聘任为地球物理学教授，在那之后，他回到挪威开始负责卑尔根

135

地球物理研究所的工作，并在 1918 年创建了卑尔根气象服务中心。1926 至 1932 年，他担任奥斯陆大学物理系主任，虽然已年过古稀，但是他思维敏捷，依然坚持奋斗在科研第一线，退休之后很长的一段时间，他依然坚持科研工作。

皮耶克尼斯创立的卑尔根学派造就了新一代的气象领军者，他们的思想已经转变了人们的气象思维，毫无疑问，皮耶克尼斯必将为他们所取得的成就而感到骄傲。

皮耶克尼斯见证了下一个重要时期的黎明的到来，天气预报走向了运用电子计算的新阶段。铅笔、纸、计算手册这些简陋的工具以及第一次世界大战对人类的蹂躏使理查森尝试着实现皮耶克尼斯的愿景：第二次世界大战结束后的一年内，人们就开始了第二个重大尝试——运用物理定律预报天气。气象学家们再也不用孤苦伶仃地在战壕后面的废弃兵营里一边艰苦工作，一边等待着救助伤员了，此时，一队有着电子计算新技术装备的顶尖科学家正在现代美国的重要研究机构中工作。

第二次世界大战对科学家的转移和对他们议程的改变可能不被人们看好，但这的确加快了各个领域的发展，新的想法纷纷涌现，各种技术都有所进步，包括雷达和计算。战争结束多年后，雷达开始在天气预报方面发挥至关重要的作用。计算设备的发展也为解决诸如破解密码这类紧迫的问题

提供了很大帮助。天气预报本身在许多战役中有着至关重要的作用。二战中，许多战役的天气影响和预报员的预报都被很好地记录了下来：1941 至 1942 年的寒冬，德国东部战线在苏联溃败；德怀特·艾森豪威尔基于准确的天气预报决定在同一天推出"霸王行动"，并同时在西太平洋大范围地调用了船只和飞机。

吸取了一战中的教训就是天气预报在军事行动中起着至关重要的作用。因此，战后许多气象研究计划被建立起来，甚至调用军事力量维护这些计划。战争加速了气象观测网络的建立，这是促进空降作战的发展所必需的。战后，为了满足民用航空的需求，观测网络得以扩建并快速发展。现在，气象学家们已经有了描述大气状态的大范围的数据，这促成了更加全球化的天气视野。受到军方的负面评价后，罗斯贝于 1943 年在波多黎各大学开设了一个研究热带天气、培养年轻人更好地预报热带天气的新部门，因此，理论气象学也得到了极大的推动。

在前面的章节中，我们介绍了 19 世纪对信风和海流的理解是如何改变海上行程的，也介绍了于 20 世纪 20 年代和 30 年代兴起的航空旅行如何推动了对中层大气空气流动的研究。在大众客运交通方面再次兴起了一场革命，在此次革命中，喷气式飞机比飞艇和螺旋桨式飞机的飞行高度更高，并且常常要飞越浩瀚的大西洋、太平洋和印度洋，这满足了对更好的预报能力

和全球覆盖的需求（包括地面和高层大气）。在二战中，飞机向西横跨北太平洋时，有时会陷入非常不利的风中，如果燃料不足以支撑飞机到达目的地，飞行员会选择返航。在飞机的长途飞行中，会在急流中花费大量的时间，现代航空公司需对急流位置进行很好的预报来规划飞行路线。

1946 年 8 月底，在新泽西州的普林斯顿高等研究院，天气预报中计算机的现代化应用故事的帷幕被掀开。正是在普林斯顿高等研究院召开了历史上最重要的天气预报会议之一，此次会议由一人策动。在此前的 5 月 8 日，高等研究院的数学教授约翰·冯·诺依曼给研究和发明办公室（海军部）写了一个提案，以寻求对一个项目的支持，此项目旨在"对动力气象学理论进行研究，使其适用于高速化、电子化、数字化的自主运算"。书写这一提案本身就是一件意义非凡的事情：首先，冯·诺依曼是一位杰出的数学家，这一类人普遍认为要避开实用性问题，因此，我们认为他最不可能参与这样一个项目；再者，如果海军部热衷于开发现代计算机的潜力，为什么要选择气象学和天气预报作为确定的基准问题？

人们评论冯·诺依曼是一位杰出的逻辑学家、应用数学家，也是一位参与早期存储编程工作的工程师，因此，第一个难题得以解答。该技术中的计算机程序始终把握一个关键点，那就是利用相同的程序可用于重复解决许多问题，在这些问题中输入的数据因任务不同而不同，如天气预报程序。第二个问题的答案不太明确，但这位在曼哈顿计划中研制出了第一颗原子弹的老将——冯·诺依曼确信一些最棘手的数学问题存在于流体力学之中。他写道："目前的分析方法似乎并不适用于非线性偏微分方程的求解中出现的关键性问题，事实上，这对纯数学中所有类型的非线性问题的求解都不适用。在流体力学中，只有最基本的问题已经求得解析解，因此，这句话的真实性在流体动力学领域尤为引人注目。"

冯·诺依曼并不是典型的数学教授：他最初是化学工程师，20 世纪 20 年代，冯·诺依曼在德国教书时，歌舞表演时代的柏林夜生活对他有着特殊的吸引力。在美国，他在高等研究院的显赫地位，以及他对聚会的热爱和对上层社会生活的追求意味着他很快成为社会的资深人士。冯·诺依曼需要一个与现代计算机相关的真正的科学挑战，那就是天气预报。但首先，他必须说服政府和其他可能为他提供大量资金支持的法人机构。因此，冯·诺依曼将他的天赋和实用主义相结合，最重要的是，他渴望克服阻滞气象学发展的知识上、组织上和财政上的难关。

1946 年 1 月 11 日，《纽约时报》刊登了这样一篇文章，文章宣称"为了新式电子计算机的发展，计划已递交气象局、海军部和陆军部，并声称

图6.1 约翰·冯·诺依曼（1903—1957年）生于布达佩斯，27岁赴普林斯顿大学读书，30岁时成为新成立的高等研究院首批聘任的六位教授之一，其中包括阿尔伯特·爱因斯坦。冯·诺依曼在其余生中一直担任这个职务，他能迅速登上这个重要职位也表现出了他的天赋。他搬到美国时，已经独立建立起了新发现的量子力学理论——原子和亚原子物理——的严格的数学基础。美国能源部提供。

此事具有惊人的潜力，届时可能为解决长期天气预报问题带来革命性的影响"。冯·诺依曼决心关注气象学与两个方面密不可分：一是他对数学问题的深刻理解，二是他认为气象学对军事有重要价值。按照20世纪50年代数值天气预报的先驱之一——菲利普·汤普森的说法，冯·诺依曼"将（天气预报问题）视为最复杂的、有相互作用的、高度非线性的问题，并曾设

想它在未来的许多年内将挑战最快的计算设备的性能"。作为一名美国人，冯·诺依曼希望不断改进天气预报，使他的国家走在世界的最前列。

罗斯贝去普林斯顿大学拜访了冯·诺依曼，听取了冯·诺依曼的计划后，他也决定加入其中，罗斯贝随后给国家气象局的主任写信，建议气象局应开始实施这个项目，尤其鉴于"冯·诺依曼教授杰出的天赋……鼓励他继续研究气象学可能会满足我们的需要。"尽管学院的计算机不足以支撑接下来几年的研究，因为最基本的气象学问题需要用理论方法求解，冯·诺依曼仍敦促应尽快进行这个气象学项目，在尝试着真正运行一个计算机程序前，理查森天气预报的失败是不会被忘记的。正确的程序设计至关重要，冯·诺依曼了解数值分析中的一些重要进展，这关系到这个计算项目的成功与否。即使人们对理查森失败的原因有片面的理解，对早期的电子计算机而言，基本方程仍非常难以计算：人们不得不想出一种新机器能处理的替代数学公式来解决天气预报问题。

"气象会议"于1946年8月29至30日召开，会议标题很简单，但这是关于用计算机进行数值天气预报的第一次会议。乔治·普拉茨曼在他的历史评论中说，人们往往会参与或见证一个事件，而意识不到其对人类事务未来的进程有多重要，到后来这个事件成为历史上的伟大转折。然而，在

冯·诺依曼的组织下，在普林斯顿大学聚集了一群 20 岁左右的气象学精英，他们认为，形成一个协调的计划以实现用自动计算预报天气的项目显然非常重要。在过去的十年里，罗斯贝对推动天气模式的数学理论的发展起到了至关重要的作用，他的芝加哥学派是一个国际性的成功，因此，人们很自然地认为他在会议上发挥着主导作用。但罗斯贝已经准备搬回故乡——斯德哥尔摩，他正为在那里建立一个新的研究中心而操劳。尽管如此，罗斯贝非常清楚普林斯顿大学项目的重要性，并十分关注这件事的发展。

出席这次会议的还有一位才华横溢的年轻气象学家——朱尔·查尼（Jule Charney）。查尼刚刚毕业不久，他在毕业论文中用一种新的数学方法来理解气旋的初生过程。他的博士论文发表在 1947 年美国气象协会的《气象学杂志》上，几乎占据了整本期刊，这篇文章的发表预示着天气预报领军人物的到来（这本期刊是被罗斯贝发现的；事实上，在杰克·皮耶克尼斯和乔根·霍尔姆波的引导下，罗斯贝曾帮助加州大学洛杉矶分校（UCLA）为战时的气象学家们制定培训计划，正是乔根·霍尔姆波指导了查尼的博士工作）。但在 1946 年的夏天，查尼还完全不为人所知，正是他所参与的冯·诺依曼的项目将他推向了该领域的最前沿；尤其是他在寻找一种方式来避免理查森的计算陷阱，从而说服

每一个人而不仅仅是他们自己，查尼在这方面起着至关重要的作用。

图 6.2 朱尔·格雷戈里·查尼（Jule Gregory Charney）（1917—1981 年）于 1917 年元旦出生于美国旧金山市。包括他的父母在内，他的家族中出现过作家、艺术家及其他学者，因而培养查尼精神方面的价值观念是他成长中的重要部分。他的母亲是一位天才钢琴家，尽管音乐成为查尼的毕生所爱，但与他的童年玩伴之一梅纽因相比，他却没有成为一名音乐家。在查尼的诸多荣誉中，有一个是 1949 年颁发给优秀青年气象工作者的梅辛格奖。麻省理工学院博物馆提供。

在 1946 年的气象学大会上，既没有十分有说服力的言论出现，也没有给出任何问题的答案。但问题一经发布，气象学家们便增进了彼此间的了解并听取了不同的意见，冯·诺依曼开始考虑一个成功"登山队"的本质：他们能实现第一次用计算机预报天气的目标么？

罗斯贝利用总涡度守恒，一步一

步地解释了中纬度地区的大尺度气流如何产生了我们观测到的相对缓变的高压天气形势和低压天气形势。在查尼的博士论文中，他用计算的方法解决了高层大气在大尺度纬向西风条件下，单个天气系统是如何开始发展的（罗斯贝曾经研究过）。1946 年 8 月，64,000 美元的问题的答案在参会者面前若隐若现，他们只需要在罗斯贝和查尼开创的方法基础上向前迈进一步就能获得这份奖金，然而在那时没有一个人知道该怎样做。解决这个问题并不在于遇到所有的细节和困难时，如何追随理查森的脚步，而是如何寻找一条完全不同的路。这不再是一个怎样预报的问题；相反，它成为一个预报什么的问题，在求解的过程中，数学将起到至关重要的作用。

图 6.3 查尼在加州大学洛杉矶分校的同学们喜欢校报上的一幅漫画，而这幅漫画是以牺牲查尼为代价的。漫画描绘的是热情满满的博士与穿着晚礼服的女士说话："……而且由于这些是对数奇异超几何微分方程……" 幸运的是，埃莉诺感动了，并且他们在 1946 年结了婚。《大气科学中的挑战》。©美国气象学会。许可使用。

这是罗斯贝发现大尺度波动的一条线索，这种波动后来被称为罗斯贝波。事实证明，大气中普遍存在着波动。虽然我们都十分了解声波，但仍然存在许多其他类型的波动为我们所不知，每一种波动都有其独特的空间尺度和频率。图 5.8 中的罗斯贝波有上千千米的空间尺度，而图 6.4 中高积云波动的空间尺度可能更小，仅有数十千米。当务之急是确定应该重点预报哪些波动。

图 6.4 高积云中规则的槽和白色的脊是气压中浮力振荡的表现，称为重力波。重力波与形成重力波的气流之间的相互作用和反馈作用都很弱。荚状高积云，于 2007 年 7 月 1 日在英格兰伯克郡 Stratfield Mortimer 拍摄©斯蒂芬·伯特。

波动无处不在

图 5.8 和图 6.4 描绘了两种截然不同的波动，它们的共同特点是具有规律的空间形态，本质上，可以用相同的数学方式描述这些形态。物理学家和数学家们对波动的定量描述都很熟

悉，一个有趣的问题随之出现：我们可否通过研究第二章提出的大气运动控制方程来认识无处不在又丰富多样的波动？如果能，那我们可否利用数学来重点研究那些对预报员们至关重要的波动？在罗斯贝波的求解过程中，应用了简单大气（如风在高纬度地区一致向东吹）中对准线性总涡度守恒定律中的估计。

事实证明，可以推广罗斯贝的方法。罗斯贝在分辨大尺度天气模式的过程中简化涡度守恒方程，从而得到一个能用"纸和笔"求解的天气系统。更确切地说，罗斯贝假设方程的一个解表现为简单均一气流的总和，即"基本状态"，其上叠加了小扰动，或者称为气压中的摄动。用数学公式表达上述假设，不需要借助强大的计算设备，可以直接用数学分析的方法求解小扰动。关键是小扰动不会影响基本流型——也就是我们常在非线性问题中看到的：不存在反馈机制。因此，可以不用考虑现实生活中反馈过程的复杂影响，孤立地研究流型的不同方面。

我们在第四章前面部分说过，可以用线性理论非常准确地描述池塘表面的轻微波动，但需要用非线性方程组描述拍向沙滩的激浪。在这种情况下，我们认为池塘表面的轻微波动是稳定、平静且平坦的。从根本上来说，池塘中的水并未受到干扰。另一方面，巨大的海浪拍打到沙滩上，相比之下，海岸水浅，于是，海浪使整个海岸的

水体都在运动（通常沙子和卵石也一起运动）。在这种情况下，我们不能将水流分为一个不受干扰的部分和一个所谓的小扰动部分。

我们希望将这个概念表述得更精确。当整个问题存在简单稳定的解时，利用上述方法，我们可以去掉或减小系统中的非线性反馈。这里的"稳定"意味着有一个确定的位置和数量，如风速和风向不随时间变化，接下来，我们在简单稳定解的基础上加入小扰动，整个过程称为小扰动理论。该方法涉及将非线性方程合理近似，用多个简单问题代替非线性问题的思想，也就是我们要在下文阐述的——将方程线性化。每一次加入小扰动都能成功优化方程的解。

举一个能用小扰动理论求解的非线性问题的例子——不考虑摩擦的钟摆摆动问题。我们在第四章中介绍了双摆，现在我们仅考虑一个摆杆，如图 6.5 所示的落地钟的原理。牛顿定律告诉我们，钟摆向垂直方向加速运动是地球引力努力将物质向下拉动造成的，如图 6.5 所示。图 6.6 中，实曲线表示回复力与垂直方向的夹角，钟摆沿着这条实曲线摆动，要确定钟摆在给定时刻的位置，我们需要知道钟摆与垂直方向的夹角和钟摆摆动时间之间的关系。

图 6.6 中的实曲线是一条正弦曲线，可以用三角正弦函数表示。由重力引起的钟摆摆角变化的微分方程是非线性的。理工科的大学生们很快会

图 6.5　左边的照片是一个落地钟，照片展示了落地钟玻璃柜中的钟摆。上边是一个钟摆原理图，用虚线和实线表示不同时刻钟摆的位置（实线表示钟摆振荡过程中的最大振幅）。重量 W 给摆杆施加一个竖直向下的作用力，趋于使摆杆恢复到静止悬挂时的位置——枢轴点以下，也就是 0 点之上。但是钟摆会摆过竖直方向继续向右摆动。如果没有摩擦使能量损耗，那么钟摆能从左边的位置摆动到右边的位置，钟摆会在两个最大的角 θ_0 和 $-\theta_0$ 之间永无休止地摆动下去。

© masterrobert - Fotolia. com。

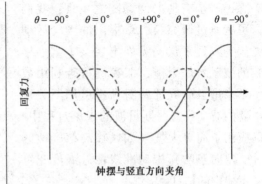

图 6.6　钟摆在角 $-\theta_0$ 和 $+\theta_0$ 之间摆动，图中实线表示回复力，随钟摆与竖直方向的夹角而变化（夹角 θ 沿图中水平箭头方向呈现出一个完整的周期，往复变化）。在虚线圈内，我们可以看到实曲线上近似线性的部分。

发现，由于无法用一个简单的数学函数表示方程的解，因此，未来任意特定时刻的钟摆摆角难以被表达。

　　然而，我们仔细研究这条曲线后会发现，角度较小——也就是钟摆与竖直方向的夹角仅有几度时，回复力与夹角之间的变化关系几乎是线性的，在图 6.6 中表现为虚线圆圈内的实线部分。因此，当钟摆振荡的幅度有图 6.5 中两条虚线之间的夹角那样小时，可以用既准确又易于求解的线性方程近似表示，此外，可以永久地准确预测这种情况下的钟摆摆动。但是，可以准确预测真实的非线性运动么？答案是肯定的，尽管钟摆摆动中存在弱的非线性反馈，但能量守恒定律足以控制混沌运动的发展。

　　在第四章中，我们讨论了第二个钟摆逐渐停止的过程中产生的混沌运动。这时，能量守恒定律不能充分抑制反馈过程，混沌运动中就有可能产生"蝴蝶效应"，使未来的行为变得难以预测。大气运动更像一个可预测的单摆还是更像一个难以预测的双摆呢？

在过去的几个世纪中，小扰动法成功应用的一个主要事例是对天文事件的预测。当太阳-地球-月球系统模型建立后，用来预测日食或月食，我们能忽视周围其他行星的影响么？太阳系中太阳的影响是主要的，当不考虑其他行星之间的相互作用而仅在方程中考虑太阳的引力场时，我们能得到一个其他行星围绕太阳运动的相当好的模型。这种方法的合理性有赖于太阳的质量比其他所有行星质量之和的一千倍还大，因此，太阳支配着相隔遥远的行星之间的引力作用（太阳就像一群人中起主导作用的领导者）。然后，我们在方程中加入每一颗行星产生的引力作用进行校正，用更合理的小扰动法进行计算。

在以重力场为主的层结大气中，认识到罗斯贝提出的科里奥利力随纬度变化的重要性（见第五章）支撑了他的小扰动法。太阳的质量相对于其他行星的质量太大，因此，在天文学领域小扰动法可以得到很好的应用。在大气中，没有对不同尺度回复力的明确描述，主要回复力之间的相互作用变得更加微妙。尽管小扰动法为我们从概念上理解复杂的风雨变幻做出了宝贵贡献，但这种方法既不能适用于所有情形，也不能像在天文领域中

那样用于准确预测。

像钟摆模型那样，用于预测系统未来行为的数学方法称为动力系统理论。钟摆模型在自然科学和工程学中有许多应用，包括振动或波动。正如我们在第四章前面提到的，一个池塘中的波动可以用线性理论来描述，这在原理上与钟摆模型没有什么区别，在重力作用下，池塘中上下晃动的水趋于平稳，类似于重力作用使钟摆趋于恢复到竖直向下的稳定位置。大气的基本状态接近静止时，我们可以分辨出气压中的振动，将小扰动理论用于控制大气的方程后，若大气中有充足的水汽，就会有波状云出现。可以由控制方程求出频散关系的表达式，知识库 5.1 中给出了罗斯贝的著名公式，这是一个频散关系的例子。频散关系能告诉我们扰动的传播如何随波长变化，问题中的其他物理参数也可能包含在这个关系中。关键问题是普林斯顿会议结束后，查尼和他的同事阐述了在不考虑大气中所有可能存在的波动的条件下，如何重点研究控制大尺度天气的气旋波（见彩图 CI.7）。

尺度和交响乐

大气运动比钟摆或行星运动复杂得多。我们用在海边的一次游览来说明查尼努力要克服的问题的另一个方面。在沙滩上坐了几个小时后，我们逐渐发现大海中有两种不同类型的运动。首先，海边有相当规则的波浪，

波浪最终在沙滩上破碎。但沙滩上也有缓慢起伏的潮水运动，通常潮水需要六个小时左右的时间完成一次完全的涨退，我们认为逐分钟变化的波浪破碎是"快"的，而逐小时变化的潮汐运动是"慢"的（当然，沙滩上可能还有其他的微小的波浪）。为了预报落潮和潮水流动，我们并不关心单个波动。同样，我们希望分辨出大气中的快运动和慢运动，因为它们在对第二天天气的预报中扮演着不同的角色。

我们能观测到的更快的波动表现为天空中飘过的云，图6.4展示了云中更小更快的波动。这些波纹表现为大气中一种比较特殊的快波——重力波。更慢、更长的波动表现为整个云层的运动，整个云层向外延伸数百千米。空气抬升后形成的脊表现为云中一列列的波动，这是快波的特征。由于抬升后的空气比周围的空气密度大，被抬升空气紧接着下沉，下沉运动（通常）需要几分钟。随着空气下沉，云水蒸发且云层消失，这时云层塌陷，然后再慢慢升起。当飞机飞过这种呈波动形式的气压场时，常常称飞机遭遇了气流。

运动的大气不断地将空气团从一个地方运送到另一个地方，同时，大气也是声波和重力波传播的载体。如果要预报明天或下周的天气，那么这两种波动就是不重要的，因为我们主要看大尺度气压形势逐小时的变化，如彩图 CI.7 所示的大尺度的云。对于可压缩的流体运动而言，方程中存在的声波和重力波会使数学和计算机分析非常敏感。查尼用术语"气象噪声"来命名这些快波。卑尔根学派在发展定性的气旋理论时没有考虑这些快波，它们本身在概念上就很容易被忽视。而将它们从精确的计算中除去更加困难，这需要非常巧妙的构思。查尼希望找到对控制方程合理近似的方法，从而在数学分析中消除这些波动。

1947 年 2 月 12 日，在高等研究院的菲利普·汤普森中尉收到的一封信中，查尼讨论了基于理查森公式的许多数值预报问题，并提出对预报员来说，分析大气中特定的运动非常重要。他喜欢将大气比喻为我们演奏乐曲的一件乐器，高音部分是声波，低音部分是低沉的罗斯贝长波。他认为大自然是一位来自贝多芬学院而非肖邦学院的乐师，偶尔会用高音部演奏琶音，尽管此时手法熟练。查尼评说，大部分人只熟悉缓慢的大气运动，只有麻省理工学院和纽约大学的学者们才能觉察到弦外之音。

查尼的重大突破为第一次成功用计算机预报天气做了铺垫，在讲述他的重大突破前，我们先总结一下查尼的博士论文，他将小扰动理论系统性地运用在均匀一致的基本气流背景下的简单波动的研究中，这是一个开创性的贡献。正如第五章中阐述的，守恒定律告诉我们如何理解给北美中西部和北大西洋西欧沿岸带来恶劣天气并随气旋移动的风暴路径。罗斯贝波具有持续性的特点，天气系统沿风暴路径在一个星期左右的时间内生成、发展和消亡。对量化气旋生命周期的探索推动了 20 世纪气象学中伟大成就的诞生。

继卑尔根学派发现极锋后，20 世纪 20 年代和 30 年代主流的气旋理论以热带暖空气和极地冷空气之间存在的气象要素的不连续性为基础（见图 3.13）。锋面是大气中的一个区域，在这里，温度驱动的气压变化虽然很小，但很重要。当这些小的变化不断增长时，我们称气流是不稳定的；否则，气流就是稳定的。我们需要在罗斯贝近似的基础上形成一个理论，将风的变化与热力过程和水汽过程相耦合，从而产生位势不稳定，这样气旋就能在初始的气压扰动基础上发展起来。

相反，20 世纪 30 年代，高空大气观测不断增加，正如查尼 1947 年曾说过的，"地面上锋面扰动的数量会大大超过高层大气中主要的波动和涡旋。"他继续说"这是很自然的……不考虑锋面，仅在基本西风气流的条件下解释长波运动。"20 世纪 40 年代，这些因素引导着气象学从底层的极锋向中高层大气中的西风气流发展。观测更大范围的风场后发现，风速随高度增加大致呈线性增长。将风场与从赤道到极地的温度梯度耦合后，从大气的基本状态出发，研究中纬度气旋的触发机制的前景变得更加光明。

正如科学界中常常发生的，在相似的时间、不同的地点，这个问题受

到两次抨击。20 世纪 40 年代，完全不同的两个团队对气旋的初生问题给出了两种截然不同的解释。在美国，如前所述，查尼的解释发表在 1947 年；而在英国，埃里克·伊迪的解释发表在 1949 年。人们普遍认为查尼的文章是 20 世纪理论气象学界最重要的文章之一，查尼向我们展示了利用气象定律可以更直观、系统地表达罗斯贝的结论，他通过改变我们将数学方法应用于基本方程的态度改变了我们的研究传统。1947 年的这篇文章鼓励其他人在数学上更加严谨，并介绍了对方程的分析方法，这种方法可以成为佐证传统大气数据分析方法的有效工具。

查尼 1947 年的论文至今仍晦涩难懂，它是利用数学方法分析问题的杰作。这篇题为《斜压西风气流中的长波动力机制》(*The Dynamics of Long Waves in a Baroclinic Westerly Current*) 的论文发表在 1947 年 10 月的《气象杂志》(*Journal of Meteorology*) 上（现已更名为《大气科学杂志》(*Journal of Atmospheric Sciences*)。年轻的查尼毫无保留地在介绍他的论文时提出，"地球上热带外大尺度的天气现象与盛行西风带中移动的大涡旋（气旋）有关。气象学理论中的一个基本问题是如何解释气旋的初生和发展过程"。临近结束时，他说，"该研究为西风带中的不稳定现象提出了一个明确的物理解释，并建立了必要的标准……斜压波动中，任何精确的数学处理方法都必须满足这个标准"。之所以称为斜压波动，是

因为气压的变化与密度和温度都有关系：查尼称斜压波动为"气旋波"。

伊迪的做法在数学上和概念上都更为简单，并已成为所有现代气象学专业本科课程中的一个重要问题。因为伊迪的波动解众所周知，因此，这成为该学科学生所学的理论知识的奠基石之一。伊迪顺便借用达尔文进化论这个有趣的比喻来阐释他的想法。他的大脑中浮现出这样的画面：大气中，水平尺度差异很小的波状扰动之间互相竞争，条件适宜的扰动获得优先发展权，发展最快的扰动会迅速主导其他扰动，因而最有可能发展起来。伊迪提出，"如果'自然选择'不是一个真实存在的过程，那么天气系统在尺度、结构和行为上会更加多样化"。自然选择理论表明，发展最快的扰动应有 4,000km 左右的波长，它被看作是热带外气旋发展的胚胎。因为查尼和伊迪发展的理论是线性的，因此，这些扰动就像"胚胎"一样。

查尼和伊迪用小扰动法进行第一步求解，去掉反馈问题，因此这个理论只能描述小振幅的波状扰动。当气旋表现出彩图 CI.7 中这样高度非线性的状态时，线性理论就不再合理。然而，与罗斯贝的早期工作相比，伊迪和查尼利用的大气基本状态更加切合实际。他们想要扰动的大气基本状态是这样的：中层大气中有增强的西风，温度极向递减。这两者都能为扰动发展提供充足的能量，因此，大家都认可他们模拟的理想气旋发展的结果。

图 6.7　埃里克·伊迪（1915—1966 年）1936 年毕业于剑桥大学基督学院，获得数学学士学位，1937 年进入英国气象局，担任技术员。第二次世界大战期间，气象学对于伊迪来说既是一份职业又是一种爱好。在没有任何建议和鼓励的条件下，伊迪利用业余时间继续研究工作中的重点课题。战争结束时，伊迪决定投身理论气象学的研究，不久后，他在 1948 年获得了伦敦帝国学院的博士学位。在这之前，他就受到了杰克·皮耶克尼斯的关注，杰克·皮耶克尼斯于1947 年邀请他到访卑尔根，之后，伊迪又收到了普林斯顿大学的冯·诺依曼和斯德哥尔摩的罗斯贝的邀请。他的研究工作仅有一小部分曾被发表。《英国皇家气象学会季刊》（Quarterly Journal of the Royal Meteorological Society）的讣告中，他的论文《长波和气旋波》（Long Waves and Cyclone Waves）被誉为"对他早期研究工作的一个精炼的总结，在逻辑上，这是 V. 皮耶克尼斯及其学派的物理流体动力学的延伸，而伊迪却以一种简练而优雅的方式表达了出来，这位气象学先驱认为我们要有物理意识，要用正确的分析方法来实现最终目标。"诺曼·菲利普斯提供。许可使用。

知识库6.1　长波问题：伊迪范式

伊迪的模型中包括基本纬向西风

气流和极向递减的温度梯度（在纬向西风中模拟赤道到极地的温度差）。在中纬度地区考虑一个有限区域，伊迪没有考虑科里奥利力效应中的罗斯贝变化。风随高度的变化与纬向温度梯度平衡，这就是著名的热成风关系。然后，伊迪假设在大气模型的顶部有一个"钢盖"，这就简化了平流层的影响。这个模型的核心在于它具有更合乎实际的大气基本状态，在这个模型中，伊迪加入了如下形式的波状扰动：

$$A(z)\exp[ik(x-ct)]\sin(\pi y/L)。$$

这里，x 和 y 分别是东向和北向的坐标，k 是纬向波数，c 是相速度，L 是水平尺度，$A(z)$ 是振幅，与高度 z 有关，其表达形式未知。将波状扰动代入控制方程中后，伊迪发现，在一定的条件下位相会变成虚数，因此，会产生随时间的指数型增长，这是不稳定的特征。如图 6.8 所示，计算结果与计算机的模拟结果匹配良好。

由冯·诺依曼主持的用计算方法预报天气的项目对气象学有重要贡献，查尼很快就结合冯·诺依曼的项目继续他自己的具有开创性的博士后工作——研究气旋的发展。1948 年，一篇题为《大气运动的尺度》(On the Scale of Atmospheric Motions) 的论文发表在了《地球物理出版》(Geophysical Publications) 上，这篇文章弄清楚了迄今未解决的非线性难题，这为下一个五十年的气象学理论革命奠定了基础。查尼的介绍仍旧清晰果断（尽管前几句话有些谦虚）：

图 6.8　利用现代计算机对北大西洋上空气流八天的模拟结果。第一张图模拟的是知识库 6.1 中，在线性初始状态条件下发展四天后的结果；第二张图模拟的是第六天，这一天，强冷暖锋面形成并开始锢囚。阴影部分表示一定高度上的位涡，等值线表示位温（见知识库 5.2 中的定义）© 约翰·梅思文。

在最近发表的题为《斜压西风气流中的长波动力学》(The Dynamics of Long Waves in a Baroclinic Westerly Current) 的文章中，作者指出：在大气波动的研究中，由于存在一组同时满足问题条件的波动，因此，集合问题很可能变得非常复杂……在大尺度天气现象的研究中，只有长惯性波很重要，它是由一般运动方程强迫出的波动，并与任意一种理论上可能存在的波动斗争……运动方程具有普适性，适用于整个波谱中所有可能存在的运动——由声波到气旋波——在气象学观点中，这些波动构成了方程的严重缺陷……这意味着，方程中的这些小波动不仅气象意义很小，而且会使方程在实际上是不可积分的，因此，研究者必须考虑改进大气的长波运动方程。

查尼下决心去掉所谓的"气象噪声"——气压场中无关紧要的小干扰，一部分表现为彩图 Cl. 7 和彩图 Cl. 8 云中的小尺度特征（彩色部分）。

查尼直觉上是要寻找一个基本状态以及相关的波动，波动近似地转平衡——主要是水平气压梯度和科里奥利力之间的平衡，也就是满足白贝罗定律。主要步骤如下：迄今为止，小扰动法已被用于空间和时间定常的基本状态中。而查尼想要引入一个具有空间结构的缓慢演变的基本状态。这种方法的引入开启了一个新的起点——对非线性方程组的系统研究，将简单的线性化方法推广为对更真实的基本流的研究。这种方法能给我们提供一个相对简单且适用于纸笔分析的模型。

大尺度大气运动基本方程组的各项有不同的量级，地球旋转效应（科里奥利效应）和水平气压梯度力几乎相等，比水平加速度大 10 倍以上（见图 6.9）。查尼在 1948 年的文章中对主要作用力的量级大小进行了排序。

地转平衡是水平方程中的主要项之间的大致平衡，主导着天气系统中的大部分动力过程。因此，我们只需要估计量级更小的加速度项，加速度项是部分非线性分析困难的来源（见第四章的解释），这种近似可以将非线性反馈减小到可控的范围内。然而，这些简化应该考虑这些作用项的重要性。也就是说，不能用水平方向的牛顿定律预报风的变化，查尼提出用实际风预报地转风，然后对加速度作用产生的小偏差加以校正，从而在一定程度上解决了这个棘手的难题。查尼在第一篇论文中提出，用（非线性）地转风代替简单西风气流的基本状态，然后用小扰动法计算准地转状态下的波动。那么，查尼在第二篇论文中提出了什么观点让他如此雄心勃勃呢？

查尼在 1948 年发表了一篇论文，文章的中间部分有一处格外引人瞩目的文字，"在准地转水平涡度和准静力条件下，大尺度大气扰动由位温守恒定律和绝对位涡守恒定律控制"，这就是如今所谓的准地转（QG）理论。许多气象学家都这样说，现在大部分大气和海洋动力学仍然源于 QG 理论。在没有额外的复杂的热量和水汽过程的条件下，在我们研究难解的欧拉方程的过程中，查尼论文中的这句话必被列为现代气象学最有效、最深刻的观点之一。查尼还强调了守恒定律的重要性及其在合理近似中的重要作用。查尼对问题的本质有着很好的理解：如果用音乐类比，即查尼能很好地区分管弦乐队的不同组成部分，通过平衡不同的部分就可以创作一曲令人愉悦的和弦，这曲和弦是由低音部分支配的。

$$\frac{\text{horizontal acceleration}}{\text{horizontal coriolis force}} \sim \frac{10/10^6}{10^{-4}} \sim \frac{1}{10},$$

$$\frac{\text{vertical acceleration}}{\text{acceleration of gravity}} \sim \frac{CW}{gS} \leq \frac{C^2H}{gS^2} \sim$$

$$\sim \frac{10^2 \times 10^4}{10 \times 10^{12}} \sim 10^{-7},$$

图 6.9 上边的方程是查尼在 1948 年论文中的计算结果，为特征水平加速度与科里奥利效应的比值。科里奥利效应起主导作用，因此地转平衡的近似是合理的（费雷尔理解的买入-投票定律（Buys-Ballot's law））。下边的方程是查尼计算的垂直方向上特征垂直加速度与重力加速度的比值，可以看出，特征垂直加速度远远小于重力加速度，因此，在垂直方向上满足静力平衡。*The Atmosphere: A Challenge*。© 美国气象学会。许可使用。

在 1948 年的文章中，查尼建立了描述大气中大尺度运动的数学基础。最终，查尼得到了基本状态下足够真实的天气状况，QG 理论成为 20 世纪的试金石。查尼吸收了近一个世纪的动力气象学的精华，这些精华强调了大尺度环流对小尺度天气的重要作用，并且查尼首次用数学预报的方法对小尺度天气进行了描述。从某种意义上说，查尼发明了一种数学描述的方法，可以训练预报员从图上看天气。它能够从一般解中去掉声波、重力波以及

更多的细节，这些是预报员在直觉上想要忽略的运动。

地转平衡以沿等压线的水平运动为特征，这能解释气旋发展中的盛行风，可以用气旋尺度的位涡守恒来理解气旋的整体运动。因此，可以用罗斯贝波解释极锋附近天气系统时间平均后的移动路径，但是当考虑水平温度梯度时，需要用 QG 理论解释不稳定气流中气旋的发展。以上讨论是对关键步骤的简要概括，需要按照这个顺序来准确地预报天气。此外，在包含热量和水汽过程的大气运动中，这些都是很强的约束条件，这些约束条件隐含在天气预报所需的复杂的、完整的非线性方程中。那么，在遵循上述原理和约束条件的前提下，我们如何才能确保数千亿次的自动计算结果恰到好处，从而正确地预报出下周的天气，而不是因非线性作用导致一团混乱呢？这个问题将在余下的章节中继续讨论。

博士研究过程培养了查尼深刻的洞察力，这促使他在 1948 年写出了这篇条理清晰又有深度的论文，那时查尼作为冯·诺依曼项目中的一员，正在芝加哥大学与罗斯贝进行交流。查尼曾获得赴斯德哥尔摩游学的奖学金，二战结束后，他前往斯德哥尔摩，与欧洲的气象学家们进行交流。随后，他参观了芝加哥，并向罗斯贝和芝加哥的研究团队介绍了他的论文工作。在查尼和罗斯贝的交流中，他们发现了一种发自内心的共鸣和富有创造性

的相互理解，查尼推迟了他的欧洲之行，他们在之后八个月的时间里几乎每天都要交流，这改变了查尼以后的生活。后来，查尼被邀请主持普林斯顿大学的项目，这开启了现代天气预报之门。

用小扰动法这种严密的方法分析简单基本状态下的波动是查尼博士论文的基石，小扰动理论可以告诉我们一个波状扰动是否会发展。在扰动发展的情况下存在一个界限，超过这个界限时，用线性理论分析这些模型是无效的；在界限之内，线性理论确实能告诉我们波动在何种情况下会发展。查尼在 1948 年的论文中解释了如何成功地对一个更复杂的基本状态施加扰动，这个基本状态中包含反馈过程并使用了地转风。如果我们认为这是气象学的退步也是可以理解的，毕竟非线性反馈是我们努力要克服的问题。查尼将尺度的概念引入他的方程组中，于是非线性作用得以保留，在控制气旋和锋面发展的守恒定律和平衡运动中，这恰恰可以更真实地描述气旋天气。第五章中，为了去掉公式中描述大尺度波动的项之外的其他项，我们可以假设罗斯贝在控制方程中使用了一把剃刀；本章中，我们也可以假设查尼是一名外科医生，为了去掉那些棘手的小波动，查尼用手术刀进行了更精细和微妙的操作。

查尼和伊迪的静力和地转模型标志着 20 世纪 40 年代后期气象学的第一次革命，这为气象学的第二次革命——在第一台计算机上进行数值天气预报奠定了基础。

气象学的第二次革命

查尼对理论气象学的转变有巨大贡献，他的想法源于 1946 年普林斯顿气象会议上提出的问题。1950 年，一个高度简化、实用的天气模型被建立起来，这个模型适用于有限差分和固定网格下的数值积分。与理查森的计算相比，第二次革命的另外一个重大区别是对新式电子计算机的使用。

会议结束时，会议小组仍不知道如何避免理查森的计算陷阱。据记载，关于过滤重力波有利于解决理查森预报失败问题这一点，查尼提出了一些难以理解的意见，但是没有人给予太多重视。直到一年后，正如查尼在 1947 年写给汤普森信中所说，他开始寻找一种一般性的方法，在当前计算机的性能条件下过滤"气象噪音"，过滤掉不重要的短波后预报长波的变化。据查尼所述（发表在查尼纪念刊中的采访），罗斯贝在过滤高频噪音时没有考虑用更简化的模型，他仍然提倡使用理查森所用的完整方程组。

事实上，在查尼离开斯德哥尔摩和卑尔根的一年里，他参与了新的计算机项目，这促使他产生了新的想法，这在前一节中也提到过。查尼说几个月的静心思考后，这些想法油然而生。为了让查尼继续他的博士研究，冯·诺依曼任命查尼带领普林斯顿大学的整个团队。这是冯·诺依曼做出的明智的一个决定，他也邀请了伊迪和昂内特·埃里森（那个时代公认的伟大的气象学家之一）参观并加入了这个团队。查尼、罗斯贝和冯·诺依曼的角色截然不同——他们有着不同的年龄，处在职业生涯中的不同阶段——但他们作为数学物理学家，有着相似的学徒身份。该团队取得的成功在很大程度上依赖于他们交流思想的能力和汲取彼此优势的能力。

无论是从地转平衡运动出发，还是从大气运动的水平辐合辐散出发，对于这个团队而言，在准确测量中遇到困难是难以避免的。正如在第三章提到的，在用理查森的方程组求解时，难以精确测量的问题使控制误差变得非常困难。那时，查尼已经意识到在气压场中计算机的计算误差起初通常只表现为重力波的形式，但这足以导致灾难性错误，就像理查森的计算结果一样。求得问题的解与拥有计算机进行耗时运算同样重要。

理查森曾试图将所有的影响因素包含在他的模型中，而查尼意识到简化模型是必要的。误差是由于气压场和风场中的高频重力波掩盖了用于预报的低频信号所产生的，必须采取措施控制误差的引入。然而，计算机自身并不能回避这个问题。此外，基于理查森方程组的模型将远远超过现有计算机的计算能力。

查尼意识到在 QG 理论的形式满足他们预想的计算机能力前，必须进一步简化 QG 理论。最后，查尼最终得出结论：他们需要的方程正是第五章中讨论的罗斯贝总涡度守恒方程。在普林斯顿会议上，查尼曾坐在罗斯贝旁边，他们都在考虑如何忽略或过滤重力波的问题，直到 1949 年查尼才得出这个结论。使用罗斯贝总涡度守恒方程时，由于垂直运动可能是一些天气现象背后最关键的因素，如能量守恒为气旋波、云的形成、降雪和降雨提供能量，因此在预报中忽略垂直运动是一个基本近似。因此，查尼的理论和罗斯贝的理论给预报员提供了预报有限时间——一天或两天内气压形势变化的方法，仅此而已。但是，这预示着一个新的开端！

该项目中的必备工具是电子数字积分计算机（简称 ENIAC），在设计和结构上这是第一个公开的、多功能的、电子化的数字计算机。它于 1945 年 12 月投入运营，这个机器给人一种庞大、老式的感觉，它比一辆公共汽车还大，处理能力还不到现代移动电话的百万分之一！历史上，第一台可编程计算机是一个高度机密的庞然大物，它位于英国的布莱切利公园，被用来破解第二次世界大战的"英格玛"密码，但它不是一个多功能的机器。

ENIAC 共包含 18,000 个真空管（外观和大小与灯泡相仿）、70,000 个电阻器、10,000 个电容器、6,000 个开关。42 块主板排放在一个大房间的三面墙上，耗电量 140kW。开关打开后，这台个人计算机产生的热量能温暖几个房间。ENIAC 消耗的功率与近五百台台式计算机消耗的总功率相差无几。ENIAC 的重要辅助手段是一个打卡机设备，用于大容量的读/写存储。由读卡器执行读取，打卡机执行书写。这些穿孔卡片就像老式纸质图书馆中的借阅卡片，不同的是人们在卡片上打孔，以编码的形式存储数据。通常来说，为计算机输入数据的这盒卡片必须按照一定的顺序放置。要是哪个粗心的程序员在地板上撒了一盒，就不得不为所有的卡片重新排序。

图 6.10　ENIAC，位于宾夕法尼亚大学电气工程系的莫尔学院。照片来自美国陆军部。

ENIAC 可以在约 0.2ms 的时间内完成两数相加，在 2～3ms 的时间内完成两数相乘。这台计算机被设计成一个"硬连线"机器，也就是说，不像以前用于控制电话交换的老式插头交换机，控制计算的程序是"有线"连接在 ENIAC 上的，这使编程变得繁琐又费时。如今，存储程序是设计计算机的基础，这在 ENIAC 的运行中得到首次应用。在存储程序中，单个命令以编码的形式直接存储，所有的命令构成整个存储程序，由于任何问题都可以用计算机求解，而且仅用这些命令就能求解，因此整个存储程序在一定意义上是通用的。

1950 年 11 月，查尼、冯·诺依曼和挪威气象学家 Rognar Fjørtoft 发表在 *Tellus* 上的文章中介绍了 ENIAC 项目的第一个重大成果。如果每个时间步长至少为 1h，东西方向上的空间间隔约为 800km，这种情况下，只能计算最简单、最慢的大气运动。即使是这样，也要花费一周的计算时间。这就是查尼和他的团队需要一个非常简单的模型的原因，这个模型中仅包含这些慢波解。图 6.11 展示了在粗网格中表示快波的难度。

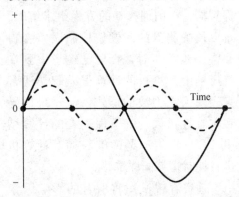

图 6.11　实线表示一段完整的波动。虚线表示波长减半、频率加倍的快波。当我们用计算机像素表示较慢的波动时至少需要五个像素，由实心圆表示：波峰、波谷以及与坐标轴的三个交点（交点上的值为 0）。用这五个像素表示这两种波动时，我们仅能"看到"慢波。对于更快的波动，与像素点对应的波动上的点都是零点，所以我们"看"不到更快的波动。我们需要至少两倍的像素点才能看到更快的波动——但仍会丢失比更快的波还要快的波动。

数值模式是如何预测气压形势变化的呢？这个想法非常容易实现。首先，运动方程满足总涡度守恒定律，在计算中仅使用旋转风，这是对流层中层大气的第一近似。大多数风场中有辐合辐散发生，辐合辐散发生在对流层中层之上（卷云层）和对流层中层之下（从地面到积云层），如图6.12所示。

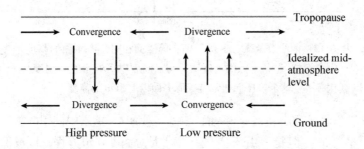

图6.12　这是一个大气的横截面图，表示典型的大尺度风场分布，从地面向上延伸至9km的高空，水平尺度几千km。在较低层（如距地面3km），我们看到的主要是积云；而在较高层（如距地面6km以上），我们可能看到卷云，卷云是否出现与大气中的水汽含量有关。计算机在较理想的对流层中层——约500mb进行计算，可以在这里看到上升和下沉运动。然而，由于对流层中层被认为是一个无辐散层，因此我们并不想计算这一层的垂直运动。

和第五章的思路一样，我们认为大气是一个薄层（见彩图CI.5）。下边界取为地球表面，上边界取为对流层顶，对流层以上是平流层。对流层是上下两个边界之间的区域，多数的天气现象在这里发生。我们可以通过模拟对流层中层的涡旋来预测气流流动。图6.12中，地面和对流层之间存在一个散度约为零的层次，很少有水平气流流入，主要的辐合辐散发生在对流层中层的上方或下方。在接近海平面的对流层底部或对流层顶部，用涡度和散度的组合描述气流。海平面气压变化是地表气流辐合辐散的结果，我们将其称作高、低压。我们想要计算出彩图CI.7中的平滑图像，忽略大尺度涡旋之外的所有细节。

天气预报员用地面天气图上的气压形势预报天气，因此用一种方式将海平面气压与对流层中层气压联系起来是必要的。皮耶克尼斯通过画"高度"图来实现这个目标。如图6.13所示，这个高度是500mb等压面的高度。因此，我们想要预报的一个关键变量是已知的，在气象用语中简称"海拔"。天气图描绘了等压面上的高度变化，取代了地球表面或等高面上的气压变化（见图6.13）。

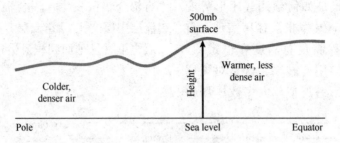

图 6.13　曲线表示 500mb 等压面，等压面相对于海平面的高度称为"海拔"，某一点的高度变化与该高度以下的密度（温度）变化有关。这个等压面通常位于海平面以上 5km 的高度上。

在水平气压恒定的区域，等高面和等压面是平行的。但是，由于空气密度的变化，在温暖、密度小的气团中等压面会抬升。我们可以想象，气球中的空气加热后，气球会膨胀，因此被加热的空气层会膨胀、抬升。类似地，等压面也会在较冷、密度较大的气团中下沉。高度和气压之间的这种关系意味着我们可以将气压作为纵向坐标（即对高度的衡量），这是气象学和一些数值天气预报模式中常用的做法。

如何直观理解涡旋与高度场的关系呢？我们认为 500mb 等压面上的高度场就像一张地图上的地势起伏变化（见图 6.13 和图 6.14）。我们知道，在徒步地图上，等高线之间的距离越小，地形越陡峭；类似地，我们也知道，在天气图上，等高线之间的距离越小，风速越大。如果现在我们想象自己站在这片起伏不定的等压面的制高点，那么会看到气流的涡度与地形坡度改变的速率有关，即等压面上的涡度与等压面的表面曲率成正比。

ENIAC 项目中使用的数学模型的核心是总涡度守恒方程。该模型中的风满足地转平衡，也就是说，风沿着等高线吹，如图 6.14 所示。在静力平衡的大气中，气压、温度和密度按照一定的方式随高度变化。对于一列气压值（如 100mb、200mb、…、1,000mb），我们通过重复如图 6.13 所示的过程构建每层等压面。然后，我们将气象要素放在大气中的不同高度上，这里的高度是用距离测量的。新的构建方法允许我们用自由步长，而且我们可以用气压度量气象要素所在的高度。因此，气压值序列（100mb、200mb、…、1,000mb）构成新的垂直坐标（海平面为 1,000mb、大气层顶为 100mb）。

用 ENIAC 进行数值预报要按如下方式运行。假设我们有 500mb 的高度场，图 6.14 为某一天正午 12 时的天气形势。我们将网格点通过内插的方式添加在天气图上（即将正方形网格角上的点放在天气图中），然后读出每一个网格点对应的高度值。按照图 6.14 中描述的方法，我们已经估计出了高

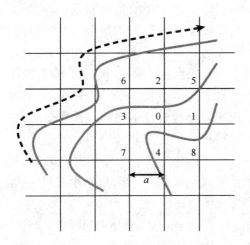

图 6.14 等高线用实曲线表示，表示 5,500mb 等压面上的高度值。虚曲线表示地转风，地转风平行于最左侧的等高线。将像素点作为网格点，并用数字标记。我们按下面的步骤估计每一点的高度，或者说是对每一点进行插值。点 1 和点 8 之间为 5,500m 的等值线，点 0 和点 2 之间为 5,300m 的等值线：将 5,500m 和 5,300m 之间的某个值赋给点 1。按上述方法计算区域中每个点的高度值。

度场中每一个网格点对应的值。也就是说，我们将连续的高度场换成了有限的离散点的数值。网格点对应的高度值与其邻近网格点的高度值之差为区域内该方向上的导数，我们可以用这些导数值计算地转风。借用专业术语来说，点 0 东西方向的地转风正比于点 4 和点 2 之间的高度差除以这两个点之间距离的两倍，也就是除以 $2a$。

守恒定律表明，由地转风输送总涡度，可以由地转风通过简单的计算求和得到涡度。如图 6.15 所示，将点 1、点 2、点 3 和点 4 的值求和，减去点

0 值的四倍，最后除以网格的面积 $a \times a$，就能得到点 0 处的涡度值。因此，当一个网格点的值恰好等于临近四个网格点值之和的平均值时，该网格点的涡度为 0。

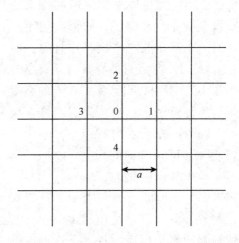

图 6.15 图示为用于计算涡度的网格点的编号。将点 1、点 2、点 3 和点 4 的高度值求和，减去点 0 的高度值的四倍，最后除以 $a \times a$ 就能得到点 0 的涡度值。所以点 0 的涡度可以度量点 0 的高度值与其临近点的平均高度值的偏差。

在每一个格点的涡度值中加入科里奥利参数，因此，我们发现第五章中，总涡度为局地涡度和行星涡度之和。对整个区域中的每个格点进行上述计算，然后将结果写在第二个网格上。利用第二个网格，我们就可以计算涡度的导数（或涡度的变化率）；这些是计算方程中的涡度输送项所必需的，同样用有限差分方法计算涡度输送项。像理查森那样，由于我们使用的网格有边界，因此在网格的边界上

计算导数时需要做一些近似。

我们所要求解的方程是一类特殊的方程，这类方程允许我们从网格边界向网格内部平滑插值。如果我们知道区域边界上高度值随时间的变化率，那么，相应地也能求出区域内部其他点的变化率。比方说，如果我们用一小时的时间步长在高度场中计算，通过叠加正午 12 点时的导数值（每小时的变率），就可以得到下午 1 点的高度场。重复整个运算后，我们就可以按照下面的算法逐时地预报：

13 时的高度 = 12 时的高度 + 12 时的高度变化率，

所以，基本的数值方法沿用了理查森的想法，但该模型简单得多，用一台机器就能系统性地在每一个格点上进行逐时计算。

可以通过上述计算涡度的方法计算气压场，那就是对平衡方程进行积分。平衡方程包含了高度场与涡度的联系，因此按照地转风原理，我们就能得到风沿等高线运动的形势图，如图 6.14 所示。从风场的运动状态出发，重复上述积分过程就能得到风场的预报图。

华盛顿下雪了！

ENIAC 在模拟中执行所有的算法，但需要操作员将这些算法进行手工输入和输出，操作员们需要生产出打孔卡片，然后将这些卡片送到机器中。查尼和冯·诺依曼设计的第一个项目不仅需要对 ENIAC 发出指令，还需要对操作员小分队发出指令。一个时间步长的计算模拟需要十六步操作，其中六步操作由 ENIAC 执行，十步操作由打卡人员执行。ENIAC 每执行一步操作都要通过打卡输出，操作员必须将打孔卡片整理和排序后，才能输入到后续操作中。冯·诺依曼巧妙地设计了人工操作和 ENIAC 操作之间的密切合作。

Platzman 在他的历史回顾中又一次完美地讲述了这个故事：

1950 年 3 月的第一个星期日，五位充满期望的气象学家（与理查森设想的 64,000 人形成了鲜明的对比）来到了马里兰州的阿伯丁，他们想在研究中做出非凡的成就。研究时间大大被压缩，研究工作仅在普林斯顿大学持续了短短的两到三年，在另一种意义上，该研究是按照 L. F. 理查森的想法进行的……（约四十）年前。在阿伯丁，程序从 1950 年 5 月 5 日（星期日）中午 12 时开始运行，持续了 33 天（每天 24 小时），中间只有短暂的中断。由约翰·冯·诺依曼和朱尔·查尼编写了该项目的程序。

他们的目标是在 1949 年 2 月 14 日这天对北美做出 24 小时的预报。这个团队很自然地决定要检验他们的想法，他们试图在初始场的基础上重现一个已知的事件，而且这个事件必须有据可查。第十三天的运行结束后，这个团队得到了 12 小时的预报结果，运行最终结束后，他们得到了 24 小时的预报结果，一个是 1949 年 2 月 14 日的预报结果，另一个是 1949 年 1 月 31 日的预报结果。对这些预报结果来说，计算时间（即计算机实际运行的时间）几乎完全等同于实际大气运动的时间，也就是 24 小时。人力投入是巨大的，但结果却非常鼓舞人心。

第一次预报第二天的天气共用了二十四步，时间步长为一小时，但人们意识到，时间步长变大时，预报结果几乎是相同的，后来时间步长改为两小时，共十二步，然后又将时间步长改为三小时，共八步。这是只用气旋运动强迫计算机程序所收获的意外惊喜，查尼记录的计算机运行的最短时间是用八个时间步长而不是二十四个，这能使计算过程加快两倍，只需要在 ENIAC 上花费十一天。

ENIAC 的预报覆盖范围包括北美、大西洋、欧洲的一小部分以及太平洋的东部。因为获得海洋观测资料非常困难，而且海洋位于预报范围的西边界上，因此该团队非常关注海洋资料可能带来的误差。用于预报的初始数据来源于美国气象局手工插值的 0300 GMT（3：00，格林尼治标准时间）的天气图，初始时刻为 1949 年 1 月 5 日、1 月 30 日和 1 月 31 日以及 2 月 13 日。在这几天，天气由大尺度天气特征主导，他们希望模拟结果更成功。图 6.16 给出了以 1949 年 1 月 5 日为初始时刻的计算结果。

尽管预报的天气形势和实际天气形势大致相同，但 ENIAC 对 1 月 5 日的天气预报结果仍比较差。预报员感兴趣的是美国上空的一个低压系统，但他们未能正确预报出该系统在大陆上移动了多少，还扭曲了气压系统的形状。另一方面，对 1 月 30 日天气的预报结果令人感到欣慰。正如预报员预报的，大尺度风场由西北方向转为西南西方向，加拿大西部气压不断加强，在这样的天气形势下，一个低压槽在西经 110 度左右的美国西部上空移动和加强，向外延伸上百公里。第二天的预报结果甚至更好，北方海洋上空西南风风向持续变化，并向欧洲西南部延伸，这些都被准确地预报了出来。对大陆上空低压槽的成功预报通常有利于降水和降雪的准确预报，所以这令预报员们感到欢欣鼓舞。

2 月 13 日，北美西海岸和大西洋上空主要的预报和观测都发生了变化，难以被预报和验证。当然，这主要是操作上需要考虑的问题，因为它强调了缺乏海洋观测数据所带来的困难，而海洋恰恰是北美和欧洲天气的发源地。

动力飞行器的首次试飞常常只能持续上百米，最后坠毁。首次用电子计算机预报天气与之有相似的缺陷。如今，更有效的"预报机器"被研制了出来，开启了用计算机预报天气的新时代。几年的时间内，许多欧美团队发展出了数值预报方法。随着机器的性能不断提高，模拟能力也得到了提升，更多的天气细节被预报了出来。

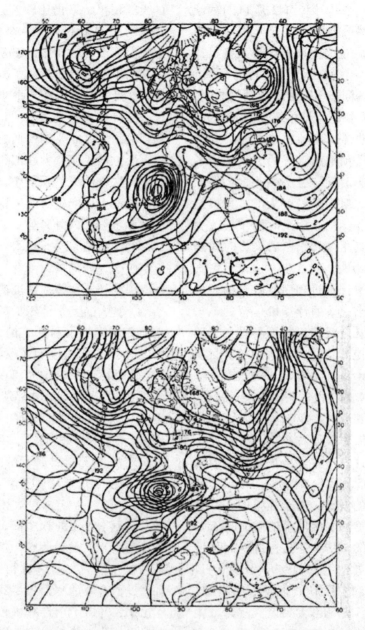

图 6.16　一个"严峻的考验"：上部是 1949 年 1 月 5 日 0300 时的天气形势分析图，下部是用 ENIAC 计算的这个时刻的预报图。粗实线代表 500mb 的等位势高度线，细实线代表总涡度。图片来自 J. G. 查尼、R. Fjørtoft 和 J. 冯·诺依曼，《正压涡度方程的数值积分》(*Numerical Integration of the Barotropic Vorticity Equation*) *Tellus* 2 (4)，1950：237-54。许可使用。

发表在 *Tellus* 的一篇文章中，查尼和他的同事们讨论了预报的缺陷，他们试图解释预报中现有的错误。这让人想起理查森，他们认为模型的缺陷在于：①忽略了预报方程中的关键物理和动力过程；②预报所用的初始天气图本身包含误差；③区域边界条件中含有误差；④用有限差分方程代替微分方程引起的误差。

可以证明，现如今这些问题依然存在。首先来看最后一类问题。查尼和他的同事们将有限差分方程和微分方程之间的差异称为截断误差。这些误差是用网格点上的变量值代替平滑变量产生的。计算中用的是网格点上的值，而不是观测的实际值；因此，有限差分方法足以改变最终预报结果。他们试图衡量这种现象对预报结果的影响，一种方法就是诊断涡旋场的值，准确的微分方程满足总涡度守恒定律，在涡度随气流的移动过程中，总涡度是守恒的。在诊断天气图的过程中，查尼的研究小组发现初始天气图上最小的涡度值发生了变化。在预报的过程中，总涡度应该是守恒的，然而实际并不是这样。他们还注意到，用于预报的 1 月 5 日的气压场中，涡度形势也发生了变化，这一定是由截断误差引起的。

通常来说，很难将错误的一部分归结到某一类特定的错误中。影响查尼和他的团队思考的一个重要因素是模型本身非常简单，也就是前面提到的第一个因素。他们利用了罗斯贝守恒定律，即假设风不随高度变化，也不考虑加热和冷却的影响。在实际大气中，总涡度不是严格守恒的，一些像水汽过程这样的物理机制可以产生和消灭涡旋。忽略模型中这些过程的影响意味着模型在一定程度上偏离了实际情况。在试验之前，人们认为他们只需要关注大气中的大尺度天气特征，而且他们只需要模拟特定高度上的一种变量（涡度）的行为，因此，罗斯贝方程足以提供符合上述条件的模型。然而试验后，他们发现有时在一天的时间尺度上，不能忽略对流层中部的热量和水汽过程的影响。即使这些热量和水汽过程的影响很小，它们对风场的结构变化也能起到重要作用，事实上，原先被忽视的弱垂直运动也很重要。

预报的不确定性很大程度上源于初始条件影响，也就是前面提到的第二个因素。如果预报一开始用的天气图就是错误的，那么正确预报的希望就很渺茫。例如，一个低压系统移过北美后可能进入大西洋上空，而在大西洋上空对低压系统的观测能力较差（这在 1950 年是完全正确的，现如今对海洋上空的观测能力也比较差，因为卫星很难探测到大气的每一个层次）。ENIAC 的计算以预报员的手绘天气图为初值，这些图中需要将用等值线表示的变量插值到模型中的网格点上。在插值的过程中很可能引入误差，这不仅使网格点上的值是"错误的"，还可能将这个网格点上的值带入下一个时刻，从而使预报的天气形势与观测不一致。

第二点非常关键。正如本章前面讨论过的，大尺度大气具有平衡的特点，如平均风场通常接近地转平衡状态。这意味着在高度场中，将一个网格点的值赋给临近的网格点时会受到自然的约束。在观测资料丰富的地方，预报员通常可以相当准确地预报临近网格点上变量的值。然而在观测稀少的地方，这个问题就没有那么容易实现了。在现代业务预报中，观测点与网格点之间的距离不同，观测点的可信度和重要程度也不同，我们在第八章中会进一步讨论。但是，回溯到1950年，他们不得不依靠手工插值，这些网格点上的值大多是预报员的猜测。在本书的剩余部分，我们会介绍如何将研究重点从得到"正确"的预报向得到"最优"的预报转移。

查尼将结果寄给了理查森，理查森亲眼看到了他的"梦想"逐渐变为现实。理查森向他的妻子多萝茜询问人们对查尼团队结果的评价。多萝茜认为，与天气图相比，计算机做出了更好的工作，用天气图预报天气具有持续性，也就是明天的天气和今天是一样的。理查森在写给查尼的最后一封关于学术的信中祝贺了查尼所获得的成就，并有礼貌地在结尾处补充道：在克服了众多困难后，ENIAC 的计算获得了成功，这大大推进了自己的研究工作。

尽管试验仍在继续，并不断与已知的观测比较，但数值预报之后的一系列进步仍然非常振奋人心。1952年11月6日，一场严重的暴风雪袭击了华盛顿，一年后，能否再现这场暴风雪是对新模式的一次严峻考验。查尼又一次加入其中，他像从前一样充满热情。1952年风暴的天气图在一个凌晨绘制完成，查尼打电话给美国气象局研究部主任哈利·韦克斯勒，他嚷着"哈利，下了雪的华盛顿像地狱一样"。可以想象，享受了一个晚上的优质睡眠的哈利听到这个消息后变得异常高兴。

1914年，威廉·皮耶克尼斯发表了《气象学是一门精确的科学》（Meteorology as an Exact Science）一文，四十年后的1954年4月28日，英国皇家气象学会主席格雷厄姆·萨顿先生在伦敦向社会发布了一年一度的主席演说，题为《气象学的发展是一门精确的科学》（The Development of Meteorology as an Exact Science），他将"精确的科学"定义为一种被认可的定量化的解决方案，并将它与收集观测资料后的定性描述相区分。他认为，精确科学是数学物理学的分支，并不失时机地质疑了气象学（尤其是预报）的精确程度。同一年，他的演讲记录发表在了《英国皇家气象学会季刊》（Quarterly Journal of the Royal Meteorological Society）上。在演讲中，萨顿提到了"L. F. 理查森的那本荒谬但令人兴奋的书"——1922年出版的《用数值方法预报天气》（Weather Prediction by Numerical Process）。他继续说道"我认为,如今很少有气象学家会相信理查森的梦想可能(更不用说十有八九)变为现实。在我看来,不管可能性大小,这个梦想都不会实现。"因为萨顿是英国气象局的总干事,因此他那强烈的直觉足以"冲击新事物"。20世纪50年代早期,也就是现代计算机时代将要来临的时候,英国气象办公室正着手研究数值天气预报。英国的科学家们努力与世界上的其他团队合作,争取战胜反复无常的天气和天气预报的不确定性问题。新式计算机已经诞生,皮耶克尼斯的气象理论也发展了半个世纪,对气象学家们来说,天气编码的时代似乎即将终结。

为什么像萨顿这样的高级公务员会对这样一个充满希望、不断发展并且能够造福大家的科学领域感到如此悲观呢?他当然承认用计算机解决数值天气预报问题的潜力,他也描述了一些气象局职员为解决这个问题所开展的开拓性工作。但是,即使与最好的科学家们一起工作,萨顿对天气预报员的预报结果也会感到失望和沮丧。从技术进步的角度出发,萨顿的悲观情绪表现了一个实用主义者对数值预报可行性的怀疑。他强调查尼和伊迪理论中大气中不稳定的重要性,这些不稳定源于风场和温度场中的微妙变化,然而,观测的缺乏会使现实中对天气系统生长和发展的预报变得非常困难。在逻辑上,这是一个完全合理的结论。现在,星载仪器对数据缺乏

这个问题有所补救。此外,雷达的现代化进展和传感器的发展实现了用不同的波长对大气进行扫描,这有助于我们观测云顶以下的大气,这是我们所关心的大部分天气系统发展的地方。

1950年,普林斯顿大学的团队在理论气象学和天气预报实践的历史上创造了一个里程碑式的突破。令人非常惊讶的是,他们建立了一个简单又稳健的大气模型,可以从这个简单的数学天气模型中提取有用的信息。或许,更令人感到惊讶的是,那时还流行着涡度守恒定律无用的观点,人们认为涡度守恒仅在线性预测中有较好的准确性。涡度和使涡度运动的风场之间微妙的非线性反馈是难以预报的。

ENIAC最初的结论尽管振奋人心,但是计算过程花费了与天气变化相同的时间,最终结果还不如预报员的预报结果。ENIAC在长时间的预报中,大部分时间被人工打卡操作消耗了。例如,读取、打印、重放、分类和归档操作都由人工完成,二十四小时的预报中用了一万张卡片。1950年,查尼和他的同事们发现,正在为高级研究所建造的机型不需要一系列的人工操作,预报时间会减半,二十四小时的预报仅需要十二小时就能完成,这才是真实的预报。(我们需要提及国家气象局和都柏林大学的彼得·林奇,他在2008年将ENIAC计算过程移植到移动电话中!手机能够在短短的几秒钟内生成ENIAC的计算结果,包括图片!他称此为PHONIAC,并且该运行

过程比 ENIAC 的运行过程快了将近十万倍。)

正如查尼提到过的,这些简单模型忽略了一个简单又重要的物理过程。极向的温度梯度使势能转化为风场的运动动能,这种能量转化在风暴和飓风的发展中以及普通的气旋发展中至关重要。所以,在发现大气垂直分层方法前,用计算机预报气旋发展的方法一直受到局限。

在数值天气预报方法被广泛应用前,不得不改进计算机模型,使它能计算大气中的多个高度层或气压层,这为预报员提供了一大利器——等压面图。预报大气运动的关键不仅包括对流层中部的等压面,还包括接近地面的等压面。这个两层模型很著名,原因是它将对流层中部发生的现象与地表发生的现象联系了起来。这个联系主要是垂直运动:如果没有垂直运动,那么不同层次的运动将是彼此独立的,从观测上来说,这是不成立的。解决这个问题的方法让人大跌眼镜——通过计算每一层上的散度间接计算垂直运动,而不是直接计算垂直运动。在瑞典研究员中广泛使用的三层模型证明该方法非常有效。随着计算机能力的不断提升,研究人员更加自信,模型中的层次也越来越多。20世纪70年代,模型在垂直方向上通常有十到十二层,21世纪初,多数气象中心使用的模型超过五十层。

我们现在既有方程组,也有技术,尤其是卫星和电脑;但我们也会面临未知和错误。因此,我们要不断提高物理水平。伊迪在 1951 年发表的论文《气旋发展的定量理论》(*The Quantitative Theory of Cyclone Development*)中表现出了非常深刻的洞察力:

证明运动不稳定的现实性意义很明确,例如在实践中,无论我们的观测网络有多好,都不可能给出精确的运动初始状态,我们也永远不会知道一定误差背后的扰动是什么。既然扰动可能呈指数增长,那么预报周期变长后,预报(最终)结果的误差也会呈指数增加……在有限的时间间隔之后……误差可能变得非常大,以致于使预报毫无价值。

他接着在最后一段的总结中提到,"因此,长期预测必然是广义的统计物理学的一个分支:我们的问题和答案必须用概率来表示"。

伊迪意指混沌的影响。几年后,当时来自麻省理工学院的名气相对较小的爱德华·洛伦茨开始对这些问题认真研究起来,我们在后面的章节中会继续讨论这个问题。

第七章

数学图像化

查尼1948年的论文《大气运动的尺度》揭示了流体静力平衡、地转平衡以及位温和位势涡度守恒，将我们引向了一条能更好地理解温带天气的道路上。十五年后，爱德华·洛伦茨发表了一篇无伤大雅的文章《确定性非周期流》，认为我们永远没有能力预测长期天气预报。那么，混沌理论能否解开我们在理论气象学中所取得的成就呢？在本章，我们将为大家展示查尼和洛伦茨研究结论的差异如何在独立的数学框架下变得合理。通过数学我们可以掌握天气系统的性质特征以及它们规则和不规则的运动，这样在某种程度上我们就可将其建立在计算机的模拟中。

一只蝴蝶的问世

大约在公元前700年，希腊哲学家赫西奥德在《神谱》中描写了关于宇宙学和宇宙的起源，并解释了上帝是如何产生的。他介绍了"混沌"的本质——一种与宇宙万物都有天壤之别的"无形的物质、无限的空间"。如果天堂被期待为一个不存在不确定性的地方，而我们在地球上现实残酷的生活意味着对明天的未知，那么混沌就是人类对宇宙确定性观点否认的屏障。长期以来，人们普遍将混沌看作理解科学的一种方法及我们对世界认知的能力。近些年，混沌吸引了不少关注的原因之一就是它被看作是从科学家们的脚下拉出的众所周知的隐藏"地毯"：它申明了我们在经济、医学等科学方面的预测和所"知道的"绝不可靠，当然天气预报也不例外。但是在相当实用、丰富多彩的数学思想中，混沌及我们用来研究它的数学，都是无形的。

查尼和伊迪明白不可避免的误差将在天气预报中蔓延。对完整物理过程理解的匮乏总是限制了天气预报的有效范围，这涉及了云、降水、冰晶、阵风与树木丘陵的相互作用以及基于计算机方法得到的合理近似值。混沌的故事起源于1972年，美国气象学家爱德华·洛伦茨发表言论：一只蝴蝶在巴西扇动翅膀可能在德克萨斯州引起龙卷风。（事实上是一个会议组织者在介绍"蝴蝶的翅膀"；洛伦茨当时没有及时提交他演讲的题目和摘要，而会议组织者知道洛伦茨在之前的演讲中都用海鸥的翅膀作为比拟，于是即兴发挥。）

如此追溯到19世纪50年代，在庞加莱寻找三体问题的周期性解的时候，洛伦茨也已经开始在天气中寻找周期性模型。洛伦茨最初的目的是向人们展示，基于物理预测法的数值模型对天气的预测是优于基于对过去事件信息统计的预测方法的。考虑西雅图的多云天气，如果六月份平均有十天是多云，那么给定一周的时间，计算机对天气方程的解能为我们对多云天气的预测提供更多的准确率吗？

洛伦茨决定用数值模拟对这个猜想进行试验研究，他对一个很简单的天气模型方程采用了非周期的解决方案，而这个方案绝不会自身重复。其

关键点在于如果大气呈现了非周期性，那么无论过去的预测方法有多好，它们都从来没有掌握大气非周期性的行为，这是因为按照定义来说，一个系统未来的状态绝不会和任何之前从数据分析得到的状态完全一样。

到19世纪50年代末，计算机达到了一定水平，洛伦茨才有了处理这样工作的工具。他可以利用计算机每秒60次乘法的运算和4,000字的记忆能力——以今天来看很原始的水准，但当时已经足够去建立一个简单的大气模型。在洛伦茨选择的模型中，当从低层加热时，"天气"的唯一形式是颠覆的流体，这种类型运动的发生就像我们慢慢地热一锅汤。大气中热空气上升、冷空气下降，每天在很多地方都有这种现象发生，有时可以引起积云，有时也可以引起雨雪，偶尔也会引起局部强烈的暴风雨和龙卷风。

洛伦茨的对流被想象为粗略的循环并有更多规则，如图7.1所示的环

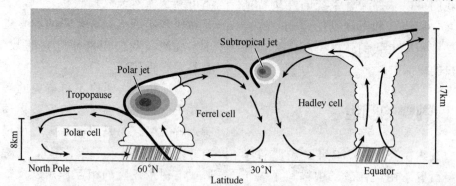

图7.1　本图是4月或5月从北极到赤道，理想化的地球大气平均活动状况截面图。热带地区和中纬度地区上升的暖湿气流形成了对流云。洛伦茨的对流模型只是这些简单模型中的一个单元。注意局部加热导致云层高度从赤道到极地是如何变化的，不管对流有多混乱，扩展量化这种高度变化的规则，便可制作出这样通用的图示。

流：高层的冷空气在一个地区下降，近地面暖空气在另一个地区上升。他的大气模型包括两个不同加热的水平面，就像在平底锅里的液体，锅底部的液体被加热，而顶部的液体却是冷却的。洛伦茨决定在模拟流体运动的基本特征中减少数学运算，他只保留了含变量 X、Y、Z 的三个方程：X 衡量对流运动的强度，Y 衡量上升气流和下沉气流之间的温差，Z 测量了温度随高度的变化偏离线性关系的总量。

图 7.2　爱德华·诺顿·洛伦茨（1917—2008 年），出生于美国康涅狄格州西哈特福市，曾在达特茅斯学院、哈佛大学、麻省理工学院接受过高等教育。1948 至 1955 年，他成为麻省理工学院气象系的一名教师，并被任命为助理教授。他一生获得过多种奖项，其中 1991 年荣获京都将，颁奖委员会这样评价他："洛伦茨'确定性混沌'这一大胆的科学成就，是继牛顿之后为人类自然观带来了最戏剧性的改变。"图片来自麻省理工学院博物馆。

图 7.3 给出了这三个洛伦茨方程，它们将比率 dX/dt、dY/dt、dZ/dt 和变量 X、Y、Z 通过看似简单的加法和乘法相结合，但又被证明具有复杂的和丰富的数学结构，自 1963 年以来便成为数以万计的科学论文的主题。而这种丰富的结构来自于图 7.3 中项 $X(t)Z(t)$ 和 $X(t)Y(t)$ 产生的非线性。其中的一个反馈过程涉及了当上升流增加时内部温度的反应，较热的流体被抬升地更快，改变引起上升流的温度配置和温差，从而又改变反馈，如此往复。那么对未来状态预测的结果是什么呢？

Lorenz Equations

$$\frac{dX(t)}{dt} = \sigma Y(t) - \sigma X(t)$$

$$\frac{dY(t)}{dt} = \rho X(t) - Y(t) - X(t)Z(t)$$

$$\frac{dZ(t)}{dt} = X(t)Y(t) - \beta Z(t)$$

图 7.3　X、Y、Z 都是随着时间 t 变化的。$X(t)$ 代表对流的强度，$Y(t)$ 代表上升流和下沉流之间的温差，$Z(t)$ 代表实际流体温度和一个固定线性温度曲线之间的温差。σ、ρ、β 这三个常量取决于解决方案的实际情况，第二个方程中的 $-X(t)Z(t)$ 项和第三个方程中 $X(t)Y(t)$ 项代表系统中的非线性反馈作用。图 7.4 中的表 1 给出了对给定的时间间隔或时间值 t，计算机解出的洛伦茨方程的 $X(t)$、$Y(t)$、$Z(t)$。为了节省空间，实际上表中每五个数字只有一个是洛伦茨列出的。

洛伦茨的数值过程采用每六个小时的时间增量或时间步长发展"天气"，并且程序操控计算机每五个时间步长打印出三个变量，或每三十个小时模拟一次。模拟一天这种图像的"天气"需要计算机一分钟的时间，而打印出数字实际上比运算需要更多的时间。为了使打印出的结果更容易阅读，他保留了小数点后三位，如 1.078,634 被印刷为 1.078。

洛伦茨在累加了很多页的输出结果之后，写了另外的程序将结果用图表表示，以更容易发现其中的规律（见图 7.4 和图 7.5）。洛伦茨检验了这些显式模型，事实上它们是随机出现的，正如我们所期待的那样，翻转的涡旋在一个轻轻沸腾的水壶里是不会精确重现的。一天他为了确保自己实验的可重复性，决定仔细看一组结果。他将机器输出的数字作为一个新实验的初始条件，并期待看到一个同样的曲线轨迹。起初解决方案是相同的，但是之后它们开始移动分离直到没有任何相似之处——就像图 4.6 双摆实验中描述的那样（同样可见图 7.14）。

这种情况是意外吗？洛伦茨继续尝试实验，但得到的都是相同的结果，他开始怀疑当他输入数据时就引入了小的误差，但他依然难以相信这种小误差竟会引起截然不同的结果。自牛顿时代，人们普遍认为较小的误差只

TABLE 1. Numerical solution of the convection equations. Values of X, Y, Z are given at every fifth iteration N, for the first 160 iterations.

N	X	Y	Z
0000	0000	0010	0000
0005	0004	0012	0000
0010	0009	0020	0000
0015	0016	0036	0002
0020	0030	0066	0007
0025	0054	0115	0024
0030	0093	0192	0074
0035	0150	0268	0201
0040	0195	0234	0397
0045	0174	0055	0483
0050	0097	−0067	0415
0055	0025	−0093	0340
0060	−0020	−0089	0298
0065	−0046	−0084	0275
0070	−0061	−0083	0262
0075	−0070	−0086	0256
0080	−0077	−0091	0255
0085	−0084	−0095	0258
0090	−0089	−0098	0266
0095	−0093	−0098	0275
0100	−0094	−0093	0283
0105	−0092	−0086	0297
0110	−0088	−0079	0286
0115	−0083	−0073	0281
0120	−0078	−0070	0273
0125	−0075	−0071	0264
0130	−0074	−0075	0257
0135	−0076	−0080	0252
0140	−0079	−0087	0251
0145	−0083	−0093	0254
0150	−0088	−0098	0262
0155	−0092	−0099	0271
0160	−0094	−0096	0281

图 7.4

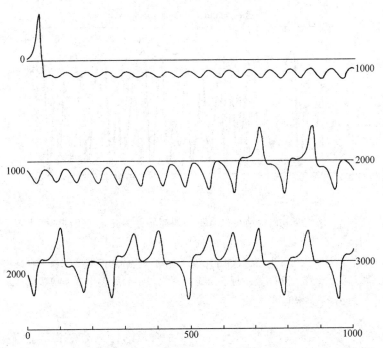

F<small>IG</small>. 1. Numerical solution of the convection equations. Graph of Y as a function of time for the first 1000 iterations (upper curve), second 1000 iterations (middle curve), and third 1000 iterations (lower curve).

图 7.4（续） 洛伦茨 1963 年论文中实验结果的副本。图中给出了表 1 中第三列的 Y 值开始上升，随后下降的情况。剩下的图显示了这个变量明显的随机行为：没有一幅图可单独地显示出明显的模型规律。有趣的是，洛伦茨和他的一些同事相互挑战对方来预测下一次曲线转换符号的时间，但没有人发现如何去成功地预测。*Journal of the Atmospheric Sciences* 20（1963）：130-41. © American Meteorological society。Reprinted with permission。

能造成很小的影响，但在这个例子中影响却是巨大的。接着他又怀疑是否是计算机的技术问题，也许其中的一个阀门过热，这也是很常见的。

　　洛伦茨在叫来工程师检测计算机前，就开始着手寻找造成这种巨大误差的原因。经过思考，他意识到计算机运算中保留了六位小数，但他自己却保留了三位小数并用这些数字来检查之前的运算，他开始考虑这种保留三位小数引起误差的可能性，约有 0.2% 的误差，这有可能就是击溃他"双胞胎（identical twin）"实验的原因。

　　事实证明这些很小的误差有着深远的影响，它们导致了实验结果的分

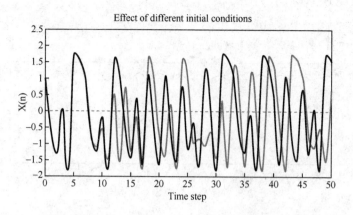

图 7.5 洛伦茨方程由两个稍有不同的初始方案开始，得到的两个不同结果（一个是黑色曲线，一个是灰色曲线）。刚开始两条曲线是重叠的，时间步长在 10 左右时开始分离，到最后两条曲线之间就不存在明显的关系了。实际上，两条曲线在它们粗略的振荡中都出现了随机行为。© ECMWf。许可使用。

歧。洛伦茨发现了实验结果对初始方案依赖的敏感性导致了混沌，但是我们就一定可以通过添加缺失的数字来提高计算的精确性吗？为此洛伦茨发现了天气预报的重要含义：千分之一的误差在模式中都是可校正的，但对于现实的预报却存在着更大的误差，并且这些误差都是无法避免的。我们不可能对天气要素的预测达到百分之百的准确率，而且在模式中实际观测站点相对数据网格点而言少之又少，比如在荒凉的陆地上和海平面的数据经常缺失。洛伦茨在他 1963 年发表的文章中得出结论，"当我们把关于非周期流的不稳定性的结果应用于大气中时，这只是表面上的非周期性，它实际表明了对于未来足够长久时间的天气预测，除非初始值是相当准确的，

否则无论什么方法都无法实现。考虑到气象观测的不准确性和不完整性是不可避免的，精确的长期天气预报似乎是不存在的。"那么，洛伦茨的发现是否揭示了混沌在确定性科学和现实之间的巨大鸿沟？皮耶克尼斯和理查森对于天气预报的梦想是否将化为灰烬？

当今预报员普遍认为这是主要麻烦。洛伦茨 1963 年的论文并不出名，就是因为涉及关于地震的可预测性的结论。实际上，从我们现在的观点来看，他的这篇文章最重要的特点是他对天气模式的处理方法。如果我们仔细研究洛伦茨实验结果的本质以及他是如何解释这种本质的，会发现他发展了一种新奇的方法来提取容易出现混沌行为的系统中的信息。

那么洛伦茨是如何应用庞加莱的思想呢？洛伦茨考虑计算机输出的新方法促进了他对方程的非周期性解决方案的研究。在图 7.5 中，方程结果显示与时间无关并显然无规律可循，但却有非常粗略的振荡行为。他的集成数值结果被绘制在图 7.6 中，坐标轴分别代表两个变量，$Y(t)$、$Z(t)$ 在曲线中的某点随着时间的变化也被标识了出来。在这种方式下，曲线悬浮在坐标轴以外的空间里。对于每个点，如果它重复了自己的运动，便会在图中出现重叠，这将帮助洛伦茨找出方程解出现有规律的模型的时间。但随着时间的增长，曲线却从来没有出现过重叠，至此洛伦茨发现了对流环流（convecting cell）的非周期行为。

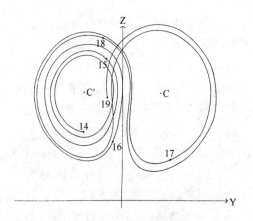

图 7.6　洛伦茨的突破：这幅图显示了一个在图 7.4 和图 7.5 中难以发现的隐秘的模型。这幅图是一个变量 $Y(t)$ 相对另一个变量 $Z(t)$ 的变化。随着时间 t 的变化，每个新计算的点被画出来，并和之前计算的点连接起来，形成了一个螺旋曲线的轨迹图。*Journal of the Atmospheric Sciences* 20（1963）：130-41. © American Meteorological Society。许可使用。

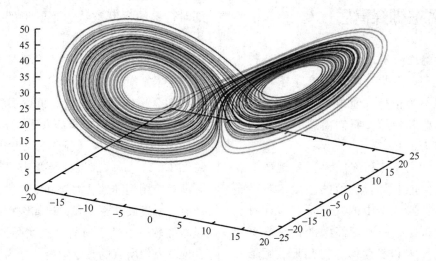

图 7.7　这里给出的洛伦茨"吸引子"，是通过图 7.5 和图 7.6 中显示的信息在 X、Y、Z 空间结合成的一条单一曲线或者生命轨迹。这幅图更加清楚地显示了这三个变量是如何变化的。"吸引子"表明尽管我们可能期待曲线随机扰动（就像图 7.5 中的曲线），但它的路径更像两个阀瓣或翅膀并且逐渐填补的"蝴蝶的翅膀"。

更重要的是，洛伦茨发现表面随机的曲线或生命史，或者图7.4和图7.5实际上都有一个新的模型。大多数由 X、Y、Z 三个变量组成的三维空间的振荡和图7.7中"蝴蝶的翅膀"很相近，混沌行为就是依据从一个翅膀到另一个翅膀的"转换"而出现。在洛伦茨的实验中，这种转换意味着流体环流改变的旋转方向。这一最负盛名的画面捕捉到了物理系统一个重要的定性特征，这种特征用传统的显示输出结果的方法是难以明显观察到的。洛伦茨对从他计算机里输出的数据流采用抽象思维，这开启了科学家和工程师的新主题，他们对洛伦茨在流体方面思想的应用，使混沌理论在许多不同的领域得以应用。

隐藏在蝴蝶背后

洛伦茨发现了可以标志混沌行为的模型，因此某些系统产生了可辨认的但不是很精确重复的模型。为了理解这些新模型，我们需要一些新的数学方法。

洛伦茨（和庞加莱）发现研究和理解混沌非常有价值的主要工具就是一些古典数学中的几何形状。在过去几个世纪，一所好高中的核心教育就是用尺子和罗盘构建三角形、圆形和直线。我们接下来对几何结构的描述并不是浪费时间，因为它适用于大气的基本静态和动态状态，并且能使我们看到这个古老工具的测量和计算是

如何应用到现代的超级计算机中模拟天气和气候，在这里显然计算机所做的就是数以亿计地产生数字。

几何思维已经支撑了人类很多重要的发展，然而几何原理却经常是很简单的。古希腊人大约在公元前640年前将几何学作为一项娱乐活动。欧几里得（约公元前300年）被认为是几何之父，他的著作《几何原本》至今依然是经典读物。当几何学开始作为测量地球表面的一门科学时就有了许多实际性的应用，比如农业税收率和表面积成正比。因为这些应用涉及的面积比地球的表面积小太多，（理想化的）欧几里得几何被认为是建立在一个无限的完全平坦的平原之上（或"平面"，对于数学家来说）。到公元前250年，几何学已经被应用到天文学，那时行星的运动被认为是圆形的；应用到解释音乐和声的比率和模式；还有测量和建筑，包括设计的对称性原理和许多艺术家使用的"黄金分割比例"。

如今环顾我们四周，可以看到几何学在我们的生活中扮演着重要角色。更明显的地区架构（见彩图 CI. 10 和彩图 CI. 11）、内部设计及基于卫星的导航被应用到陆地、海洋和空气中，但还有一些发展并不明显，比如医疗扫描设备的软件。基于所有这些实际价值，几何学就像所有的数学学科一样为我们提供了一种推理方法，因此它不仅仅是一种方便的语言来描述宇宙。

要鉴赏几何学在现代数学物理中是如何扮演并且为何扮演着重要角色，

我们首先要理解几何学在文艺复兴时期为何会被新滋生的思想所取代。直到17世纪开始，计算在很大程度上依赖于几何框架——一种图形运算的具体过程——但它基本局限于我们生活的空间。1650年之后，知识发展的新时期迎来了代数和微积分，它们成为几乎在任何数学科学领域都可解决实际问题的新的、强大的和更有效的方法。接着数学家们普遍接受了变化，几何学迄今为止的杰出卓越的位置被消除了。欧几里得经过近两千年的证明，承认智慧的钟摆摆向了另一个极端。这个计划能够实施是因为一个新的、更聪明的方法通过抽象符号取代几何图形所具有的潜力具有压倒性的优势。

这里要讲的故事里的领军人物阐明了我们在第二章中所描述的良好的科学实践原则，他就是勒内·笛卡尔。1637年，笛卡尔扔掉了他众所周知的尺子和罗盘，他意识到几何学中的任何问题都可以减少到一个问题，在这个问题里只需要确定直线的长度及这些直线之间的夹角的概念。在坐标中得到直线的长度是有规可循的。任何人使用索引和网格在地图上找到一个位置，其实就已经使用了笛卡尔工作中的组成部分。我们的想法是，空间中的一个点可以由一组数字来表示它的位置。例如，地球表面的任何一点都可以被它的经度和纬度表示。然后这样的点之间的距离在地图上就可以通过使用尺子和比例很快地算出来，

同样也可用涉及坐标的方程（比如用在现代GPS系统中）。

图7.8 笛卡尔（1596—1650年）是一个科学怪人。当他在上学期间，他的健康状况很差，学校允许他躺在床上休息到早晨11点——这成为他余生一直坚持做的事情，因为他认为这是为他提供创造力的基本条件。笛卡尔的数学为我们提供了现代运算和计算的基础。1649年，瑞典女王克里斯汀邀请笛卡尔去斯德哥尔摩，但坚持要求笛卡尔每天早上5点起床去教她如何构建曲线的切线。因此笛卡尔打破了他一生的习惯，并且在他去世前的几个月观看了每一个日出，去世时年仅54岁。他被葬在斯德哥尔摩，十七后骨灰被带回法国安葬在巴黎。法兰西民族为了纪念他，将他的出生地命名为都兰。Frans Hals, *Portrait of René Descartes*, ca. 1649-1700, Louvre Museum, Paris.

在他唯一出版的数学著作《谈为了正确地引导其理性并在科学中探索真理的方法》（后简称《方法论》），写到了关于数学、光学、气象学和几何

学。在《方法论》中，他在被称作
"Lagéométrie"的上百页的附录中对我
们所称的解析或坐标、几何提出了基
本方案。他着手实现建立使用代数解
决几何问题的方法，这个工作只是迈
向一个全新的和强大的数学技术的第
一步，目的是成为这个领域中最具影
响力的刊物之一。

笛卡尔将代数引入和应用到几何
中，不仅使一个点可以被一组数字所
表示，也可以使直线和曲线被方程所
表示。如今推论所涉及的算术运算规
则都是符号而不是数字，这就意味着
解决一个抽象方程的无穷多例子可以
立即被检查，而不是作为一个具体例
子找到依据数字的解决方法。进而，
检查他人的计算结果比检查几何结构
更为简单。这就是说，历史上第一次
将几何中的问题简化到涉及数字列表
的数值行为的程序（即代数运算）。

这个工作的重要性基于这样一个
事实：它建立了空间中几何曲线或图
像和代数方程之间的对应关系，这个
代数方程可以通过使用重复的程序和
规则以操纵符号来求解。这对于可编
程的计算机是一个至关重要的发展，
使其几百年后更加迅速和精确地实施
这种方案技术。今天我们扭转了这个
变化（Today we are reversing this regime
change）。机器例行操作的规则建立在
很长的数字列表之上，我们想发现或
知道在这些极其冗长的计算背后是否
存在显著的几何学。然后我们就可以
使用几何结构，通过捕捉与几何相关

的最初物理问题的重要性质特征去提
高计算的方法。新的范例就是数字中
的真相在模式或有效的几何中显现
出来。

在"La géometrie"中，笛卡尔介
绍了另外一个重要革新：幂指数符号，
即"y 乘以 y"可以写为 y^2。更奇妙的
是，他展示了如何乘除这些变量。过
去，y 被认为只有长度，所以 y^2 只能
是面积。但是笛卡尔让这个过程变得
完全抽象，以至于算法（和后来的代
数）变得完全独立于任何物理基础。
因此，数量的维数变得纯粹的抽象，
这就意味着一般的代数表达可以被写
为涉及不同幂的变量，比如 $y^2 + y^3$。
根据维数，这将是不被允许的，那么
当这些产物总是被特征化后，我们如
何能有效地添加一个面积到一个体积？
但笛卡尔已经将计算从这些物理解释
提升到对抽象符号有意义的操纵。从
这层意义来说，现代计算机只是一个
抽象的计算工具，和现实世界没有内
在的关系。计算机对 y 是长度、费用
或者是血压并没有任何意识——它只
是跟随它在程序下制定的规则，为用
户留下结果的解释。例如，当计算机
计算周围空气的变量时，用户需要对
程序遵循的代表计算背后的物理事实
的这种规则放心。

计算机不能提供天气像素值的物
理意义，与这个概念相一致的想法是
控制天气演变的关键数学运算必须独
立于我们观测的天气，不管它们距离
我们是英里还是毫米，有每秒成节或

成米的速度。以汞的英寸或毫米测量
气压，乃至平均海平面上以大气总重
量的百分比来测量气压是最好的方法
吗？这些考虑都暗示了我们可以根据
意愿来调整尺度，也能改变天气像素
变量的测量方法。然而不管什么方法，
我们必须得到总是相同的最终"回
答"。实际天气并不依赖于我们的测量
方法，这些尺度改变的想法在第六章
中有提到，在那里查尼确定了天气方
程中的控制条件。在几何学中尺度的
概念容许我们去定义物理世界中它们
的基本形式这一重要的定性特征，这
是独立于我们如何测量它们的。

17 世纪最后一个季度，牛顿和莱
布尼茨发展了微积分背后的思想，在
这个极为重要的技术发展中代数也发
挥了核心作用。到 18 世界中期，这个
抽象运动无疑是最时尚的。1788 年，
法国数学家约瑟夫-路易斯·拉格朗日
创作了不朽的经典——*Méchanique ana-
lytique*，在这本书里他自夸道读者不会
在书中找到任何使页面混乱的图表或
图片：几何将被规避，而力学将被牛
顿、莱布尼茨和他们同时代人的分析
和新数学来解释。然而没有想到的是，
通过本书的出版，几何学又重新回到
了数学中并渗透到现代物理学中。但
是新几何学必须是抽象的，并且不能
和我们生活的空间相关。

拉格朗日提出了运动服从强迫的
理论，在他理论的分析处理中关键的
思想是所谓广义坐标的概念。鉴于坐
标总是被作为描述物理空间的实际位

置或配置的测量手段，拉格朗日使坐
标的使用更加抽象化，并将速率的概
念上升到一个坐标的地位。比如，当
更方便时他就使用角度来代替位置，
就像我们在第六章描述的双摆时所做
的一样。这意味着如果我们想要在所
谓的拉格朗日结构中描述太阳系，我
们就不能只详细说明所有行星的位置，
而且还需要知道它们的运动。换言之，
拉格朗日的描述相当于对系统中的配
置和运动在任何时刻下的"快照"。拉
格朗日声称在任何时刻下，位置和速
率指定了所有我们需要了解的系统的
状态或被牛顿力学支配的主体，以便
预测该系统未来的位置及运动。广义
坐标描述了一个由这些变量决定的抽
象的空间，它为洛伦茨将近两百年后
发现的图像提供了"画布"。

通过使用拉格朗日的状态空间，
我们不仅在静态的、不变的世界中应
用几何——这个世界就像在照片中所
呈现的一样，而且应用在动态世
界——像电影一样。正如静力的力量
支持建筑和桥梁的空间几何，它同样
支持大气的静止状态，因此在状态空
间中与运动相关的动态的或改变的力
的模式，被描述为一个运动涉及时间
和空间的新的几何。

拉格朗日在他的方案中为了从数
学和物理中删除几何，创立了广义坐
标的思想，然而有一点讽刺的是，这
为我们提供了一个完美的舞台，证明
几何的更现代的理念是数学物理中不
可分割的一部分。拉格朗日理论卓越

的应用开始于一个爱尔兰天才的工作，他就是威廉·哈密顿。

图7.9　威廉·哈密顿爵士（1805—1865年）出生于都柏林，一岁之前，他被寄养在一个牧师叔叔家。通过他的叔叔，威廉接受了十三种语言的系统教育，并形成了他一生对诗歌的兴趣——在他晚年时期成为威廉·华兹华斯的朋友。哈密顿对数学的兴趣始于他见到美国的神经算法天才科尔·伯恩。在科尔·伯恩的热心帮助下，哈密顿获得了牛顿《广义算术》的副本，就是从这里他学到了几何学和算术学。后来他又读了《自然哲学的数学原理》和拉普拉斯的 *Méchanique céleste*。

哈密顿从事的研究是数学和物理的交界处。两百年之前，皮埃尔·德·费马（以"费马大定理"闻名）已经发现了光总是按距离最小化来传播这一定理（两点之间距离最短）。这就是说，光以一条直线无论穿过空荡荡的空间，还是穿过其他光学介质——比如水，可能弯曲射线——到达它的目的地总是用最短的时间。哈密顿成功地借用了费马的原理创立了光学的一般数学描述方法，仅在17岁时就用公式表达了他的想法，并将论文提交给爱尔兰皇家天文学家。这篇论文在发表的十年间，在两方面被认为是具有重要意义的：首先，哈密顿在27岁时就已经成为爱尔兰皇家天文学家；其次，他意识到同样的思想可以被应用到运动力学中去。

哈密顿的思想呈现在我们现在叫作状态空间的几何学中。状态空间是一个非常实用的想法：最简单地说，它是一种呈现一个对象或系统所有可能状态的方法。记住"状态"这个词，在哈密顿（和拉格朗日）考虑的力学中的例证，指的是一些东西的位置和运动（数学家们称之为"相空间"）。举个例子，如果我们在一场足球赛中拍照，并且将照片发送给一个没有在看足球赛的朋友，他们将看到在拍摄照片那个时刻运动员的位置和形态，并会想象在那一刻所有的球员在哪里。但是通常也会怀疑下一刻到底会发生什么，因为真实的运动并没有在照片中呈现。如果我们能在状态空间下拍摄同样的照片，那么所有运动员的位置和运动在那一瞬间将被记录下来——拉格朗日展示了这种情况，从此之后再没有出现质疑。对一个数学家来说，状态空间是抽象但又精确的方法来记录位置和运动（在力学中严格来讲是动量，并不是速度）：我们在哪里、我们要去哪。我们付出的代价是使这个状态空间可视化需要太多维数。对一个在物理空间运动的对象，我们需要六个坐标。因此，我们接下来要介绍的几何变得有点深奥。

为了抓住要点，我们首先集中在一个力学问题上，在这个问题里状态空间是最简单的，并且我们可以很容易看到——即二维空间，一个坐标代表位置、一个坐标代表运动。我们考虑这个例子为单摆运动，正如老爷钟的运动。我们开始通过画轴线来表示钟摆的位置和速度相对于其静止的状态：水平轴上的数字根据钟摆在垂直方向上的角度测量位置，垂直轴上的数字根据钟摆旋转的速度产生的角度变化测量钟摆的运动。这些轴线映射出状态空间，我们在图 7.10 中给出了钟摆在这个空间里的示意图。

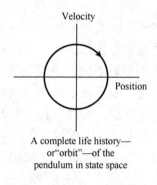

Velocity

Position

A complete life history—
or"orbit"—of the
pendulum in state space

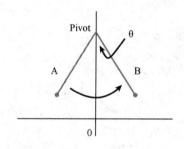

Pivot

θ

A   B

0

图 7.10　本图显示了如何在状态空间里建立一个轨道（左图）来代表单摆运动（右图）。在状态空间中，水平轴代表了角度偏差，θ 是偏离垂直钟摆的角度；垂直坐标显示钟摆的速度 $d\theta/dt$。当钟摆的摆动变得更快时，就可以画出一个圆圈。在状态空间中，周期性的行为可以被简单的闭合曲线标记出来，这种曲线就是在实验数据或数值数据中经常寻找的那种（就像洛伦茨之前做的一样）。

现在我们来想象另一个实验，通过移动钟摆更偏左，然后释放它开始摆动。这时钟摆有更大的弧，此时我们在状态空间中画出运动，新的轨道是一个更大的圆。注意，如果我们在钟摆达到悬挂位置时对其进行拍照并把照片给朋友看，他们并不能辨别我们拍摄的是哪个实验。但是状态空间图是精确的，它可以准确地告诉我们哪个实验是被拍摄的。我们可以从不同的开始位置重复这个实验，并且得到一系列的历史图，在这里状态空间的每一个历史图都是圆形。随着时间流逝，我们想象一个点来代表那个时刻沿着圆环运动的钟摆的位置和速度。

我们在完整的图片中包含了在状态空间中所有这样的点的生命史，构成了钟摆流（有点像噗噗枝游戏背后的思想和第一章中提到的"比尔"飓风的路径，以及本章前面提到的洛伦茨"吸引子")。这里所说的流是中心在原点的这些圆圈中的成员，它的半径不同，则摆动的振幅不同。

当然，我们知道一个真实的钟摆摆动会逐渐越来越慢，直到它完全停止悬挂着不动，这种行为在状态空间下用图7.11中向中心螺旋的轨道来代表，中心代表了没有偏转和运动的状态。同理，这个新的流动看起来更像水的涡旋，并向一个插孔里流动。

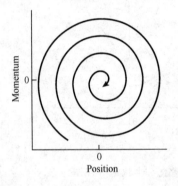

图7.11 图中所示的螺旋状是钟摆在有摩擦的情况下的生命过程。随着时间的推移、系统的演变，每个点根据特定的位置和速度，连续起来形成了曲线。由于摩擦降低了摆的最大摆动角度及速度，因此状态空间决定了螺旋最终在中心的平衡位置结束。

状态空间的实际应用来源于我们对流体性质掌握的能力，这些流体来自不必了解细节的曲线族——一个"自顶向下"的观点。对于给定的物理系统，从附近的初始条件开始，运动定律允许解的集合表示不同的可能性。通过这些生命史的集中或移动分开的总量可以告诉我们关于系统的敏感性。

图7.12中不同生命过程的洛伦茨"吸引子"显示了在混沌系统中存在的规则。每一个解都可以从不同初始条件的开始来区分。我们可以看到每一种解大致遵循相同的路径，就像图1.19显示的计算"比尔"飓风那样。每个生命过程都不会影响自身，所以系统绝不会重复它的状态，这就是说，系统是非周期的并且不会反复它的模型。

在图7.12a、b和c中，我们阐明了计算机集成的传播来自不同初始条件的集合体，这些不同的初始点可以被认为对系统"真正"状态的估计，因此有必要预报每个点的时间演变和生命过程。这些点在初始时刻都是紧密挨着的，随着时间的增长和不同的速度而分开。因此，根据最初选择的点来描述系统的生命过程，就会得到不同的预报。

图7.12中洛伦茨"吸引子"的两个翅膀可以被认为是两种不同的天气机理。假设我们预报的主要目的是预测天气系统是否会经历一场转变，如果发生，那发生的时间是什么时候。当天气系统处于初始状态，如图7.12a所示，所有的点合理地紧挨在一起直到最后时刻。不论选择什么样的生命过程来代表天气系统的演变，预报总是有一致的小误差和正确的天气转变信号。这些点的"集合"可以被用来生成天气转变的概率预报。在图7.12a中，因为所有"吸引子"的点在另一个翅膀上终止，就可以说这些初始条件有100%的可能性发生转变。

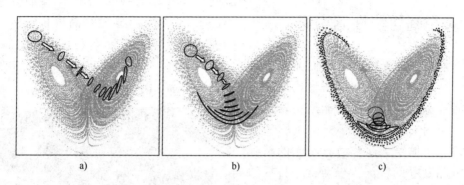

a)　　　　　　　　　　b)　　　　　　　　　　c)

图 7.12　我们展示了洛伦茨方程的许多计算机集成的输出结果，洛伦茨"吸引子"是灰色的。我们从 a 到 c 改变了初始状态，最初的圆圈对最后时刻的圆圈状态的可预测性变得越来越小。© ECMWF。许可使用。

相反，当系统开始的状态是如图 7.12b 和图 7.12c 所示时，在生命过程中这些点紧挨在一起只有一小段时间，接着就开始分离并传播出去，不过仍然有可能利用高精度的预测系统对未来天气做出短期预测，但是在长期预测范围内却很难预报天气系统是否会经历转变。在图 7.12b 中大部分生命史并没有显示出天气转变，图 7.12c 显示随着生命史迅速蔓延并结束在距离洛伦茨"吸引子"非常遥远的地方，相对图 7.12b 显示了结果对初始条件更敏感的选择。在概率计算中，我们可以预言系统经历一个天气机理转变的可能性有 50%，但我们不能断言是否是给定的初始天气状态导致了这样的变化。因此在图 7.12c 中最终状态的传播，表明了预测系统的最终状态还存在很大的不确定性。这个例子告诉我们为什么现代预测涉及的是预测未来事件的可能性和概率，而不是试图找到准确的未来事件。我们将

在第八章继续阐述。

因此欧几里得关于三角形、圆圈、直线还有垂线的图形思维演变成了在数据列表中的抽象操作，静态几何在我们生活的物理空间中变成了代数。接着运动被给定了它自己的坐标，并且成为微分方程和代数。简单稳定的运动依然是接近静态或周期性的状态，然而不稳定的运动在整个（或部分）状态空间里摆动，就像洛伦茨方程中的"蝴蝶翅膀"一样。

尽管洛伦茨的模型已经在天气中作为一个范例广泛使用，但实际上这个模型在一个相当重要的方面显得太简单。该模型没有遵循任何我们之前在第五章和第六章讨论的总体原则，这些原则是支撑我们观测天气和气候的基础。查尼卓越的洞察力为我们展示了天气方程如何服从尺度法则和守恒原理。下一步要解释的是几何如何对风暴的背后进行阐释——数学如何描述限制可能性的主要定律和原理。

状态空间可能性的约束

对几何的现代观点我们抓住了这样一个事实，无论如何衡量或尺度化物理变量，我们可以具体地去转化它们。彩图 CI.10 显示了一个英国教堂的设计，描绘了这个教堂与它的精确尺寸相独立的特征，想到这个特征的一种方法就是考虑静力平衡来支撑结构的重量。列间距让我们将力形象化，拱门显示了这个力被传遍整个建筑。构筑物的比例模型，比如建筑和桥梁，被用来测试是否能抵抗大风和地震。更具体地说，建筑的稳定性并不取决于它的大小。同样地，在科学定律背后的这些特征和事实并不依赖于这个变量的测量方法。我们称其为标度不变性（invariance under rescaling）。

大气中简单的静态平衡可以在相当平静天气下的积云层中找到。在一个晴朗的春天，这些积云层可以出现在北纬 25 度——如佛罗里达州，或者北纬 60 度——如加拿大草原。关键的区别是云的海拔高度，佛罗里达州上层的暖空气膨胀地更多，抬升了云层。大气的垂直尺度看似改变了，其实几乎没有变，如图 7.1 所示。我们能否找到一个方法去利用这些通用的标度呢？

当水汽达到几摄氏度的临界温度时，湿润的空气上升便形成了云，这和我们在一个寒冷的早晨呼气制造蒸汽云是一样的。在晴朗的春天，大气的凝结高度通常在海平面上 1～3km 之间，这个平面被定为压力表面（见图 7.13）。有时候凝结高度仅达到地面，尤其当暖湿空气流过一个相当冷的海表面。彩图 CI.11 显示了经常发生在旧金山湾区的这种现象。

图 7.13　在一个晴朗的天气，积云看起来就像在地球表面之上一样，关于高度重新调节的一个例子，就是海拔随着纬度系统地变化。

皮耶克尼斯在 1908 年第一本卡内基卷的静力学中提出关于大气的这些问题。他得到用气压作为测量海平面以上高度方法的优点，因为气压取决于大气的重量，与气体如何受热膨胀无关。气压面随高度变化的比例图已经在图 7.1 中显示，并让我们的焦点集中在空气的运动上（主要是水平运动），这就是在第六章中所讲的使用高度在做什么。

从静力学继续发展，我们重新开始追寻对天气的几何描述——状态空间里的几何结构——即返回一个最简单的非线性混沌物理系统，如第四章中介绍的双摆。我们已经看过了在状态空间中被一个循环所描述的单摆的周期运动，如图 7.10 所示，现在我们所要展示的是一个双摆混沌的生命史如何总是位于它所在的状态空间里一个特定的表面。关键是如果我们没有搅乱这些不同类别的混沌的生命史，那么约束条件就是至关重要的。

平稳加入小棒的双摆的状态空间是四维的，如图 7.14（左边）所示，这就是说图中 A 和 B 的角度和变化率使小棒能够产生摆动（虚线的弧线可解释）。将小棒的位置和运动连在一起，就形成了小棒的"状态"，因此任何这种在传统的纸上或视觉上（三维空间）的状态空间都是无法想象的。这些角度就是拉格朗日的广义坐标，其效用在图 7.14（下）中展示，我们可以看到第二个小棒结束的轨迹是一个躺在圆环表面的曲线或"甜甜圈"，对于小棒的空间配置来说，这并不是完全的状态空间，还需要速度。

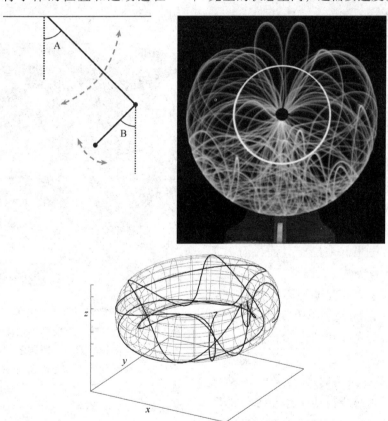

图 7.14　左上图显示了一个理想化的双摆运动，它的摆臂位置为角度 A 和 B，摆臂是如何运动的呢？状态空间将会告诉我们这一点，但它需要四个维度。然而，我们可以在一个抽象表面的三维空间里，将任何时间里摆臂的结构看作一个点。右上图是在第二个摆的末尾加了一只灯泡，并对其随机的生命史进行长时间曝光的照片。实际上在系统的结构空间中灯泡位于圆环上（或如同"甜甜圈"），如下图所示。由于轴心的物理约束条件，无论曲线有多复杂，它始终停留在圆环的表面。右上图© Michael Devereux。下图© Ross Bannister。

双摆的机械结构使圆环的配置（或位置）空间得以存在：一个支点连接了两个刚性棒，一个棒的尾部被旋转到一个固定位置，所以唯一的运动就是这些棒关于轴心的角位移（见图7.14下方）。换句话说，这两个小棒的轴心即物理约束条件，当在空间旋转时它限制了这些小棒的运动，正是这些约束条件致使动态的轨迹位于一个圆环上。

然而，我们最终还是没有控制双摆的运动，在这个理想化的系统中，总能量是守恒的。当一个摆克服重力被抬升，它就获得了势能。这种势能在摆被释放的时候可以实现，使摆开始运动，获得动能。对于这种理想化的机械系统，势能和动能的总和总是不变的，因为理想化就假定了没有摩擦。在状态空间里这样的总机械能守恒提供了一个抽象的约束条件，强迫摆的生命史很好地位于表面，而不是卷入混乱的轨道。

所有这些的关键是因为在状态空间中，常见的基本几何对象——点、线、曲面或表面和动力学行为之间出现了密切的联系。状态空间里的点描绘了系统在任何时刻的完整运动状态，直线或曲线描述了运动方程的轨迹和解决方案（就像洛伦茨蝴蝶效应那样）。而这些运动方程的解经常位于表面，这就表明变量之间存在一些潜在的关系（这些关系从物理设备甚至控制方程上看可能并不明显）。在大气中，流体静力学和地转平衡在天

气系统的发展中成为重要的限制条件。进一步地，空气团遵循质量和能量守恒定律，以及我们在第五章提到的潜在涡度守恒定律（PV）。我们的目的是寻找一个几何结构可以同时描述状态空间里的约束条件和守恒定律，我们相信当计算机程序遵循这些几何图形时可以更准确地描述天气，就像图7.15动物面谱所显示的那样。

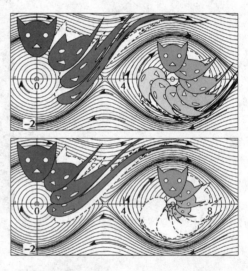

图7.15 以动物面谱图解一个摆在抽象状态空间区域里。虚线（更清晰的请见下图）显示了精确的面积保留。上图所示的模拟（辛欧拉）对保留面积是一个非常好的近似，即使存在乱流；而下图的模拟（隐式欧拉）没有保留面积：动物面谱相对虚线收缩。感谢Springer Science + Business Media 授权使用：Ernst Hairer, Gerhard Wanner, Christian Lubich, *Geometric Numerical Integration*, *Symplectic Integration of Hamiltonian Systems*, 2006, p.188, figure 3.1。

几何学与状态空间

可以编码 PV 守恒的几何学是相对现代的——也仅仅不过一百年，相比超过两千年历史的欧几里得几何——因此我们在追求状态空间中的几何学中需要更多的现代思想。17 世纪，几何在物理学中的应用影响了拉格朗日和他的同代人，而它存在的障碍却是为欧几里得所垄断。欧几里得综合了现实世界中理想化的几何知识，他的方法是从不证自明的公理中获取所有已知的几何真相。从哲学上说，希腊几何发现了真实物体的真相，即使这些物体的外形都是完美的。欧几里得的方案现在看来可以被视为对一个小系统的基本假设的陈述方法，然后得到它们的结果。但是数学家们却花费了两千多年才意识到几何学是一种抽象的推理方法而不是描述现实物理世界的方式，并且可能存在不止一种几何学：宇宙的几何学可能是非欧几里得的。

到了 19 世纪 50 年代，数学家们意识到许多不同的几何结构可以被构建或创造，他们开始寻找其他可以量化"真正几何学"本质的基本原理。1872 年，埃朗根大学的费力克斯·克莱茵提出了一个统一的观点。根据克莱茵的观点，几何并不是真的关于点、线、面，而是关于变换。如果一个角度被转化到平面上或者平面被旋转，这个角度大小是保持不变的。我们甚至可以将图片收缩或者按比例放大，角度（或长度的比例）依然是相同的。事实上，如果变换或旋转，欧几里得几何所描述的所有基本的数学对象都可以保持不变：圆圈依然是圆圈、平行线依然平行。克莱茵声称物体在一些变换下的不变性才是几何真正的特点。

欧几里得开始构建一个理想化的世界：点变得无穷小、直线变得无穷细、平面非常完美。关于这个理想化系统，他的大部分基本假设都是简单并且合理的，但是有一个假设却很难做到并难以自我证明，即两条平行线永远不会相交，比如铁轨。我们如何才能确定这是事实？真实的铁轨位于地球表面这一曲面上，而不是平面，因此在这里难以吸引我们的注意力。欧几里得的继承人试着从其他假设推出这一平行公理也徒劳无功。拉格朗日展示了三角形的角度之和是 180 度是一个等效假设，但是到 19 世纪初像这样的尝试是注定失败的变得越来越明显。事实上，在其他一些几何图形中，已经不再成立。这样的几何图形有仿射几何、投影几何、共形几何和黎曼几何；后者后来成为爱因斯坦广义相对论的基石。仿射几何学允许我们在涉及力的数学问题上使用向量。几何投影学让我们从一个球的表面到平面映射，因此我们才能制作出平的地图。共形几何学引入了复杂的数字（在他之后，汉密尔顿推广了四元数）和复杂的函数；神秘的纯虚数 i（$=\sqrt{-1}$）有逆时针旋转 90 度的几何解释。

欧几里得意识到他证明关于点、线及三角形等图形的主要技巧包含了匹配图形。读者们必须去想象将一个严格复制的图形上升、旋转并向一侧移动去匹配另一个，构建一个合适的三角形形状，通常像在毕达哥拉斯定理中证明的那样（见图7.16）。一个图形必须按比例缩放，才能使它完全适合另一个，如图7.16所示的直角三角形，这样的尺度有点像图7.1中的环流圈。

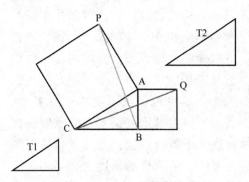

图7.16　证明毕达哥拉斯定理的关键是要证明三角形 *PAB* 和 *CAQ*（关于 *A* 点的旋转）是全等的；因此这些三角形具有相同的面积。这就识别了以 *AB* 为边的正方形面积与以 *BC* 为边的正方形面积的一部分。我们还可以看到直角三角形 *ABC* 按比例缩小（见图中 T1，左下方）及按比例放大（见图中 T2，右上方），这类似图7.1中环流的比例。按比例计算在天气规律分析和计算机的公式算法中都是至关重要的。

欧几里得转换的思想是相当广义的，在他的证明中，尺度调节（任何东西一致地扩大）是唯一被允许的典型"拉伸"或刚性运动。今天我们经

常说在变换中什么对象是不会变的，以此来描述哪些变换是允许的。如果我们采取这一观点，图7.16中不变的量就是角度。

在面积代替角度作为不变量时，一个全新的并且完全不同的几何创立了，在希腊单词"复杂的（tangled）"或"折叠的（plaited）"之后，被称为辛几何。直到19世纪结束，当时庞加莱还在从事三体问题，这个问题使连接汉密尔顿对力学的处理到辛几何的处理迈出了第一步。庞加莱使用状态空间以及其发展史，作为他解决三体问题必不可少的工具，并对位置坐标和速度坐标之间的变换可能存在的几何关系产生了兴趣。如果我们在一个特定地点测量主体的位置和速度矢量，它们在状态空间里就形成了一个小平行四边形，如图7.17所示，经过合适的乘积就可以计算出面积。对于汉密尔顿动力学系统，这个面积必须和系统演化保持一致。这个面积不变性意味着如果物体的位置发生变化，它的速度也必须改变以补偿来保持面积恒定。

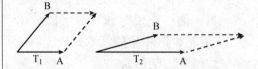

图7.17　压扁的矩形是两个矢量 *A* 和 *B* 定义的面积元素。当 *A* 和 *B* 在状态空间里改变时，面积也会改变，即从时间 T_1 到时间 T_2。但面积总量是不变的，角动量守恒在状态空间里利用了这个几何原理，*PV* 也是一样。

试图考虑当状态空间有许多维数时随着运动轨迹维持面积，将变得非常具有挑战性。因此我们首先考虑在一个简单的例子，角度和面积保持几何转换，即没有运动的位形空间。

考虑多种方法我们可以将地球表面作为一个"平铺的地图"，如果我们想参考南亚次大陆的一个地方，同时又想找到巴西的一个地方（它们是地球相反的两边），那么一本地图就显得非常方便。16 世纪后，荷兰数学家和教师杰拉杜斯·麦卡托在《麦卡托投影》这本书里就实现了从全球映射到地图这一历史性的转变。

正如我们从图 7.18 中所看到的，

尽管麦卡托投影保持了经线和纬线之间的夹角，但它扭曲了大陆块的大小，尤其是北极和南极地区。我们能找到可以维持大陆和国家区域完整的转换方法吗？摩尔魏特投影（以 18 世纪德国数学家和天文学家卡尔·摩尔魏特命名）牺牲了角度和形状的准确性，以精确地描述陆地。平面地图在测量地球时显示了真实的陆地面积而并非扭曲的形状，如图 7.19 所示。现代地图趋向于进一步修正这些投影去遵循当地国家的形状及与邻国的关系——我们使用什么地图取决于我们想要得到什么结果。

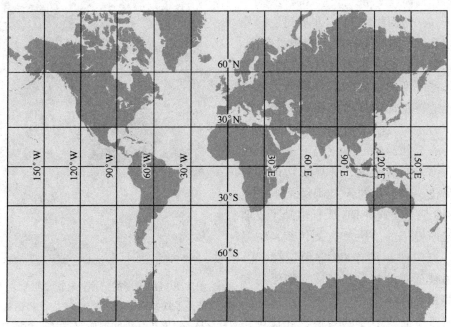

Mercator Equal-Angle Projection

图 7.18　麦卡托投影显示了全球的纬度和经度，用水平和垂直的直线在地图面上表示。注意这张地图的大陆区域在极点附近扩大——南极被放大许多以至于弱化了北美和俄罗斯。麦卡托投影在极地附近扭曲"事实"更严重。

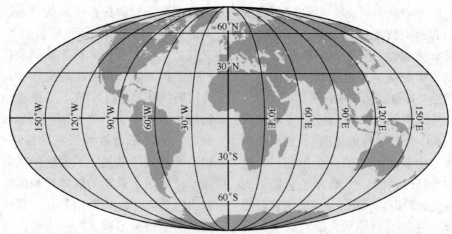

Mollweide Equal-Area Projection

图 7.19　摩尔魏特等面积投影根据面积给了各国正确的"尺寸"，但是显著改变了边界附近的形状。

我们已经介绍了在静态空间里的麦卡托投影（保持角度）和摩尔魏特投影（保持面积），下一步要讨论的是在涉及运动的状态空间里的相关变换。第二章中查尼在基本天气方程中应用了尺度改变的位置和运动变量，他将当地地转运动的静力平衡识别为在静力压力平衡发生之后没有运动时下一个最重要的影响。因此接下来正如我们在第六章看到的，计算成功地进行了简化，理想化的天气则经常被描述为 QG 演变。这种 QG 天气追随了皮耶克尼斯提倡的历史悠久的传统：它遵循循环流定理并具有 PV 守恒定律。PV 守恒被证实是与辛几何或面积维持和变换相关的。

维持面积不变的变换实际比维持角度不变的变换更加灵活。我们可以从图 7.20 观察到，将一滴奶油仔细地倒入一杯咖啡的表面，然后沿着杯子

图 7.20　用漂浮的奶油轻轻搅动咖啡表面，产生了螺旋状的丝薄奶油。尽管奶油被拉伸，它依然有相同的体积，因此当厚度保持一致，投影的表面积也是相同的。© Eric Chiang/123RF.COM。

轻轻搅拌咖啡。奶油的斑块将会变得歪曲，但如果搅拌适当地完成，斑块将维持它的面积，这种液体表面的变换是近乎辛几何的。在现代几何学中还有一个著名的例子使这一点更加明显——辛几何骆驼。使用辛变换，任何在辛几何里的骆驼可能都是瘦长的并且可以足够瘦到通过针眼。与其形成对比的是，在维持角度不变的几何中一个更加刚性变换的骆驼。因此辛变换并不遵从刚性。

面积守恒的几何其重要性在气象中被较好地接受有两个原因。大气中观测到的流型总是复杂的，如假定两个不同性质的空气团（如温度和湿度不同）彼此绕流并在某种程度上混合，我们需要有能力在计算机模式中鉴别这种过程的特征，而简单地希望数以十亿计的计算加起来就是现实的东西经常是不可靠的。模拟需要被约束来代表较大的模型并保护空气团在流动运输中的热量和水汽。

罗斯贝纪念文集包含了图 7.21，该图显示了空气如何在最初的棋盘网

图 7.21　有一个典型低压系统（或气旋）相关的风，在流的临界区放置一个 4×4 的黑白棋盘。网格从时间 a）开始，通过 b）和 e）继续进行。当携带水汽的气团发生这样的情况，我们如何保证水分维持的计算呢？这在很大程度上影响了我们预测降水的能力。

格流动，并在一段时间内扭曲——如在气旋发展期间。由于空气块输送水分，因此准确的降水预报需要精确的输送气团。这里我们考虑到水汽可以被风输送，就像奶油被运动的咖啡表面输送一样。当适当的厚度坐标保持不变时，气团体积的维持是通过其面积维持来实现的。在得到正确的运水数量中空气质量的维持比知道它的形状更重要。如果计算机编码可以被设计用于跟踪空气在恒定质量表面辛变换的流动，那么完全模拟将会得以改善，有时可能提高相当多。下一节我们将探索移动气块中的 PV 守恒。

图 7.21 来自 20 世纪 50 年代，今天我们的模型能够以相当的精度模拟很细的丝流。彩图 CI.9 中就阐述了轮廓平流。

至此，我们已经准备好整合这些离散的信息了。我们把风、温度和气压到 PV 的转换，与位温随垂直坐标改变的新转换相结合——这就使质量和辛面积关系更准确。然后，我们找到了大气的气流在面积维持几何中最自然的数学描述。

全球图象

麦卡托和摩尔魏特地图投影的例子展示了我们关注的两种几何，即比例不变和保持面积的几何。比例不变的几何已经在第六章中提到（图6.9），在那里我们讨论了查尼第一次识别典型天气运动的最大的力量。当最大的力量在动量方程中支配加速度，我们就称其为静力平衡和地转平衡。这种缩放比例帮助我们解释了从赤道到极点大气缩放高度的减少——无论大气运动与否，这种减少都会发生；还可帮助我们理解在对流层中部和上部围绕等压线的平均风运动。

这些大气结构的定性方面通过利用一个相对简单的变量间转换纳入了计算机模拟。我们是否可以找到把像素数量转换到温度影响的高度的方法，以使每个天气像素约占相同数量的大气，而不是从赤道到极点固定在海平面上看同样高度的天气像素。这些新的"高度"变量层中的积云覆盖层在所有纬度有着近似相同的"高度"值。计算机在计算这些变量时会专注于大气状态变化的本质，而不是先用大量时间来重新计算基本局部的静力平衡状态。这样的转换在气象中的说法被称为改变等压坐标，我们主要将位温作为一个天气像素变量，而不是恒温。在等压坐标下，大气结构的略图在图 7.1 中显示，我们可以看到从赤道到极点任何地方几乎有同样的高度。

从一个空气团的角度出发，位温（知识库 5.2 中我们介绍过）概括了空气团拥有的总热能。热能由于可以转化成动能来加速风，因此很重要。在知识库 7.1 中，第五章的 PV 公式被扩展为一个新的公式，在这里大气运动中的温度变化非常重要。

知识库7.1　天气的支柱Ⅱ：等熵坐标下的潜在位涡

知识库3.2中提到的温度影响并不重要，在这里我们认为大气的位温很重要。流动的空气团中，密度和温度变化的 PV 表达式如下

$$PV = \frac{1}{\rho} \zeta \cdot \nabla\theta 。$$

这里 ρ 是流体的密度，ζ 是总涡度（相对涡度和行星涡度之和——见第五章），$\nabla\theta$ 是位温 θ 的梯度。对于大气中很多气团流动，气团的 PV 在运动期间总是不变的。直接从第二章的方程中计算 $\mathrm{d}(PV)/\mathrm{d}t$ 是对学习气象的学生一个测试锻炼。

PV 的定义是如何与第五章联系起来的？在此知识库中我们将描述 PV 的各种表达式是如何转换的——动力气象学家认识了解状态空间中具体像素间相互作用使用的一种过程。

等熵坐标转换的完成是通过用地表常数 θ 替代垂直坐标 z（高度，图7.22中左边的垂直坐标轴上），那么 PV 可以被写作

$$PV = -g(f+\zeta_\theta)(\partial p/\partial \theta)^{-1},$$

这里 g 是重力加速度，f 为科氏项，ζ_θ 是在恒定表面 θ 上的相对涡度，p 为气压，p 与 θ 的偏导数是独立的变量。现在可以清楚地和第五章中给出的常温形式类比了，如下文所描述。

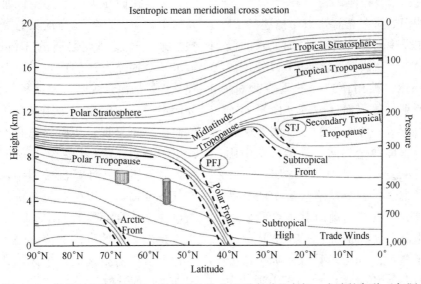

Isentropic mean meridional cross section

图7.22　横截面是等位温面，纵截面是从北极到赤道的大气。全球的各种（年际变化和纬向平均）锋面、急流以及对流层顶都在地球表面和平流层之间的对流层中显示。空气被两个 θ 平面限制的位置大约在67°N。

在讨论 PV 和 θ 转换之前，我们注意到，通过热力学第一定律（流体团内能量守恒，这是使用 θ 最简单的表达）和水平动量法的结合，PV 只通过

非绝热加热（如水蒸气凝结释放的潜热）和摩擦过程改变。如果这些过程没有发生，流体是无摩擦并绝热的（意味空气团运动时其 θ 保持不变），那么 PV 随着运动是守恒的，用符号表示即 $\mathrm{d}(PV)/\mathrm{d}t = 0$。这一守恒定律支持了大气上部和中部区域的一个很好的近似，对气旋的形成非常重要。

有了这个守恒原则，我们返回第五章中所描述的类比，那里假定温度和密度为常数：一个张开双臂旋转的滑冰选手，他可以通过横向收缩双臂来加速旋转。相似地，一个在横截面宽广的旋转空气柱，则必须加速旋转以维持 PV。空气质量的守恒也会导致空气柱的垂直拉伸。

我们如何在之前知识库描述的 PV 定义中发现辐合/旋转，增加关系的概念性简单？秘诀就是转换 PV 以使位温代替高度，被用作独立的垂直坐标。这种所谓的等熵面（或等 θ 面）如图 7.22 所示，一个旋转的空气团有两个可能位置即两个相同的 θ 面，图中阴影线可见。

考虑这样一个在绝热流中的盘状空气柱，当气柱运动时其顶部和底部将被限制在这些 θ 面上。PV 守恒定律支配了气柱的动力学特征，唯一改变的是气压、相对涡度和科氏力项。在物理空间中，气柱垂直拉伸的范围取决于气压的改变（图 7.22 中右边的垂直坐标）。这样的改变在垂直范围内必须用总涡度（$f + \zeta_\theta$）的变化来补偿。这是与第五章中描述的相同的原则，

支配了西风气流中的罗斯贝波越过安第斯山脉。彩图 CI.12 阐述了如何使用这些等熵坐标画出 PV，在那里显示了计算机生成的从高处远望北极的大气视图。图 7.23 给出了 2009 年 1 月期间平流层低层北部极涡分裂的生动图像。

PV 到等熵坐标的变换使我们去思考在 θ 面上的面积守恒几何。使用辛几何最重要的原因是它被证明为学习皮耶克尼斯环流定理的天然数学语言。皮耶克尼斯在他研究的大气和海洋流中并不了解这个几何的解释，因为那时辛几何这门学科还处于初级阶段；它作为皮耶克尼斯工作的成果在数学分析方面获得了相当大的提高。

今天我们在天气状态空间抽象的几何条件下，已经适当地具有必要的数学来描述皮耶克尼斯的守恒原理。追求一个抽象方法的优点是它开启了建立更好的像素规则有效途径的大门。环流定理呈现的物理法则又被天气和气候模型所呈现，从而提高我们计算预报的能力。这是当今正在研究的一个课题。再者，计算机模型中精确的空气质量输运可以引起更精确的火山灰尘或臭氧的预测（见图 7.23），以及水汽运动、云的发展和降水过程。实现这个目标需要我们远远超出皮耶克尼斯最初的设想。

皮耶克尼斯使用理想流体在一个封闭的曲线内的守恒来解释很多在大气和海洋的近水平浅层显然不同的流体流动现象，这一定律以这样的方式将运动的空气和水联系起来：这些流

体在随机的方式中并不是真正自由流动的。对于这样适当定义流体流动循

环的守恒定律，在大气运动的现代几何观点中处于非常核心的位置。

10 January 2009

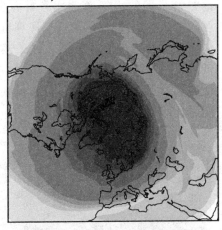

17 January 2009

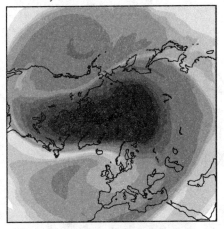

24 January 2009

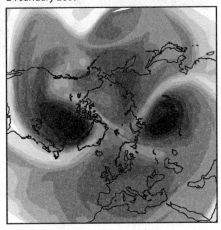

31 January 2009

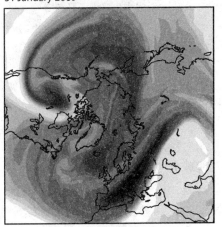

图 7.23 北冰洋上空平流层低层的臭氧分布。2009 年 1 月，一个旋转的极涡分裂，并以一个复杂的方式所包裹。（ECMWF 在 10mb 高度上的平流层臭氧分析）© ECMWF。许可使用。

在图 7.24 中，我们描述了一个空气团和用更大箭头表示的环流等值线。我们展示了在像素上外部路径被破碎成更小的循环，这个结构很不一般并且不依赖于任何外部循环的特性。关

键是当我们寻找越来越小的像素和循环时，却找到了属于辛结构的一部分区域。将环流定理构建到计算机编码中是需要辛几何知识的。更重要的是，我们不希望在超级计算机中出现随机

的、不一致的以数十亿计算的算术错误。计算机模型的原始方程中不可避免的错误需要被守恒定律所控制。

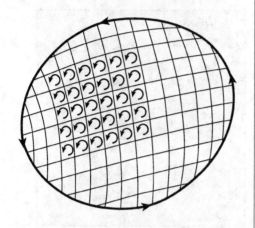

图 7.24　计算机像素的独立漩涡添加到一个流体团中更大的漩涡中，确保了环流定理支撑像素点试着代表的天气。在每个像素点上的计算机法则需要被定义，以至于邻近像素点的内部撤销准确地添加到围绕较大气团的正确循环中。在数以亿计的独立算术和代数计算中，实施一个几何视图有助于更准确地做到这样。

无论我们对太阳系中的行星运动或者地球大气中的一个气旋或飓风运动感兴趣，这些运动的定性特征通常是配置约束和守恒定律的结果。缩放比例允许我们识别主导强迫平衡，并且制定适当的如第六章所描述的摄动近似，这些都使我们降低了非线性反馈的难题。接着守恒定律控制流动的可能性，保持计算更接近"真实"的天气。空气团在风中被吹走时其质量、水汽和热能都严格地被控制。更进一步，旋转风必须遵守环流定律或 PV 定律，并不能随机流动。现代气象机构

使用的算法和像素选择都能足够精确地满足这些规则，以对未来几天的大气流动提供成功的预测。地球上任何地方第二天的天气通常比较好预测。在图 7.25 中我们显示了一个计算机合成的丝带状云的卫星图像，该云系在低压天气系统的漩涡中结束。图中叠加的是 PV 等值线，显示了计算机预报的一致性。

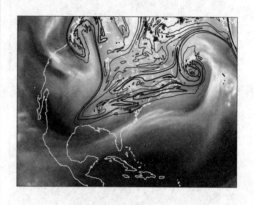

图 7.25　等值线显示了在 315K 表面上计算的 PV，阴影部分是相同时间模型模拟的水汽卫星图片。这是 ECMWF 在以美国东北部为中心的 24 小时预报，开始于 2011 年 2 月 6 日中午 12 时，在 2011 年 2 月 7 日中午 12 时有效。图中深色和亮色区域和 PV 场的强梯度之间存在关系，在等值线密集的地方所显示。将实际的卫星图像和最新的预报图像对比，我们可以估计预报的准确性。差异也是显而易见的，PV 场如何与风、温度和气压相关的知识将被用于改进和提高后续的预测。© ECMWF。许可使用。

辛几何是描述状态空间里环流定理的数学。皮耶克尼斯曾暗指，"辛"这个词就是将空气运动"捆绑"到涉

及热量和水分的物理过程。辛几何展现的是让我们在现代天气预报核心的精细化计算中，如何将这种环流定理编码到精确的数学术语中。因此查尼在 1948 年的文章中，使用尺度的思想来识别平衡，将我们带领到理解如何根据相对简单的数学模型来捕捉到最重要的天气特征这条路上。辛几何的分辨率在转换变量中的下一步可能是使这些守恒定律在天气的计算机模型中更加有效。

第八章

混沌中的预测

当20世纪临近的时候，天气和气候的更多信息被纳入了计算机程序，那么21世纪的天气预报和气候预测进程的状态是什么样呢？不确定性的确影响着我们看待地球大气的水分运输的方式，并且影响着我们预测它们变化的能力。由于我们永远不会对水汽过程有绝对完美的了解，所以我们努力探究如何在未知出现的情况下做得更好、如何提高天气的计算机表达。

由此我们转向问题的核心。第七章基本上显示了数学如何允许计算机算法遵从我们在第二章介绍的隐藏在大气物理背后的规则这一事实，现在我们需要更精细化地处理一些细节问题。图8.1显示了一次严重冰雪风暴的影响，天气学本应该有能力判断这次事件发生的地点和时间，并且评估最糟糕的状况。这里我们将描述现代数学如何指导我们更好地实现计算机对未来天气的预测。

过去二十年，人们见证了超级计算机能力和软件的飞速发展，以至查尼在1950年提出的问题现在可能处理起来更方便。但是首先我们要解释一种文化转变，我们试着去预测的是未来天气最可能出现的情况，而不是精确地说未来天气会怎么样。

图8.1　反常的天气是壮观且具有危险性的，随着气候变化我们在未来经历的极端天气事件会不会更加频繁？为了回答这个问题，我们需要知道"气候吸引子"是如何一直变化的。数学再一次帮助我们解决这个问题。

预后和概率

1964年，理查德·费曼刚刚被授予诺贝尔物理学奖，他给大学生们做了一场关于科学的一般原理的讲座。

他以独特的方式清楚地阐述了一个事实：科学并不总是证明绝对的真理。作为科学家，能够说出或多或少的可能性并不一定会损害完整性。为了解释他的观点，他讲述了他和"门外汉"关于不明飞行物是否存在的讨论。一个人不断迫切地认为无论费曼是否相信 UFO 的存在，都会给出明确的"是"或"不是"这样的答案。最终，他的对手需要他给出这样的回答——"你能证明它们不存在吗？如果不能，那么你就不是一个好科学家！"费曼说这种观点就是错误的。为了明确自己的观点，他说："从我所认识和了解的世界来看，我认为关于 UFO 的报道源于已知的陆地智慧生命的不合理特征是非常有可能的，而不是对未知的外星智慧生命体的合理解释。"

一个多世纪前，科学被用来试着证明太阳系会永远保持稳定但后来发现它并不能，且半个世纪之前科学也不能证明 UFO 不存在，我们如今所关心的是科学能否给我们关于未来天气和气候的明确答案。混沌会打乱计划吗？许多流行的言论都表示肯定会。但如果我们更密切地观察洛伦茨的模型和他发现的状态空间中"蝴蝶翅膀"的表面（见图 7.7），则会看到另外一种解释。假设我们寻找的气候信息的关键——温暖或者降雨——是与蝴蝶翅膀的形状相关的，那么即使我们不能精确地预测时间、地点或者生命史将在蝴蝶翅膀上缠绕多久，我们依然可以很好地估计出平均"气候"特征。

假如蝴蝶翅膀的形状改变了，那就意味着气候也在改变。

这种方法需要我们更多地关注典型天气的生命史，而不是识别未来真实的天气，在数学上我们称之为状态空间中的天气吸引子。"吸引子"这个词用来表明尽管个别天气事件的出现可能是随机的，但天气事件通常都会返回到一种类型，而这种类型的天气自从卑尔根学派以后的一个世纪里随着不断增加的关注度已经被掌握。即使在更详细的标准上，阵风从分钟到小时这个期间将保持一个平均方向。每次创建一个新的计算机模型用来预测天气，并不仅仅是我们估计或代表平均状态的方法，而且是对状态空间和模型内部天气吸引子变化的估计方法。但是天气本身并不依靠它被代表的这种方法。

忽略我们模型的细节，本应该保持和确定天气吸引子形状的事实成为帮助我们定义地球的天气生命史的事实。我们需要确保每个计算机模型具有规则并充分遵从守恒定律，比如质量守恒、能量守恒、水汽守恒和 PV 守恒等。像素变量的转换将计算机算法的重点放在位温和 PV 上，可在规则背后引入守恒定律的观点，正如第七章所讨论的。

进一步，如在第五章和第六章所描述的，每个天气特征需要被引导来适当地遵从模型天气状态的静力平衡和地转平衡，这样我们就可以解开反馈的难题了。然而我们如何开始对吸引子进行实际的研究呢，无论是明天的天气预测，或者是几十年后的预测？最简单的方法就是集合预报。在本章节的其余部分，我们将描述现代气象中心如何通过一个非常简单的技术来获得关于预报可靠性的额外信息。

在详细描述集合预报之前，我们首先解释如何使用概率这个概念。正如费曼所言，概率预报是一个真正的科学努力。概率是指事情发生的可能性，经常用百分比来表示。尽管我们经常对根据可能性或概率得到的信息不屑一顾，试想一下当我们在周末准备举办一个聚会，却被告知周末有可能会有暴雨，我们会是什么反应。

第一个场景是一个私家花园聚会，我们正在为那些即将对我们所投标的一些重要合同做出决定的商业客户进行招标，因为风险比较大，我们认为让客户度过一段美好时光是非常有必要的，这个时候如果天气预报员说存在10%下暴雨的可能性，我们可能为了减小风险会考虑花费 1,000 美元租一顶帐篷。第二个场景是一个小聚会，主要客人是我们想留下好印象的亲戚和邻居，我们会考虑租一顶帐篷，但想到只有 10% 的可能性下雨，我们可能会把钱省下来，如果下雨就让大家在室内活动。最后一个场景是邀请了所有朋友的聚会，我们不在乎他们是否会有一点淋湿，所以当然不会考虑把钱用在一顶帐篷上。这个故事的寓意在于如果损失严重，即使坏结果的概率很低，我们也会决定采取预防措

施；相反地，如果损失不严重，我们可能会准备赌一把。

我们把这些场景与一个类似的场景进行比较，在这个类似的场景里天气预报员并没有提供下雨概率的信息，但发布了单一的确定性预报。如果预报员说未来不会下雨但是却下了，那么在第一个场景中，我们都有理由生气。而在最后一个场景中，我们可能会嘲笑他们多余的开销。从日常来看，我们绝大多数人都会涉及和天气有关的低成本或低损耗的决定，但是还有很多人在损失率非常高的情况下必须做出决定，例如发射宇宙飞船、关闭机场和转移飞机或者采取民防的决定以疏散人群免遭受飓风。

由于方法的限制、数据误差以及混沌的存在，不确定性总是存在的，但如果固有的不确定性可以量化，那么可以极大地增强预报的价值。尤其恶劣天气造成了极大的财产和生命损失，即使不可能发生，采取预防措施也是值得的。概率是表达不确定性的自然方式，对它的使用越来越多。通过使用概率这个方法，一系列可能的结果可以被描述，这些结果的可能性从而可以被用以在允许的风险内做出明智的决定。如果发生洪水的可能性还不到 1%，那么值得花费数百万美元来做防洪措施吗？当然不用，这几乎是没有任何意义的。然而对于新奥尔良，洪水防御的花费和保护财产的价值可达数十亿美元，因此决策会有非常严重的后果。我们许多人因为没有

被告知未来准确的天气而感到被骗，但它并不仅仅是一个凭猜测的工作，而是对风险或可能性的评估。

预报可以用概率进行最简单的表达，即制作可能性结果的列表或看重要事件出现的次数。在图 8.3 中，我们展示了图 8.2 中所说的暴雨事件的五十二个预报。接着我们看这些集合结果，并计算出在特定位置下暴雨的次数，四次结果都表明了在同一个地方 72 小时后会下暴雨，那么这个地方 72 小时后下暴雨的概率为 8%。这就是集合预报：重复 N 次预测的过程（N 为集合的大小），我们可以有意地改变数量，至少能够覆盖或代表我们对这些未知的合理忽视。

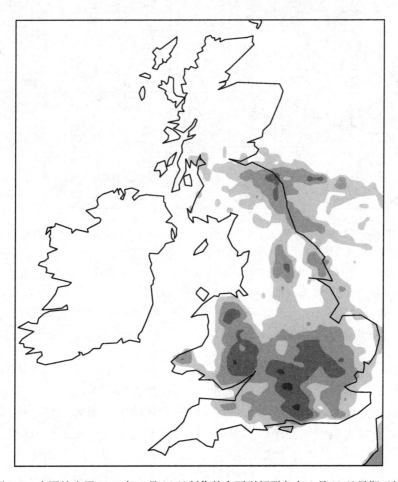

图 8.2　本图给出了 2011 年 4 月 26 日制作的大不列颠群岛在 4 月 29 日星期五的 24 小时降水预报，那时在伦敦举行的皇室婚礼现场会下雨吗？阴影部分显示了降水量从 2.5mm 到 25mm。我们对这个预报可靠性的估计方法是计算图 8.3 中显示的临近的一系列初始状态的预测。© ECMWF。许可使用。

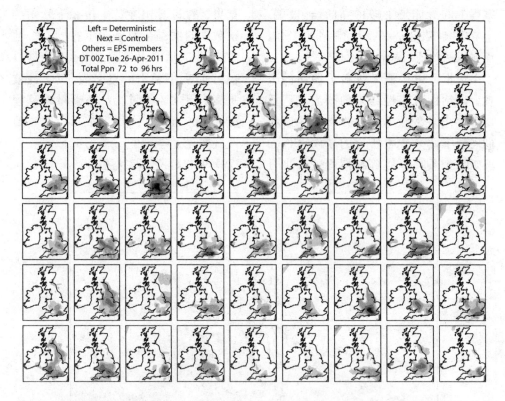

图8.3 本图展示了五十二个图8.2所描述事件的相似的预报，这并不是为了打算做详细的检验。这些预报全都是通过相同的计算机模型来生成的，只是初始条件稍有不同。预报员通过使用预报的"集合体"来估计他们预测中的不确定性并比较不同的结果。这些预报中共同的特征通常是较为可靠的预测。如果暴雨只出现在这些场景中的四个场景里面，那么未来是否会在指定地点下雨就具有相当大的不确定性。这里的确定性预报显示的是悲观的一面，而其他大多数的预报结果则更为乐观。

集合预报比单一确定性预报包含了更多信息，这种信息通常很难传递给所有用户。在全国电视节目上的预报提供了一张大概的图片来展示最有可能的天气结果以及一些重要的风险。每个用户的决定可能建立在一些特定事件发生的可能性上，对更重要用户的决策来说，申请每个用户对预报信息细节的特定标准是非常有必要的。

对一定范围内天气事件的估算有很多种方法，通常我们可以采用一系列合理的附近初始条件，还可以在给定的时间段内改变云形成的过程及触发降雨的过程。集合预报是一个寻找单一确定性预报的实际方法，它给预报员提供了一个客观的方法来预测每个单一性预报的可能性，换句话说，就是来预测预报技术。实际上，控制方程中的流体是采样得到的，正如第一章中噗噗枝游戏的解释和图 1.19 比尔飓风的阐述。

图 8.4 的示意图展示了如何用图表来表达图 8.3 整体的预测信息。开始作为一整套简洁紧凑的临近预报而最终演变为一个相当范围的可能性，正如图 8.4 所示最后拉伸和扭曲的图像，这是由于非线性反馈的影响，"真实解"和两个可能的确定性预测也显示了出来。可能的临近预报的传播在这个例子中显示了模式的可靠性（见图 7.12）。

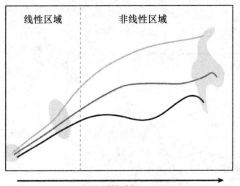

图 8.4 确定性预测的方法包括计算一个单一预测，在图中显示为最浅色的曲线，而"真实"系统的演变在图中显示为最深色的曲线。集合预测的方法是建立在对预测状态的概率密度函数的估计之上的。然后我们对预报的可靠性进行估计。

图 8.5 显示了初始条件非常相似的两个日期，即 1995 年 6 月 26 日和 1994 年 6 月 26 日的三十三种不同预报对伦敦气温的预测，预测的发展演变有明显的区别。图 8.5a 显示的是 1995 年 6 月的情况，预测逐步到十天后的情况基本一致。而图 8.5b 显示的 1994 年 6 月的情况，所有的预报在两天后便迅速分化。随时间延伸的临近预报这种方法可以用来作为对两个最终的大气状态预测的工具。这里我们对 1995 年的预测非常有信心，并且将自信地使用一条中间的曲线来作为天气预报对公众发行。但是 1994 年的情况则表明，在两天之后一些事情的改变以致我们不能确保接下来会发生什么。有些预测表示伦敦的温度将会在六天后超过 26℃，而有些则显示那时的温度低于 16℃。实线显示了真实的情况。

集合预报受到之前提到的数值天气预报模型的限制。自从非常严重的天气经常对相对较小的地区造成影响，计算机模型也许就不能可靠地估计这些事件的发生了。与有限预报的结合实际上可以在任何集合中运行，但这使得对非常严重或罕见事件的预测变得困难。

在季节性的时间尺度上，对大部分的行星来说，天气事件的预测都被证明是可行的。大气混沌行为隐藏的可能性对如今两周内的预测设置了一个相当普遍的限制，这个限制经常与在初始条件下生成的迅速增长的不确定性相关，这些不确定性都是来自不完美和不完整的观测，以及模型构建中涉及的物理过程和计算表示的误差。

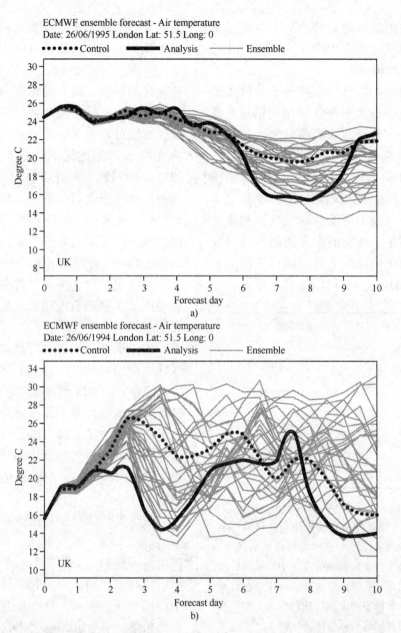

图 8.5 欧洲中期天气预测中心（ECMWF）发布的伦敦气温预测，a）为 1995 年 6 月 26 日，b）为 1994 年 6 月 26 日。在这两个例子里，集合预测的"延伸"在两天之后即发生戏剧性的不同。这个迹象表明伦敦的气温在 1995 年的 6 月下旬或者 7 月上旬相对 1994 年更容易预测。注意到在 b）这个例子中，预测过程并不是很成功，那么在 1994 年 6 月下旬的大气状况，是否使伦敦当时的气温从本质上说就不可预测呢？© ECMWF。许可使用。

天气像素状态是唯一已知的可以像天气仪器一样准确地测量的值，如此小的不确定性将总是描绘计算机计算的初始条件或启动条件的特征。因此，即使天气像素的演变规律是完美的，两个初始状态只有轻微的不同，也可能随着时间的增长快速分离，正如洛伦茨1963年首次展示的，同时也如同图8.5b中计算机预测所描述的那样。对于那些对计算机模型预测充满信心的人，对伦敦1994年7月气温的预测在16～26℃之间使他们承认失败。观测的误差和演变规律细节中的误差通常在以千米和分钟为单位的小尺度天气中首先出现。接着它们被放大，通过反馈机制传播至大尺度，严重影响了天气预报的技术。

集合预报方法在20世纪90年代被引入后得到了广泛使用，它便成为国民预测机构的中流砥柱，并伴随了很多对如何更好地"传播"集合预报方法进行的研究。这样做是为了估计每个地区每天预报的可靠性。通过对集合平均，最不确定的预测将在五到十五天的预报窗口中被取消。因此，集合的行为对天气吸引子的性质，即典型天气的本质提出了一些见解。

诊断和数据同化

在上一节我们描述了现代预测如何使用各种初始条件来预测下周最可能出现的天气，但依然存在成千上万的同样现实的方法来描述今天与观测

一致的天气。在这一节我们描述了计算更佳初始条件的技术。

20世纪60年代中期使用计算机预测被引进后，预测过程稳步推进。图8.6显示了通过减少预测中的误差，从1986年至2010年北大西洋和西欧的海平面气压预报的准确度得到了提高。乍一看，2010年的五天120小时预报要好于1986年的三天72小时预报。接下来进一步的挑战就是提高降水预报的准确度。当然，这并不是意味每个预报都要比之前的预报好，它仅从平均意义上说明了预报的改进。测量预报误差是一个挑战，公共关系也是一个棘手的问题。确定一个预报是否有用依赖于我们需要的信息类型以及我们将要使用这些信息的目的。

我们从图8.6中注意到明天的天气和今天的一样这种预测持续性（在这个例子里指气压）的结果总是比计算机预测的结果差，持续性表明在一天的预测时间内海平面气压变化了多少（尽管存在一些自然变率，但值基本保持不变）。因此，这条曲线和其他曲线的区别在于预报技巧的衡量，差异越大，说明技巧越好。当然，用海平面气压预测的比较来评估预报技巧的改进是相当粗糙的：这样的衡量方法只告诉了我们很少的关于模型预测雾或冰的技能。

那么一个非常差的预报意味着什么呢？如果一个模型准确地预测出一场猛烈暴风雨来临的时间，但预测的暴风雨最强烈的那部分将移动到比它

实际轨迹偏北80km的地区，那么我们是否可以考虑它是一次糟糕的预报呢？鉴于我们已经说过的模型分辨率的限制，这对于具有较大天气像素代表的全球模型来说可能不算是一次非常差的预报。那降水预测总量正确但迟到了6小时呢？这可能不会影响一个农民的农作物生长，但很可能要为一个重大的公共事件负责。

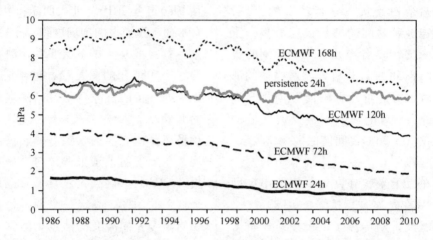

图8.6 1986年至2010年期间，通过对比实际的海平面气压和预测的海平面气压使预报得到的改善。垂直坐标轴是预测气压的误差，单位为毫巴，该单位在气压计中最常出现。这种高度平均的数据表明了预测在逐渐变好。持续性意味着我们使用今天的气压进行明天气压的预报。© ECMWF。授权使用。

无论我们如何定义糟糕的预测，即使考虑到技能的水平，如图8.6所示，这都说明了预报还存在提升的空间。很多客户，比如那些花农和果农，在收获的季节里对当地的霜、雾以及降水预报相当敏感。涉及水分的过程是具有相当棘手的反馈作用的高度非线性过程，这就使得它们成为最难预测的要素，尤其是在地方层面。

我们想预测得越多，面对的挑战就越大。预报员不再简单地被要求预测海平面气压的大尺度分布情况及天气锋面的出现。天气预报包括了一个大范围的大气运动，这个范围从可以影响主要天气系统和次大陆的热浪和干旱的行星尺度，向下到可以引起洪水或影响飞机着陆的小尺度风暴和扰动。一些流模型很容易改变，并利用水分凝结和加热被放大，这些过程具有很强的反馈，因此这样小的当地大气初始状态的不确定性容易增长。

最终这些敏感的模式无法预测，但这又如何迅速发生呢？通常对雷暴细节的预测不能提前几个小时，因为它们发展的关键取决于涉及热量和水分的敏感且迅速放大的过程。另一方面，即使在降水预测不是很成功的情况下，飓风和气旋的组成和轨迹通常可以预测到未来一周。不确定性初始增长的速率是非常大的，通常在一到两天内就可加倍成为更大的系统，因此减小初始误差可能对预报技能起到很小的改善，对精确的确定性预报的限制始终存在。但我们还是必须减小初始误差。

当第二章的基本方程被用来计算下一个时间间隔的温度、风以及降水的变化时，我们需要这些要素开始时刻的值，否则便无法计算。就像洛伦茨所示，可预测性取决于这些初始条件如何估计以及估计得有多好。天气预报员不断地需要从实际的仪表读数来估计最有可能的大气状态，接着以这个估计或分析作为下一个预测的基础。在本节的其余部分，我们描述了数据同化是如何帮助气象学家在预测过程中利用那些已知信息的最佳猜测来替代未知事件。

通过气压计和温度计的测量来判断是否，存在低压系统的问题，实际上与通过间接证据来发现海王星的问题并没有什么不同，如在第二章提到的：在所有例子中，有限数量的观测必须与一个概念模型相匹配或适应。在天气锋面这个例子中，模型可能是挪威（卑尔根学派）模型；在行星的例子中，模型是牛顿的引力定律。在所有例子里，局部的观测被用来从"效应"推断"原因"。

许多科学和工程的领域只能通过一个程序或一个系统的间接信息来进入，这样的例子包括医学和地质勘探。

例如，一个医生尝试从病人身体状况的信息来诊断疾病，如体温和血压，又或者尝试从扫描设备获取的图片来诊断，他被提供了一组读数或"观测"，其任务是找出引起这些作为"效应"的观测信息的"原因"。这里面临的挑战是将假定模型中观测的参数或特征相匹配，从而对观测到的信息定量化，使我们基于这个模型可预测事情的演变。因此，一个医生可能在某个药物机制下可以预测病人的康复。在地质勘探方面，冲击波可穿过地壳，并通过测量岩石的改变而返回信号，这些回声标志着地下矿物质或油类的存在，模型的工作就是预测它们在哪里。

因为目标是用"答案"来确定原因，所以数学家们将推断结果的原因这种问题叫作反问题，通常在这里用方程描述。到目前为止，我们已经可以使用方程来确定答案，天文学家亚当斯和勒威耶从事的正是这类问题。在他们的例子中，牛顿的引力定律是基本模型，但当应用于太阳系的其他已知行星中，神秘的天王星的轨道异常却不能被解释。在他们的模型中第八颗行星海王星失踪了，而海王星的存在不仅修改了现有的方程，还生成了额外的方程。

现代计算机模型出现之前，如卑尔根学派所发展的概念模型，概括了在一个典型的气旋或低压系统中天气变量是如何彼此相关的。预报员的难题在于使这种模式和分散的观测相适应，并在天气图上画出地面锋，这个过程可以被认为是一个主观的逆解法。人类思维非常擅长事后评论一个"近优回答"应该是怎样的，但与人类本身能力相比，我们需要计算机的自动化过程并利用其日益增长的能力来获得更精确或准确的估计。计算机也可以在一小段时间内在全球范围内任何必要的地方做运算。

这类问题的存在已有久远的历史，天文学的再一次挑战引发了关键数学的发展。19世纪初，像卡尔·弗里德里希·高斯和阿德利昂·玛利·埃·勒让德这样的数学家专注于确定彗星轨道的问题，这些彗星是天文学家用最新最强大的天文望远镜发现的。高斯意识到因为物体的位置和运动使得误差不可避免，因此观测信息是不完美的。他还意识到被用来确定轨道的引力定律在某种意义上也不完整，我们永远也不可能解释所有影响彗星运动的小效应，例如小行星的存在或另一个具有引力场的遥远星球。因此他得出结论，使用数学模型和观测数据来确定轨道的过程本质上是不精确的。问题是如何解决这样的难题。

1806年，在一篇名为《确定彗星轨道的新方法》的文章中，勒让德通过解释问题固有的不精确性来阐述他的方程。举个例子，在 $a+b=d$ 中，如果 a 和 b 都是已知的，那么 d 就会被精确地计算出来；而他用 $a+b=d+e$ 来代替原来的方程，这里 e 指 a 和 b 不确定值的误差。勒让德需要解许多方程，并以上面所描述的形式来书写它们，他接着猜想最好的解应该是使误差的平方最小，即 $e*e=e^2$ 最小。这种方法就是后来被人们熟知的最小二乘法，它成为许多寻找最优分析的现代技术的基础。利用这种方法，最小化误差的平方相当于将概率分布最大化。也就是说，观测到在参数已知的情况下数据的最小误差与最大似然估计相等。用这个想法去寻找一条"最佳"直线在知识库8.1中进行了简单的阐述。

在数据同化方法被应用于天气预报的今天，我们通过比较在一段限制的时间内观测结果的预测来寻找"最优预报"，通常是未来6小时。这个最好的预报随后被用来为计算机提供未来几天预测的像素起始值。在任何时候总是没有足够的观测来决定所有像素上的大气状态，如果我们想要更详细的图片，附加信息是必要的，数据同化就是寻找代表起始时刻大气模型的过程。

知识库8.1 确定影响的原因

图8.7中给出了一个非常简单的例子，说明如何使用答案（或影响）来找到一个方程的特定形式（这里指原因）。直线代表了两个变量 x 和 y 之间的线性关系。确定一条具体直线的主要参数是斜率 m，以及和 y 轴相交的点 c。假设观测到 y 随 x 的变化用点在图中表示，我们恰巧知道了我们试着理解的过程或系统被一个线性模型所

描述，但我们不知道的是 m 和 c。

因此反问题的任务是使用观测值、代表 x 和 y 信息的点来确定斜率 m 和截距 c，换句话说，使一条线尽可能好地穿过数据。注意，其实不存在完美的答案——图8.7中的实线和虚线都可以是正确的，最好的答案取决于我们如何评估各种误差。在完美的情况下，模型的直线将穿过所有的数据点。我们解释的事实是这样的，实际数据并不依赖在测量和观测过程中线的误差，或其他还未了解的缺陷。我们认为这个模型是一条直线甚至可能是错误的。

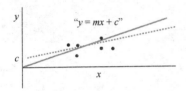

图8.7 哪条线更符合数据？

如今的预测通常从对大气状态的描述开始，这种描述的建立来自于过去和现在的观测。数据同化过程旨在帮助不足的物理过程表示和初始图标中的误差，如同我们在第六章最后一部分和知识库8.1中所讨论的。同化过程使用计算机天气预测模型从以前的观测和预报来适时概括和推进信息。数据同化非常有效地使用不同来源的不完全覆盖的观测来建立对大气状态一个连贯的估计。像天气预报，它依赖模型但不能轻易使用不是被模型所代表的尺度和过程的观测。这意味着用来启动一个预报的大量信息具有

"最佳猜测"的地位：存在许多未知甚至一些"不可知"，我们稍后会解释。这些限制在当前的模型中尤其影响当地天气要素的精细化预测，如云和雾，它们也会导致不确定性的快速增长和最终限制可预测性。那么对一个预报来说，什么是最好的起始状态？有时候以刻意的"误差"开始，计算被引导来遵循天气像素吸引子，将帮助我们更好地预测。

尽管每天有无数来自陆地、海洋和空间对大气的观测，但还有大气的初始状态始终是难以定论的，事实上，气象预报员必须要不断面对由于缺乏当前大气状态的观测数据而造成的局限性。为什么呢？尽管我们可以从地面的不同位置、大气中以及现在在大气之上扩展的卫星网络获得观测数据，但依然存在巨大的无资料区域，在那里几乎没有对大气状态的了解，或者在最好的情况下有非常间接的了解。虽然新的卫星观测过程应该给我们提供更好的资料比如水分分布，但探测器不能透过所有云"观看"，而常常在那些云层下发生有趣的天气。因此，在一个新的预测之前，我们必须填满水平和垂直覆盖上的缺口，如图8.8所示，卫星环绕地球几次获得的臭氧数据已被顺利地填入图中。更重要的是，测量本身并不精确。

事实上，对于一个新的预测，信息的主要来源之一就是之前的预测。之前的预测有助于填补数据空白，且执行一个新预测的任务是将最新的观

测数据和旧的、之前计算的数据结合起来而开始的。例如，如果我们每12小时提前六天做一次预报，那么每个预报的第一个12小时可以和新观测到的数据同步更新，以提供下一个预报的最优初始条件。使用先前的预测意味着我们可能继承了它的任何误差，这又是预测中的另外一个未知。这就是此过程为什么被称为数据同化。

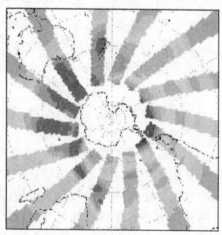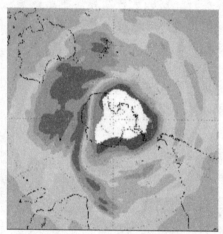

图 8.8　左边是南半球的图像，描绘了卫星围绕地球获得数据的过程，这些数据可能是温度、水汽，或者图中显示的臭氧。右边的图为数据同化的产品，它提供了三维拼图中缺失的部分（记住大气是有深度的）。这就是信息如何被纳入计算机模型中———一个误差的潜在来源和高昂的计算代价。

新数据必须以这样的方式被整合：与之前的预测相一致，同时又允许数据和旧预测中的误差存在。因为我们测量不同的变量，同化也必须确保变量是符合物理定律的。甚至一个点的精确观测（在这个点上完全符合物理定律），如果使用在一个像素上，仍然可以导致与这些基本定律相矛盾。例如，假设温度在分辨率上是恒定，但这可能与在那个分辨率下压力和密度的变化方式不会一致。整个过程是极其复杂的，且对计算有特别的要求。在同化过程的结论下，确保初始条件尽可能一致地准确是至关重要的：理查森没有正确地说明他的初始条件，这就导致了仅在 6 小时后便出现他对压力预测的致命错误。

在过去四十年，更大量和优质的观测成为成功推进天气预报计算机模拟的改进的重要组成部分。预报员使用的数据来源是各种各样的，包括船舶、飞机、钻井、浮标、气球和卫星等。自动化在很大程度上已经代替了人工观测，并且使用这种技术可以从偏远的、荒凉的或人类无法到达的地方获得信息。

新一代的卫星收集了更多、更准确的读数，范围可从海平面温度到平流层状态。数据在世界各国气象局是自由交换的，全球的天气预报便依赖这个协议。可是，我们永远也不会得到完美且完整的天气数据。越来越多的像素的引入来解决更精细的细节，意味着只有不到1%的必要数据被直接观测，数据同化则必须填补剩下99%以上的空缺，图8.9中所描述的降水斑块就是特别的困难。改善数据同化软件不仅允许预测者获得已知数据的最优价值，还可以改进模拟物理过程的软件。

图8.9　2004年8月12日拍摄于英格兰康沃尔郡法尔茅斯的鬃积雨云，显示了一个急剧的边界或不连续面，将雨天和晴天分离开。这个结构在英格兰西南部的沿海地区迅速发展，带来了非常短重的雷暴及一个非常显著的内陆飑，然而离岸不到5km的地方，却依然阳光明媚。

现今的天气预报在超级计算机上必须处理这样不完善的信息：今天的天气到底如何以及像云形成这样的物理过程是如何精确工作的。现代数据同化软件自20世纪90年代使用至今，尽管还有很多努力仍然致力于改进算法，却基本解决了这些问题。但集合预报和数据同化技术必须面对查尼曾经搁置的一个问题——大气运动交响乐中的"弦外音"的问题。随着计算机像素的减小和模型分辨率的增加，这个问题越发突显——尽管细节很重要，我们依然还需要看到"整片森林"。

聆听弦外之音

超级计算机性能的不断提高，可在几秒钟内进行数十亿次计算，使现代预测机构有能力描述更详细的天气，并且可以及时警告我们灾害性天气的发生。这就要求必须非常仔细地起草像素规则，以便捕获第二章中原始方程里更多的数学细节。我们首先描述了需要关注的天气型，接着讨论持续改进这些像素规则。

大气动态的和戏剧性的本质似乎需要我们比以往更多的关注和理解。2002年8月在欧洲的洪涝以及2005年8月在墨西哥湾的卡特里娜飓风是罕见事件吗？中国和巴基斯坦在2010年7月和8月都经历过强降雨和严重的洪涝，严重影响了数百万人的生活。侧重建立更好防洪设施的物资总量取决于这些事件多久会再次出现以及它们将采取的形式。同时，对于这类事件的水灾保险成为我们所有人在商品价格和政府税收里的成本。

在许多国家，政府机构负责开发

项目来预测各种各样的危险性现象，比如使污染物和森林火灾蔓延的破坏性大风、热带风暴和风暴潮的路径、强降雨和随之而来的洪涝以及漂浮的火山灰云。更多的局部模型为预报员提供了详细的信息，可帮助环境机构在特定地点采取措施以将对人身、财产及生活的威胁降至最低。海气系统模型更为复杂，它连接陆地生态系统和冰冻地区，使气候模拟可帮助政府决策应采取何种措施来适应气候变化的影响。在过去二十几年里，像素分辨率的提高、更好集合的设计以及找到更有效的方法来利用有限的数据，都使预报变得更精细、更可靠。到2005年，全球预报中心使用了水平尺度近似为25km的分辨率，但这还并不足够精细来描述自然灾害。因此这些风险预警机构专注于有限区域模式，为了解决在某些特定地点严重的洪水、火灾或风暴，这些模型2010年的水平分辨率就已经接近1km。

灾害性天气对健康、安全以及国家的经济有着重大的影响。2000年秋季，在英国发生的洪水估计造成了10亿英镑损失，而卡特里娜飓风过后达到了总计800亿美元惊人的破坏。现在保险公司在世界范围内每年对特定的洪水灾害支付超过了40亿美元。洪水往往是局部的并且和小尺度气象现象相关，特别是雷暴引起的短暂洪水。局地风暴可导致最严重的洪水、冰雹、闪电和极端的局地大风，包括龙卷风。2010年，这些以超级计算机为基础的

天气预报模型仍然没有足够好的分辨率来充分代表这些所有的灾害。

然而，一些研究已经证明，当计算机天气预测模型以1km或更小的分辨率运行时，就有能力来模拟个体风暴的进化。计算机能力的发展使得模型中一个全新的像素世界占据了前几代计算机模型中的一个旧天气像素，在大型模型中嵌入这种精细尺度天气的有效解决方案以及精细尺度天气与原始网格的关系是关键的问题。图8.10为各种长度和时间尺度的天气特征的示意图，计算机模型越大，分辨率越小，则在理论上可以解决更详细的天气现象。

记录灾害性天气需要使用雷达和卫星以及计算机模拟的信息，将这种信息直接外推到未来的情况是非常有价值的技术，它可提前几小时提供强降雨、大风和雾的预警。其他危险的现象比如冰雹和闪电，也可以提前一小时或几小时预测。这样根据外推方法而不是数值天气预报的"短时预测"计划，目前成为对行业和公众提供警告的最佳指导来源。在短期内，可预测性的收益将跟随短时预测的改进和数据的输入。更大的收益将来自新一代卫星和计算机的外推法，这将提供更详细的信息。

在全国范围更大的水平维度或尺度上，大气中的一些过程和海洋、陆地表面上的一些过程相结合了起来。现在正试图预测大气对各种强迫机制的反应，比如冷暖水流的运动、农作

物的生长、干燥的沼泽土地。这些过程一般发生在月的尺度上，并且尽管它们固有的时间尺度要长于大气运动，但依然存在一个对气候预测非常重要的显著连接。

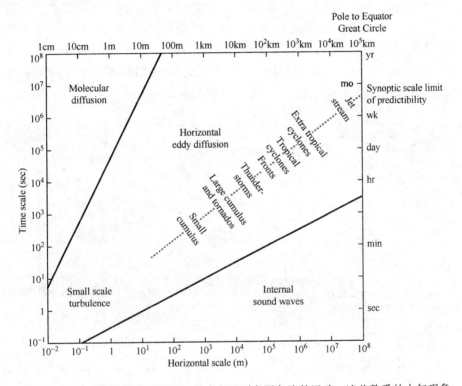

图 8.10 从通过热带气旋（飓风）的小积云到主要急流的运动，这些熟悉的大气现象以典型的长度尺度和时间尺度在图中示意。更强大的计算是为了得到更小的天气分辨率，以有效地代表更小的天气现象。目前，局地预报模型使用的是大型积云尺度的分辨率，而全球模型使用的分辨率则是水平范围大于 20km。

至关重要的是，天气系统必须是天气像素大小的几倍才能准确地表示（回想图 6.11），例如，低压气旋和高压反气旋的形成和发展在经过 2,000 多次的模拟后才更准确，因为这些现象具有的维度至少比全球模型中计算机分辨率大五到六倍。在一定范围内发生的事件如单个云的对流发展要比分辨率小很多，但它仍然影响了必须由平均像素大小所代表的大尺度天气。

我们提到一个重要的物理细节：云中有各种各样的水滴、雪花和冰晶存在，这是永远不可能被天气像素所代表的；物理实验和计算机实验的组合使用才估计了降水的平均影响，因为这种影响来自云本身及每个像素点里潜在的森林、农田和城市地区，海表面和它的波浪以及蒸发也只能在平均意义上被代表。随着像素点有时会覆盖超过 100 平方公里的面积，很显然，"地方"天气的很多方面不能被代表——从沙尘暴到局部阵雨和阵风。即使未来几十年超级计算机的技术无疑有惊人的进步，模型的分辨率依然没有能力来代表所有的大气运动和过程，阵风和云的涡旋边缘在未来几十年可能依然不可计算。我们在彩图 CI.14 中显示了复杂的蒸发和沉淀过程的一个典型例子，我们的观点是，无论超级计算机在未来几十年变得多强大，预测机构仍然无法解决所有的物理细节（见图 8.11）。在可预见的未来，这个问题依旧是当很多细节不可知时如何将预测做到最好。

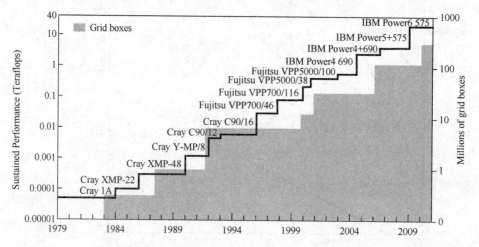

图 8.11　通过六倍的水平分辨率来提高模型的分辨率需要一百四十倍的计算能力，根据摩尔定律（计算机性能每隔 18 个月才会加倍），这需要十年，但提高计算机的性能和容量又带来了进一步的挑战。涉及模型中详细的热量和水分过程的近似需要更精细的像素分辨率来改善。© ECMWF。授权使用。

接下来我们再仔细看一下第二章中的天气规律，以确定隐藏在这些方程下额外的数学真理。有一条真理与我们在第六章中所称的气象噪音相关，是现在必须遵循的。尽管我们在第六章看到在制作每日天气预报时很多细节可以被忽略，但我们在做更高分辨率的预报时需要格外小心。

今天对压力的计算需要比一个毫巴的水平好得多，这要比对次日的简单计算精确将近一百倍。尽管一个毫巴只有大气压力的 0.1%，但它也是驱动不断变化的风的动态水平气压梯度力的 10%，这就要求我们必须对查尼的"弦外音"保持应有的尊重。一些压力振荡的效应在彩图 CI.8 和图 6.4 中是明显可见的，在那里不同云层中的压力振荡类型被识别为重力波。第六章关于利用摄动理论对非线性反馈快刀斩乱麻的基本假定，抑制了这些大气快速重力波想要达到地转平衡状态的影响。但当我们继续使用扰动法，从而更准确地联系因果关系，最初被忽略的影响需要被重新考虑，并且重力波的效应最终必须进行适当的平衡。

为了更有效地处理所有问题，现代计算程序在 20 世纪 90 年代和 21 世纪初的数十年内进行了彻底的改变。超级计算机不断发展的能力，使重力和快波细节的有效建模与空气质量、能量、水汽守恒相结合。基本策略一直是使用从现在开始计算到几分钟后的软件方案，就是第三章中的"时间步长"——尽管理查森的时间步长是几个小时。这个时间步长需要相当精确以便软件可以被反复使用成千上万次，使得预测提前很多天。

国际预测机构目前的方案是计算理查森模型的当代版本的总数，理查森模型使用了第三章描述的欧拉形式里基本物理法则的有限差分表示方法。改进这一过程有三种主要方法：第一种方法是使用某些关键时间导数的隐式表示，被称为半隐式方法（SI），它们限制了快波的不稳定影响；第二种方法是遵循在像素点上所谓的拉格朗日方程的 d/dt 运算符，在第二章中知识库 2.1 也有使用，这些被称为半拉格朗日方法（SL）；最后一种改进方法是对半隐式和半拉格朗日方法进行修改，以便当空气、能量和水汽的数量被气流运输时，它们能够充分精确地维持这些守恒。前缀"半"表明在制定像素规则时做出的审慎选择。实现

这些程序的计算机算法同时还应该满足第六章中流体静力学、地转和 PV 摄动的结果，以及对热带地区进行特殊修改后的结果。因为到目前还没有人能找到一种方法来准确做到这点，因此研究仍在继续。

应用这三个主要思想导致像素的代数方程通常无法足够迅速和准确地被解开，允许数以万计的时间步长的评估是每周预测所必需的。因此静力平衡和地转平衡的思想（第二、五、六章都有讨论）要和更精确的 SI/SL 方法相结合。接着聪明的计算机代数被用来迭代求解，并希望得到一个足够准确的快速解决方案。当在最新的超级计算机上的求解过程足够快时，一个更精确的周预报和它的集合预报便成为可能。如果这个过程保持稳定，就意味着误差增长的蝴蝶效应保持在可控范围内，则中期预报也成为可能。涉及了百万时间步长的计算机计算甚至具有实际的可能性，那么气候预测就随之而至了。

现在，我们对这些方法背后的思想进行更详细的研究。在第四章我们描述了气球随着时间及随风漂流时里面的温度如何改变，我们也已经想到正在被风输送的空气团在某种程度上与气球的运动类似。考虑一下如何评估这个空气团里温度的变化。为解决在拉格朗日的时间步长里空气团温度的变化，有必要找到每个气团移动穿过像素的网格点的位置。

假设我们集中讨论一个空气团在

提前一分钟的时间步长占据了一个天气像素，那么为了知道这个空气团的起始温度，我们需要知道它现在的位置。通常这个空气团将不再对应任何给定的像素，但也将涉及一个像素集合。计算空气团目前的位置从而包含计算一个"控制卷"的位置，我们用CV来表示。为了在时间步长上不增加任何虚假的气体，当空气团从CV移动到一个新像素的位置时，空气质量应该完全守恒。同时我们也不想增加任何虚假的热量，所以热量也必须守恒，被空气团输送的水汽也是一样。目前，没有已知的方法可以计算这些量，因此它们都是完全守恒的。

如果一个天气中心决定使用大规模并行计算机体系结构，会有进一步的问题出现。当一万个处理器，或者随着十年后科技的进步十万个处理器同时计算每个在它们的部分的天气像素描述。对 d/dt 运算符在像素上更准确的表示可能会更有效，而不是使用CV思想。照例来说，每个天气中心选择它们自己的方式对精确度、稳定性和效率的需求进行平衡，以及选择自己的方法来建模物理细节。

实际上，快速移动的信号如重力波保持大气运动与地形变化、热带和热带外对流风暴以及平流层以上的脉动相协调。即使如此，这种协调偶尔也会崩溃。例如，大块的平流层时不时地被"折叠"到对流层中，这主要与急流的运动有关，对天气有重要的影响。如果我们在开始的时候没有正

确总结这些微小的重力波影响，那么对一段时间后的主要天气结果预测通常并不理想。

当风吹过暖湿气团时，暖湿气团以自身相互作用的方式来引导风，这种解开反馈使第一次成功的计算成为可能。这种解开依赖于查尼在中纬度地区的基本状态，天气状态遵从垂直方向的流体静力学和水平方向的地转风和压力场的平衡。查尼的基本状态也遵循温度随可代表当地气候的高度而变化。今天更好的观测和数据同化将这些典型的天气平衡加入到初始状态，而时间步长的演变定律导致在预测过程中保持总体平衡。预报中心现今将如何处理对流不稳定性、提高这个进程的降水部分作为重点，并且他们还在处理热带地区的密码部分寻找更多挑战。

大气中某些大尺度的稳定结构从太空中观察是可见的，比如有组织的热带飓风云和中纬度气旋，我们可以在图3.8和彩图CI.7中看到。这些漩涡、急流和锋面通常是影响当地天气系统准确模拟的主要因素，并且现代计算机模型考虑这些才能合理地运行。因此在一个良好的近似上，演变的大尺度风模型可以被守恒的量所描述，天气预报的整体质量比二十年前提高了很多。然而，对于热带深处对流预报和风暴尺度预报，在同一时间计算机模拟正确触发上升气流和潜热释放时，维持不稳定状态是至关重要的。这要求尺度小于1km的快速变化结构

被准确代表，这个分辨率依然低于通常的天气预报模型的分辨尺度。在这种情况下，我们如何使热能及水汽守恒？我们将在最后一节来回答这个问题，但首先我们将在下一节讨论估计气候变化需要多么繁长的计算。

从秒到世纪

气候模型涉及的计算机模型基本上是相同的，是用于预测未来一周内的天气，但是它们与地球系统的许多其他部分相关联，比如海洋、冰盖、行星反照率（见彩图 CI.15）。气候模型通常在一个较粗的像素分辨率上运行，持续几十年而不是天。为了计算未来二十年、五十年甚至更多年的气候，更精细尺度的细节不得不被忽略。我们希望对于重大气候变化的预测是可能的，比如半永久性洪水区域的发展或者大范围陆地的干旱。使用较大尺度的分辨率，通常意味着一些效应并没有得到有效的计算，如安第斯山脉在东风中的效应及巴西雨林对降雨的影响。我们不知道这对全球气候长期预测的准确性的破坏程度有多少，然而即使在细节不被预测的情况下，依然有必要更仔细地计算在分辨率上温度和水汽平衡的改变。由于必须运行几十年的计算，即使很小的热量或水汽损失开始作为微不足道的误差，也会在几周之后可能增长到可掩盖未来五十年气候真实变化的规模。

天气和气候对地球上的生命具有深远的影响。天气是我们周围大气的波动状态，而气候则是"平均状态"且在过去几十年里缓慢地演化。更严格地说，它是天气的统计描述，包括可变性、极值及平均数。气候也同样涉及陆地、海洋、生物圈和冰冻圈（见彩图 CI.15）。

为了预测气候变化，气候系统中所有有重要联系运作的效应都要被计算。这些过程的知识在数学方面，遵循皮耶克尼斯的最初声明而被表示，而今天同时在被称为气候模式的计算机程序上被实现。大气模块中的全部规则都在第二章，但当下需要更仔细地考虑积云、降水和加热过程。海洋模块具有类似的规则，不过是由盐度决定并起到调节水分的作用。这两个模块通过海表面的水汽交换而耦合，且波浪的产生显著影响了这点。然后其他气候过程的模块也被加入，它们彼此的反馈使计算机输出结果更加复杂。

我们的知识和计算资源的局限性意味着气候模型的结果总是受到各种不确定因素的影响，但这并不能阻止我们以费曼已经证明的方法继续研究，大气环流——不断给地球周围输送温暖湿润的风——是根本。在气候模拟中，诸如微量气体循环的过程，包括甲烷、二氧化硫、二氧化碳、臭氧以及它们的相互作用，连同尘埃都可以被代表（见图 8.12）。这些大气成分的长期变化，通常伴随着重大的气候变化。当今的一部分科学试图去了解，比如海洋浮游生物是如何大量繁殖的而热带雨林的流失改变了这些气体浓度。

图 8.12 富含氮、铁、磷的撒哈拉粉尘有助于热带大西洋和地中海东部的大型浮游生物大量繁殖，图中显示了灰尘被吹向北方和西方。© NEODAAS/University of Dundee.

气候预测的本质也可理解为概率计算，并不是天气的精确顺序在未来具有可预测性，而是天气的数据统计方面——例如二十年后，夏季会更潮更热吗？当然这个答案在很大程度上取决于我们生活的地方。尽管从目前到未来，天气在任何一天可能都是完全不确定的，但缓慢演变的海表面温度的持久影响可能会改变某一特定类型天气发生的概率。

我们用掷骰子过程进行一个粗略的比喻，大气和它周围事物耦合的微妙影响可以被比作"改装"骰子作弊，对于给定的任何一个投掷，我们都无法预测结果；然而在投掷许多次后，改过的骰子相对其他结果来说将更容易出现一个特定的结果。通过这个类比，季节性行为在未来几年的变化依

然可以被预测，即便我们不能预测任何给定时间和给定地点的真实天气。在这几十年的时间尺度上，气候的可预测部分是天气吸引子的结构，估计气候变化的重要组成部分在于理解当几十年过后，是什么显著修改了这些"蝴蝶翅膀"。

海洋是气候系统的重要组成部分。在海洋和大气之间存在不断交换的热量、动量和水汽，甚至海洋盐粒子被认为对大气中水滴的形成具有显著影响。海洋作为一个热源，是最初延迟气候变化的原因，主要洋流与盐度变化的海水一起在世界各地运输大量的热能。地面包括它的植被分布和季节性水分分布，影响了太阳能的吸收以及水分与大气循环。

还需要注意冰冻圈，尤其是世界上表面受冰影响的那些地方，主要是在北极和南部海洋的海冰以及格陵兰岛和南极洲的陆地冰盖。生物圈，包括陆地上（陆地生物圈组成的森林、草原、城市社区等）和海洋里（海洋生物圈组成的海藻、细菌、浮游生物和鱼类等）的生命，在水汽、氧、硫、碳和甲烷的循环中扮演了重要角色，因此也决定了它们在大气中的浓度。这些微量气体会影响太阳能通过大气的传输方式，并且一直停留在大气中。提及所有这些系统的目的在于表明其许多非线性反馈在可靠地估计 21 世纪温度、湿度和气候中成为主要难题。

地球从冰河时代到温暖期再回到冰河时代，伴随的气候总是变化的，

气候系统的反馈可以提高或降低这些变化。例如，随着大气变暖，它能够"容纳"更多水蒸气。水蒸气自身是一种非常强大的温室气体，因此我们能够很容易地辨别夜晚的云层会减慢地球的冷却速度。水蒸气可以作为一个正反馈，并显著增加大气的平均温度。当海冰开始融化时，一些没有被海冰反射的太阳辐射被海洋吸收并进一步加热表层水——这是另一种正反馈。但是我们仍然需要找出这些"加温"将如何修改全球的风型、急流、洋流及下一个反馈将是什么。另一方面，大气中二氧化碳浓度的增加加速了植物、树木、浮游生物的生长，从而又将吸收更多的二氧化碳，这是一个负反馈。还存在众多的反馈，正负都有，其中许多我们并不完全了解。反馈是气候预测不确定性的主要原因，水汽和云层覆盖的改变对准确的预测至关重要。

目前的气候模式在全球平均数量上提供了一个预测的范围，较小尺度的不确定性更大。因为我们没有办法去分配每个模式的技能，因此所有的预测目前都假定具有同样正确的可能性，这对试着制定新的生活方式的规划者来说显然是没有帮助的。例如，水文学家需要决定是否应该建立一个新的水库来避免预测的夏季水资源短缺，建立大型水库需要消耗很多资源，那么花费最小的安全条款应该是什么？这就需要评估破坏性的变化，确定有效措施并建立优先事项。更重要的是，控制碳排放到何种程度才是对现有资源的最佳利用？是否有其他更有效的措施？

计算机模拟对南极洲上空的臭氧层空洞已经进行了广泛的研究。曾经在 19 世纪 50 年代和 60 年代主要由排放的化学污染物对臭氧空洞造成的影响已经停止了，现在的臭氧层空洞正在恢复。国际合作禁止使用含氯氟烃的家居用品使臭氧重建，这对于政府间联合的努力来说是一个很大的成功。

超级计算机对气候预测的准确性和确定性不太可能迅速增加，因为要提高对气候系统如何工作的理解是很困难的。为了决定最优规划和适应策略，规划者希望摆脱当前存在大量具有未知可信度的不同预测的局面，并达到不同结果的可能性都是已知的局面（如夏季降水百分比的变化）。当认识到模型提供不同的预测是因为它们使用了气候系统的不同表示，气候模型选择的多样性就被构建；这给予了所谓的物理集合，并允许对每个模型中不同物理变化的效应进行估计。

目前，进入 21 世纪的二十年，气候模型的关键问题依然在讨论和研究，重点集中在地球-大气-海洋-海冰-生物圈系统之间的重要反馈。某些气候模拟表明在未来 21 世纪中期的几十年里，大气中变化的高量水分尤其是对流暴雨中的水，改变了冰的覆盖范围、平均海平面、洪水事件及许多国家的干旱事件。但是这些改变反过来又受

到其他微妙变化的影响，对这些变化进行整理分类将是一个巨大的智力和 | 实践的挑战。

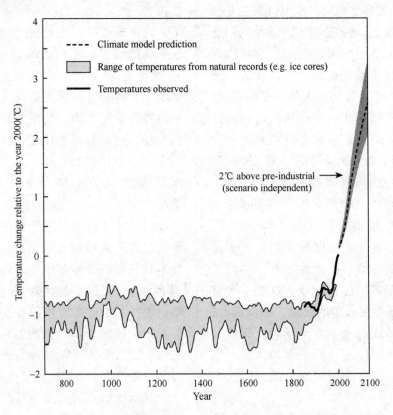

图 8.13　英国哈德莱气候变化中心已经对地球的平均增加温度做出了预测：实线是一个单一的模拟，显示了 21 世纪的气候变暖；灰色阴影表明了预报的不确定性。这些预测采用了当下有很多争论和研究的高度简化的反馈模型。© Crown Copyright，Met Office。

最重要的是，现在我们应该重点做些什么来帮助规划者制定策略，到 21 世纪末改善地球上所有生命的质量？毋庸置疑，我们需要了解长期的天气状况是否良好。也许现代全球经济的主要受益者可能会在集中研究气候变化问题的国际中心上投资更多，从而使气候变化的合理性及其数学计算模型来帮助解答这些不确定。

愿景的构建

在前几节中，我们概述了面对天气预报和气候模型的一些实际和理论的问题，概述了从计算机尺寸的增加到软件的改进，以及日益增长的卫星获得新数据等多种发展，这些都有助于改进预测。还有很多细节是必要的，尤其是关于水分过程：比如水汽从海洋、河流、湖泊、沼泽、树木、草地等是如何蒸发的细节，水凝结（和冻结）最终如何形成众多我们看到的漂浮的云的细节。对代表物理过程的软件做进一步的改进，都将有助于对从局部暴雨到缓慢变化的气候进行更准确和更可靠的预测。

我们总是面临着提高预测能力的压力，从明天的天气到气候的变化，那么现在就开始做吧！政府花费数十亿美元所做的决定，比如未来对地势较低的城市和国家投入的防洪措施，就有可能存在很严重的后果。一个能可靠地告诉我们这种举措后果的计算机程序似乎是当务之急。为确保社会达到它的目标，暂且不说能否达到，减少大气中二氧化碳就比减少甲烷更有效吗？事实证明，水循环的改变比平均温度的改变对生命有更多的重要性，因此准确地知道它们是如何联系在一起的变得很重要。

由于计算机唯一的语言是数学，而且因为答案是必需的，我们目前使用的超级计算机对天气演化的建模能否得到尽可能多的数学回答？正如我们在图 1.14 中看到的，天气或者气候都是使用附加到一个大格点上的天气像素来描述的，并且这些像素所有可能的状态组成了天气状态空间。每次我们使用不同的计算机、不同的格点和不同版本的规定来随着时间提高每个天气像素，就获得了天气状态空间的一个不同模型。然后，当程序打开时，计算机天气预报的不同生命史便产生了。

为了预测未来，我们的目标是遵循地球天气的生命史和计算机的生命史，或"印迹"，以获得天气像素的序列。但是在天气状态空间里，存在比宇宙中粒子更多的逻辑上可能的天气预报。第一个重大挑战就是获得计算机遵循这些天气状态空间里一部分地球上天气的生命史，而并不涉及金星的天气，或者其他逻辑上的可能性。第五章和第六章的 QG 理论告诉我们如何使用流体静力平衡和地转平衡来确定地球的天气，然而这些预测总是对各种误差和我们知识的限度有敏感的依赖性。这种敏感性依赖通常会在几周内破坏精确的可预测性，正如我们在第七章看到的。

要使误差对预测产生破坏的速率减缓，则需要通过执行在第二章中知识库里形成的科学规律背后的守恒法则，但是至今这依然是一个具有挑战性的问题。正如我们之前所述，最近一代的程序已经取得了进展。在第七章，我们描述了在遵循守恒的天气状态空间里以天气像素演变为重点的各种变换，包括质量守恒、能量守恒和 PV 守恒。

我们生活中的天气的真实生命史是理想化的。统计学家乔治·爱德华·佩勒姆·博克斯有一句经常被引用的话："基本上所有的模型都是错误的，但总有些是有用的。"我们能做到最好的事情就是计算一个模型的生命史，从而捕捉到尽可能多的我们感兴趣的天气特征。这可直接类比于一个艺术家创作一幅画——我们在画布上所看到的和外面真实的世界并不一样，如图8.14所示。当看到图片和电影时，我们的大脑和想象力有助于创造出对现实的幻想。

图8.14 天气像素模拟大气，正如一个艺术家临摹窗外的乡村远景。问题的关键是模型并不是现实，但应该捕捉到我们感兴趣的方面。René Magritte, *The Human Condition*, 1933. © 2012 C. Herscovici, London/Artists Rights Society (ARS), New York and Gianni Dagli Orti/The Art Archive at Art Resource, NY。

在前两部分我们描述了集合预报和数据同化的现代技术，这填补了我们对当今天气知识了解的很多缺口。

第七章中几何的约束、比例缩放、变换都有助于从那些属于其他世界甚至戏剧化的小说世界中识别更"现实的"计算的生命史。正如我们在本章之前所描述的，对数据和物理过程更加关注，再加上使用更大的计算机，是否足以实现我们对精确天气预测的目标？我们认为充分利用数学来提高我们对天气的看法是非常必要的，并且仍然有必要为了获得最新的计算机算法改进而进一步分析数学。天气预报员不断地寻求改进计算机算法的规则。最理想的规则是预测所有感兴趣的天气行为，但我们并不需要很长时间就能做出这样的预测。科学家们也利用数学和简单模型的计算机模拟来不断实验，以更好地制定像素算法。

我们从基础教学中得到的下一个指导是，热带地区占据了主导地位，因为在这里地转平衡减弱了，它不再控制水平风。然而我们已经在更温暖的热带地区增强了降水，主要是与大尺度积云结构相关的巨大的热带对流热塔地区。当水汽凝结时，这种水的每日运动便从地面通过大气释放大量的热量，接着就开始下大雨。这个水循环将太阳能从地面和海平面移动至大气上层，并最终远离赤道地区。

在中纬度地区，西风带不停地将气旋搬运到围绕地球向东的方向。热带温和的表面信风偶尔会给热带气旋或龙卷风让位。在大部分热带地区，大气自身调节使表面温度非常接近水平，这将导致当地空气的垂直运动和水平运动调整一起变得更加显著。所有这些局部热带事件的净效应都是为了使显著的热能远离赤道，到对流层的高海拔地区。因此难题是在热带地区找到一点不同。

图 8.15　在中纬度地区旋转运动支配云模型，但在热带就不同了。巨大的对流风暴的顶部可以沿赤道地区可见。© NEO-DAAS/University of Dundee。

卑尔根学派通过中纬度的天气数据观测到，气旋的生成和发展似乎在称为极锋的温度不连续面上（见图 3.13），其可将副热带较温暖的气团与极地较冷的气团分离。尽管随后 20 世纪 50 年代后期的理论表明，气旋实际上可能引起更多的这种锋面行为，锋面的出现提出了一个我们从来都没有讨论过的问题：如何保持一个量的同一性，例如对于一个空气团，当数量发展并且部分延伸穿过了一些像素点时怎么办。在第二章和第三章，我们看到牛顿运动定律中的欧拉定理描述了连续流体比如空气和水的运动。欧拉想到流体团的运动更像光滑的气球，他意识到他可以使用 d/dt 这一运算符来表达流体团在一个固定的、基于地面和网格上的气球运动。

这种观点的转变——从关注物体的身体如它在哪里、它将去哪里，到关注背景测量站点的一系列信息，与在国际象棋中一个现代符号的演变有着非常简单的类比。国际象棋中较旧的符号集中在棋子上，并指明每个棋子将移动到哪里。这对一个人类大脑来说是有效的，因为我们知道当一个棋子移动的时候，其他所有的棋子应该不动。我们在第二章中使用 d/dt 给予这个演化，我们将其称为气团衍生品，因为它遵循一个可识别的流体气团。现代国际象棋符号集中在棋盘的一系列位置上，因为一个棋盘只有 64 个正方形或者说格点，每个点上最多只能有一个棋子，棋子不会平白无故地出现，这对计算机来说比对人类更有效。人类大脑然后观察定位并解释游戏的进展。

类似的，对于气压、水汽、温度等这些专注于围绕地球格点的每个位置上的天气像素数量的现代符号也发生了改变。考虑一个空气团被来源于西方撒哈拉沙漠的细砂所标记，如图 8.12 所示，那里的沙尘需要几个月才能沉积下来。当空气团移动穿过一组固定的像素格点，如何维持它的同一性？

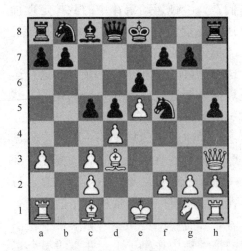

图 8.16 我们可以通过识别棋子和它的移动或者在移动过后描述整个棋盘来指出白衣骑士的运动，而计算机只能列出位置和每次移动后每个棋子占据了哪个位置。在这个方法中存在大量的重复；人类大脑然后识别差异来判定发生了何种情况。计算机使用这些列出的位置和天气状态模拟天气演变，会忽视气团最初的同一性和它们在做什么。

在国际象棋这个例子中，随着游戏的进展，我们在棋盘上交换或移动有限数量的棋子。棋子的身份不存在模糊性，但我们不能对天气像素也这样做。我们可以将空气团比作象棋棋子，每个空气团都有自己的身份。但随着时间的流逝，这些空气质量运动后变形，或者与来自其他像素点的空气相混合——实际上，通常每个像素不能再与之前的任何空气团视为等同。那么，气团的同一性如何受到认可？这是我们在前一章对 SL 方法和守恒方法介绍背后的一个关键想法。

如图 7.21 和图 7.25 所示，真实的天气演变能够延伸和混合气团。虽然这可能与每日天气预报无关，但它会严重影响长期水汽输送的预测。将第二章科学定律的解决方案应用到各种理想化的天气中，很像第五章和第六章描述的罗斯贝和伊迪的方法，显示了新类型的方案经常出现来模拟天气锋面。当一个暖气团移动时并没有混合很多空气，但最终以更冷的空气结束移动，通常也伴随着显著不同的湿度水平，这样典型的情况可使天气锋面出现。密切关注这两种不同性质的气团，对基于固定网格的现代计算机模型提出了真正的困难。随着风暴的发展，拉伸和混合以精心安排的三维方式出现，在如此快速的变化下可发展出许多不同的长度和时间尺度。冷锋引起的降雨前总是会经历强阵风，上下颠簸的气流可以毁掉早期的气球飞行，正如我们在第五章看到的。

当被微分的量平稳地变化时，基于气团衍生物的数学与基于格点衍生物的数学的对抗则是明确的。因此，在天气状态空间的计算机模型中，还存在另外一个隐藏的限制——当气块并不符合设置在计算网格上的天气像素，并当数量没有平稳变化时就有一部分混合，我们要如何来保持气块的一致性？未来几代天气预报程序将更多地关心固定像素的双重结构和气块的移动。空气的一般总量或包块、衍生物都将计算地更加精确。

更重要的是，将不同气团分离的

表面，即将一个干热的区域从湿冷的区域分离，随着天气事件的展开能够移动、发展和消亡。气团的性质和演化，即使那里的温度和湿度发生了骤变，也需要在天气像素规则内继续维持。不连续面经常出现在雨带的边缘，如图8.9和图8.17所示，这使得本来已经很困难的降水预测变得更有挑战性。

图8.17　拍摄于2010年9月18日中午的英国伯克郡纽伯里的钩卷云（具有钩状的卷）及后面的幡状云。计算机模型对其像素上的基本变量进行平均，对这种类型的现象表示地不怎么成功。© Stephen Burt。

因此我们观察到具有平稳变化的初始条件的计算机模式，经常预测到天气在那些温度值和水汽值突然改变的地方会演变成一些天气现象（见图8.17中的幡状云），这种现象可能不能很好地用像素表示。不连续的代表并不是计算机模型的一个简单技术问题，我们需要用一种全新的数学方法来考虑解决方案。此外，独立气块的运动没有注意到像素描述被选择的方式。现在计算机程序可在每个时间步长里近似得到气块的路径，但假定热量和水汽在空间和时间的变化都是非常平稳的。如何最好地表示不连续面的移动对当代研究来说依然具有进一步的挑战性。

尽管自从亚里士多德第一次提出"气象学"已经过去了两千多年，但天气依然是一个谜，这可能也解释了为什么它总是受人追捧的热点话题。天气总是影响我们的心境和观点：我们对天气不断变化"情绪"的反应是亲密和私人的。但如今我们也可以脱离自己，并对大气运动采取更全球化、更全面的景象。卫星图像显示一幅巨大的画面——从热带风暴和飓风到中高纬度的暴雨气旋，但任何一个图像都不能告诉我们什么时间在什么地方将发生下一次雷暴，或者小雨是否能转成冻雨，从而对道路造成破坏。

要弄清楚天气何时何地会改变它的"情绪"，我们需要数学：我们需要呼吁出那些隐藏在天气里的美丽、力量和未知之谜。物理定律必须被编码进计算机模型中。最新的观测和测量需要以正确的方法被同化，运动方程、热量和水汽方程也需要集合在一起以遵循总体守恒定理。当这些都完成时，我们才能估计预测有多大的可信度，进而才能对地球未来的气候进行评估。

预测的显著提升依赖于合作。小批工程师和科学家不断改进观测技术并扩展我们对大气过程掌握的知识。然后，这些不断增长的知识需要转化成数学语言并纳入到更加强大的计算机模型中。我们的经验是对数学的巧妙利用可得到这些程序最好的结果，并有助于我们看到从混沌的迷雾中浮现的不断变化的天气模式。

尾声

蝴蝶效应之外

天文学和气象学在推动物理和数学的历史发展中起到了重要的作用。天文学是在数学进步中最早获益的科学之一：牛顿的运动定律和万有引力，以及之后的能量守恒和角动量守恒，在未来很多年中使卫星轨道得到了评估。18世纪末，错综复杂的模型夺取了科学的信心，如图 Po.1 所示的星象仪。

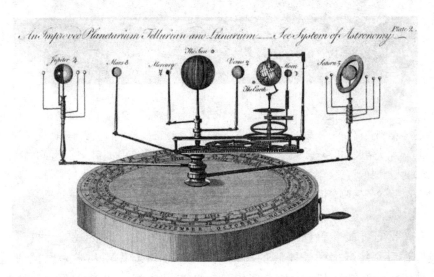

图 Po.1　星象仪是一个太阳系的时钟结构模型，它充分体现了牛顿关于确定性宇宙的观点。知道了行星从哪里开始，我们就可以精确地说出它未来的位置。© Bettmann/CORBI。

将其与创建具有混沌效应的天气和气候的计算机模型这一挑战进行对比，模型从不可预知的从烟囱里吹出的缕缕烟雾，到龙卷风和飓风的路径。我们怎样才能找到那些天气的可预测方面呢？我们的故事描述了，数学在回答这个问题上起到了至关重要的作用。

这本书是关于数学在解释为什么我们能够认识天气和气候，甚至混沌的存在中起到的作用。但是我们的故事还没有结束。人类在理解和预测地球系统的组成部分——大气、海洋、陆地、水和生命——的相互作用和影响中还面临着挑战。彩图 CI. 15 中显示的非线性反馈在地球系统中是无所不在的。但好消息是最近几十年，分析和预测天气的技术快速发展，如对水分运输的复杂计算机算法及数据同化这一新方法，都被纳入了地球系统的模拟。

图 Po. 2　这幅图是国际空间站于 2011 年 7 月 31 日拍摄的。卫星上的仪器使科学家们能够观测到我们大气的成分，将这些信息整合到计算机模拟中可使我们研究这些不同的气体和气溶胶如何影响气候。我们的故事解释了数学最初是如何为了不同的目的而发展的，比如研究以太或者太阳系的动力，现在正在帮助我们了解大气和海洋的动力机制，以及气候的变化。Photo courtesy of NASA。

有时我们可能会感到满意而无所谓地耸耸肩，并声称蝴蝶翅膀的扇动可以破坏所有天气预报寻求的合理化。然而事实上，天气——我们的地球系统——并不能轻易被扰乱。存在很多复杂的相互作用，存在很大程度的不可预测性，但也存在很多对理解和预测天气非常重要的稳定机制，数学可以去量化这些规则。在过去五十五年里，数学在设计更好的计算机算法中发挥了重要作用。未来的挑战是以更有效的方式来继续发展、解释和使用这些科学、技术及数学。

正当我们寻求确定太阳系的行为时，意外的惊喜促使数学家们开发了研究混沌系统的定性技术，因此我们可以想象了解地球系统的努力也将产生新的数学并能够更深入地认识周围的世界。

专业术语表

气块：小体积的空气，我们对其进行基本变量值的分配。

基本定律：用一组物理规律以数学形式来描述基本变量之间的相互影响（见知识库2.3）。

基本变量：描述小气块状态的变量，包括温度、压力、密度、湿度、风速和风向。知道了这些可确定天气。

环流：气块的有效运动沿着一个假定流体圈的流动。

计算机程序：一系列指令对基本变量值的计算，这些变量值是大气性质和基本定律的背景数据。

计算机天气预测：使用涉及代表基本定律的基本变量写入的计算机程序。

常量：当天气变化时其物理量的值保持不变。常量给予了大气的物理性质，例如在给定气压下水汽冻结的温度。

辐合：当空气的运动在水平层面时发生明显的消失，通常少量的空气实际从水平面垂直向上移动消失。

不连续：要么当时间变化、要么当位置变化时，一个变量的突然改变；例如，一个雨锋，几秒钟后开始出现暴雨。

地转平衡：流体运动场在气压梯度力和科里奥利力平衡时的状态。

梯度：一个指定变量（如温度）的变化速率在它最大限度增加的方向。

静力平衡：地球大气中垂直方向的气压梯度力和重力的平衡。

物理定律：控制任何阶段天气演变的规则，例如水量守恒：尽管水随着气块运动时改变了形式，但水的总量是可以被测量和解释的。

位温：一种测量气块中热能经变化的温度，无论在什么气压和气块中（见知识库5.2）。

位势涡度：通过一个合适的位温梯度来标准化气块的涡度的测量手段（见第五章和知识库7.1）。

变量：随着天气变化而变化的物理量值，例如西雅图中部的降水速率。

涡流：流体中一个理想化的漩涡，涡度和环流是测量其旋转强度的方法。

旋涡：对特定方向空气旋转的测量方法。

参考书目和文献

图书：常规类

以下的图书是为普通读者准备的，包含了我们关注的气象学发展：

Ashford, O. M. *Prophet or Professor? Life and Work of Lewis Fry Richardson*. Adam Hilgar, 1985.

Cox, J. D. *Storm Watchers: The Turbulent History of Weather Prediction from Franklin's Kite to El Niño*. Wiley, 2002.

Friedman, M. R. *Appropriating the Weather: Vilhelm Bjerknes and the Construction of a Modern Meteorology*. Cornell University Press, 1989.

Harper, K. C. *Weather by the Numbers: The Genesis of Modern Meteorology*. MIT Press, 2012.

Nebeker, F. *Calculating the Weather: Meteorology in the 20th Century*. Academic Press, 1995.

接下来的四本出版物涵盖了许多理论气象学和天气预报的发展，具有更高的技术水平：

Lindzen, R. S., E. N. Lorenz, and G. W. Platzman, eds. *The Atmosphere—A Challenge: A Memorial to Jule Charney*. American Meteorological Society, 1990. [Contains reprints of Charney's papers.]

Lorenz, E. N. *The Essence of Chaos*. University of Washington Press, 1993.

Lynch, P. *The Emergence of Numerical Weather Prediction: Richardson's Dream*. Cambridge University Press, 2006.

Shapiro, M., and S. Grønås, eds. *The Life Cycles of Extratropical Cyclones*. American Meteorological Society, 1999.

下面三本书是对我们故事中涉及的基础物理的一个非常好的介绍，并且面向更广泛的读者群：

Atkins, P. W. *The 2nd Law: Energy, Chaos and Form*. Scientific American Books Inc., 1984.

Barrow-Green, J. *Poincaré and the Three-Body Problem*. American Mathematical Society, 1997.

Feynman, R. P. *The Character of Physical Law*. Penguin, 1965.

图书：技术类

以下书籍是针对研究生的：

Gill, A. E. *Atmosphere-Ocean Dynamics*. International Geophysics, 1982.

Holm, D. D. *Geometric Mechanics. Part 1: Dynamics and Symmetry*. Imperial College Press, 2008.

Kalnay, E. *Atmospheric Modelling, Data Assimilation and Predictability*. Cambridge University Press, 2003.

Majda, A. J. *Introduction to PDEs and Waves for the Atmosphere and Ocean*. American Mathematical Society, 2002.

Norbury, J., and I. Roulstone, eds. *Large-scale Atmosphere-Ocean Dynamics*. Volume One: *Analytical Methods and Numerical Models*. Volume Two: *Geometric Methods and Models*. Cambridge University Press, 2002.

Palmer, T. N., and R. Hagedorn. *Predictability of Weather and Climate*. Cambridge University Press, 2007.

Richardson, L. F. *Weather Prediction by Numerical Process*. Cambridge University Press, 1922 (reprinted 2007).

Vallis, G. K. *Atmospheric and Oceanic Fluid Dynamics*. Cambridge University Press, 2006.

文献

以下综述文章面向大众读者：

Jewell, R. "The Bergen School of Meteorology: The Cradle of Modern Weather Forecasting." *Bulletin of the American Meteorological Society* 62 (1981): 824–30.

Phillips, N. A. "Jule Charney's Influence on Meteorology." *Bulletin of the American Meteorological Society* 63 (1982): 492–98.

Platzman, G. "The ENIAC Computations of 1950: The Gateway to Numerical Weather Prediction." *Bulletin of the American Meteorological Society* 60 (1979): 302–12.

Thorpe, A. J., H. Volkert, and M. J. Ziemiański. "The Bjerknes' Circulation Theorem: A Historical Perspective." *Bulletin of the American Meteorological Society* 84 (2003): 471–80.

Willis, E. P., and W. H. Hooke. "Cleveland Abbe and American Meteorology, 1871–1901." *Bulletin of the American Meteorological Society* 87 (2006): 315–26.

以下综述文章面向研究生：

White, A. A. "A View of the Equations of Meteorological Dynamics and Various Approximations," in vol. 1 of *Large-Scale Atmosphere-Ocean Dynamics*, edited by J. Norbury and I. Roulstone. Cambridge University Press, 2002.

经典文章

Abbe, C. "The Physical Basis of Long-Range Weather Forecasts." *Monthly Weather Review* 29 (1901): 551–61.

Bjerknes, J. "On the Structure of Moving Cyclones." *Monthly Weather Review* 49 (1919): 95–99.

Bjerknes, V. "Das Problem der Wettervorhersage, betrachtet vom Standpunkte der Mechanik und der Physik" ("The Problem of Weather Forecasting as a Problem in Mechanics and Physics"). *Meteor. Z.* 21 (1904): 1–7. English translation by Y. Mintz,

1954, reproduced in *The Life Cycles of Extratropical Cyclones*. American Meteorological Society, 1999.

———. "Meteorology as an Exact Science." *Monthly Weather Review* 42 (1914): 11–14.

Charney, J. G. "The Dynamics of Long Waves in a Baroclinic Westerly Current." *Journal of Meteorology* 4 (1947): 135–62.

———. "On the Scale of Atmospheric Motions." Geofysiske publikasjoner, 17 (1948): 1–17.

Charney, J. G., R. Fjørtoft, and J. von Neumann. "Numerical Integration of the Barotropic Vorticity Equation." *Tellus*, 2 (1950): 237–54.

Eady, E. T. "Long Waves and Cyclone Waves." *Tellus* 1 (1949): 33–52.

———. "The Quantitative Theory of Cyclone Development." *Compendium of Meteorology, edited by* T. Malone. American Meteorological Society, 1952.

Ertel, H. "Ein neuer hydrodynamischer Wirbelsatz," Meteorologische Zeitschrift 59 (1942): 271–81.

Ferrel, W. "An Essay on the Winds and Currents of the Oceans." *Nashville Journal of Medicine and Surgery* 11 (1856): 287–301, 375–89.

———. "The Motions of Fluids and Solids Relative to the Earth's Surface." *Mathematics Monthly* 1 (1859): 140–48, 210–16, 300–307, 366–73, 397–406.

Hadley, G. "Concerning the Cause of the General Trade Winds." *Philosophical Transactions of the Royal Society of London* 29 (1735): 58–62.

Halley, E. "An Historical Account of the Trade Winds, and Monsoons, Observable in the Seas between and Near the Tropics, with an Attempt to Assign the Physical Cause of the Said Winds." *Philosophical Transactions of the Royal Society of London* 16 (1686): 153–68.

Hoskins, B. J., M. E. McIntyre, and A. W. Robertson. "On the Use and Significance of Isentropic Potential Vorticity Maps." *Quarterly Journal of the Royal Meteorological Society* 111 (1985): 877–946.

Lorenz, E. N. "Deterministic Nonperiodic Flow." *Journal of Atmospheric Sciences* 20 (1963): 130–41.

Rossby, C.-G. "Dynamics of Steady Ocean Currents in the Light of Experimental Fluid Mechanics." *Papers in Physical Oceanography and Meteorology* 5 (1936): 2–43 [Potential vorticity appears for the first time in this paper.]

———. "Planetary Flow Patterns in the Atmosphere." *Quarterly Journal of the Royal Meteorological Society* 66, Supplement (1940): 68–87. [Review bringing together the ideas set out in the 1936 and 1939 papers.]

———. "Relation between the Variations in Intensity of the Zonal Circulation of the Atmosphere and the Displacement of Semi-Permanent Centers of Action." *Journal of Marine Research* 2 (1939): 38–55. [Key paper on Rossby waves.]